课堂实录

中文版Creo 2.0课堂实录

钟睦　陈志民／编著

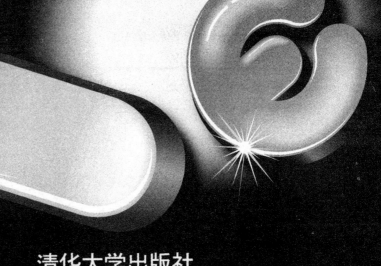

清华大学出版社

北京

内容简介

本书定位于Creo 2.0初、中级，以课堂实录的形式，全面讲解了该软件的各项功能和使用方法，内容涵盖Creo 2.0快速入门、草绘、基准特征、基础特征、工程特征、高级特征、特征编辑、曲面造型、组件装配、工程图及装配等内容。最后1课通过多个综合案例，全面实战演练本书所学知识，以达到巩固提高的目的。

本书免费提供多媒体教学光盘，包含131个课堂实例、共500多分钟的高清语音视频讲解，老师手把手的生动讲解，可全面提高学习的效率和兴趣。

本书既可作为机械及工程类大中专院校、高职院校相关专业的教科书，也可以作为社会相关培训机构的培训教材和工程技术人员的参考用书。

图书在版编目(CIP)数据

中文版Creo 2.0课堂实录 / 钟睦，陈志民编著. —北京：清华大学出版社，2014

（课堂实录）

ISBN 978-7-302-31936-8

Ⅰ. ①中… Ⅱ. ①钟… ②陈… Ⅲ. ①计算机辅助设计—应用软件 Ⅳ. ①TP391.72

中国版本图书馆CIP数据核字(2013)第078135号

责任编辑：陈绿春
封面设计：潘国文
责任校对：胡伟民
责任印制：宋　林

出版发行：清华大学出版社
网　　　址：http://www.tup.com.cn，http://www.wqbook.com
地　　　址：北京清华大学学研大厦 A 座　　　邮　　编：100084
社 总 机：010-62770175　　　邮　　购：010-62786544
投稿与读者服务：010-62776969，c-service@tup.tsinghua.edu.cn
质 量 反 馈：010-62772015，zhiliang@tup.tsinghua.edu.cn
印 装 者：三河市金元印装有限公司
经　销：全国新华书店
开　本：188mm×260mm　　　印　张：19.75　　　字　数：550 千字
（附 DVD1 张）
版　次：2014 年 3 月第 1 版　　　印　次：2014 年 3 月第 1 次印刷
印　数：1～4000
定　价：48.00 元

产品编号：050016-01

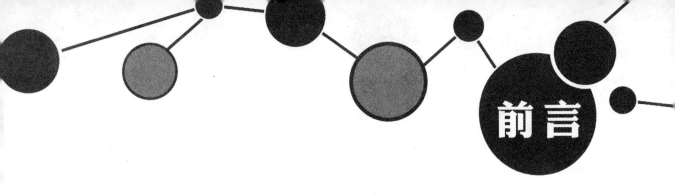

Creo 是一个可伸缩的套件，集成了多个可互操作的应用程序，功能覆盖整个产品开发领域。Creo的推出从根本上消除了制造企业的创新阻力，帮助企业提升研发水平。让CAD真正地为企业提高效率，创造价值。

本书特色

与同类书相比，本书具有以下特点。

（1）完善的知识体系

本书从Creo基础知识讲起，按照机械设计的流程，循序渐进地介绍了基本的二维草绘，绘图基准的使用与新基准的参考创建，拉伸、旋转、扫描等基础特征的创建，孔、壳、筋、拔模、倒圆角和倒角等工程特征的创建，以及特征编辑、曲面设计、工程图设计及装配设计，涵盖了Creo 2.0所有基本功能和知识点。

（2）丰富的经典案例

针对初、中级用户量身订做。针对每节所学的知识点，以经典案例的方式穿插其中，与知识点相辅相成。

（3）实时的知识点提醒

每一课每一节的技巧点拨贯穿全书，使读者在实际运用中更加得心应手。

（4）实用的行业案例

本书每个练习和实例都取材于实际机械设计案例，涉及生产、生活中典型的机械零件、家用电器外观等，使广大读者在学习软件的同时，能够了解相关机械零件和部分家用电器外观的造型，积累实际工作经验。

（5）手把手的教学视频

全书配备了视频教学，清晰直观的生动讲解，使学习更有趣、更有效率。

本书内容

本书共10个课时，主要内容如下：

★ 第1课 初识Creo 2.0：介绍了Creo 2.0的概述、操作界面、工作模块、基本操作、系统设置、视图操作和对象选取基本知识。

★ 第2课 二维草绘：介绍了Creo 2.0常用的二维草绘工具的使用方法和技巧，以及草图的编辑、几何约束的创建和尺寸的标注与修改。

★ 第3课 参考基准：介绍了参考轴、参考面、参考点、参考曲线、参考坐标系等参考基准的创建的方法。

★ 第4课 基础特征：介绍了拉伸、旋转、扫描、扫描混合、螺旋扫描等基础特征的创建方法。

★ 第5课 工程特征：介绍了孔、壳、筋、拔模、倒圆角和倒角等工程特征的创建方法。

★ 第6课 重复和编辑特征：介绍了特征的镜像、复制、阵列和修改的方法，以及层的操作。

★ 第7课 曲面设计：介绍了基本曲面特征的创建、高级曲面特征的创建，以及曲面的编辑。

★ 第8课 工程图设计：介绍了工程图的制图流程、基本视图和剖面图的创建方法，以及工程图注释和表格的添加方法。

★ 第9课 装配设计：介绍了装配约束、移动元件、高级工具、视图管理、装配动画等内容。

★ 第10课 综合实例：介绍了轴类、盘类、叉架类、箱体类零件的设计，以及产品的造型设计。

本书作者

本书由钟睦、陈志民主笔，参加编写的还包括：陈运炳、申玉秀、李红萍、李红艺、李红术、陈云香、陈文香、陈军云、彭斌全、林小群、刘清平、刘里锋、朱海涛、廖博、喻文明、易盛、陈晶、张绍华、黄柯、何凯、黄华、陈文轶、杨少波、杨芳、刘有良、刘珊、赵祖欣、齐慧明、胡莹君等。

读者服务邮箱:lushanbook@gmail.com

目录

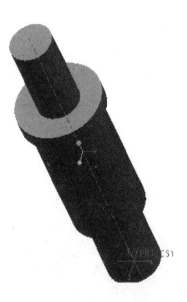

第2课　二维草绘

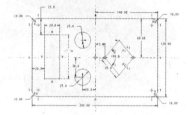

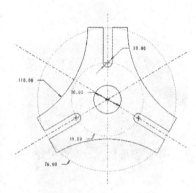

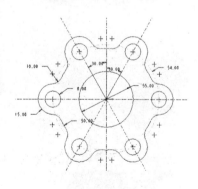

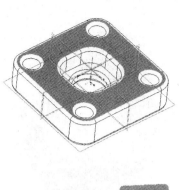

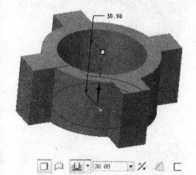

第5课　工程特征

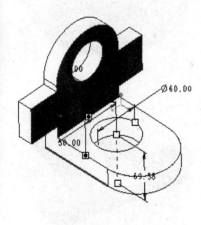

第6课　重复和编辑特征

第7课　曲面设计

第8课　工程图设计

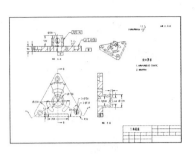

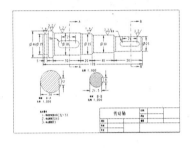

第9课 装配设计

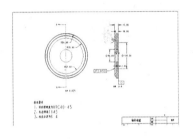

第10课　综合实例

第1课
初识Creo2.0

本课主要介绍了Creo 2.0软件的主要功能、应用模块、操作界面和基本操作，读者可对Creo 2.0有一个全面了解和认识，并掌握其基本操作，为后面的深入学习打开坚实的基础。

【本课知识】

- Creo2.0 概述
- Creo2.0 的操作界面
- Creo2.0的模块
- 文件的基本操作
- 软件系统设置
- 视图操作和对象选择

1.1 Creo2.0概述

Creo是一个整合了Creo parametric 2.0、CoCreate和ProductView三大软件并重新开发的新型CAD设计软件包，其针对不同的任务将采用更为简单的子应用方式，且所有子应用都采用统一的文件格式。

1.1.1 Creo推出的意义

Creo在拉丁语中的含义是"创新"。Creo的推出是为了解决困扰制造业应用CAD软件中的四大核心问题：一、软件应用性；二、互操作性；三、数据转换问题；四、装配模型如何满足复杂的客户配置需求。Creo的推出从根本上消除了这些制造企业的创新阻力，帮助企业提升研发水平。让CAD真正地为企业提高效率、创造价值。

1.1.2 主要功能特色

作为"PTC闪电计划"中的一员，Creo具备互操作性、开放性、易用性三大特点。

★ 解决机械 CAD 领域中未解决的重大问题，包括基本的易用性、互操作性和装配易管理性。

★ 采用全新的方法实现解决方案（建立在 PTC 的特有技术和资源上）。

★ 提供一组可伸缩、可互操作、开放且易于使用的机械设计应用程序。

★ 为设计过程中的每一名参与者，适时提供合适的解决方案。

1.1.3 主要的应用模块

Creo整合了原来的Pro/Engineer（Creo Elements/Pro）、CoCreate（Creo Elements/Direct）和ProductView（Creo Elements/View）三个软件，将它们的功能重新分成多个子应用模块，所有的这些模块统称为Creo Elements。

AnyRole APPs（应用）：在恰当的时间向用户提供合适的工具，使组织中的所有人都参与到产品开发过程中，这是为了激发新思路、创造力，提高个人效率。

AnyMode Modeling（建模）：提供业内唯一真正的多范型设计平台，用户能采用二维、三维或三维参数方式进行设计。在某个模式下创建的数据能在任何其他模式中访问或重用，每个用户可以在所选择的模式中使用自己或他人的数据。另外，Creo的AnyMode建模可以让用户在模式之间进行无缝切换，且不丢失信息或设计思路，从而提高团队效率。

AnyData Adoption（采用）：用户能够统一使用任何CAD系统生成数据，从而实现多CAD设计的效率和价值。参与设计产品开发流程的每个用户，都能获取并重用Creo产品设计应用软件所创建的重要信息。此外，Creo将提高原有系统数据的重用率，降低技术锁定所需的高昂转换成本。

AnyBOM Assembly（装配）：为团队提供所需的能力和可扩展性，以创建、验证和重用高度可配置产品信息。利用BOM驱动组件，以及与PTC Windchill PLM软件的紧密集成，用户将开启并达到团队乃至企业前所未有过的效率和价值水平。

1.2 Creo 2.0操作界面

单击Windows桌面左下角的【开始】按钮，展开【所有程序】中Creo

Parametric 2.0项目，或者在桌面上双击软件图标，启动Creo parametric 2.0，出现Creo parametric 2.0的启动界面，如图1-1所示。

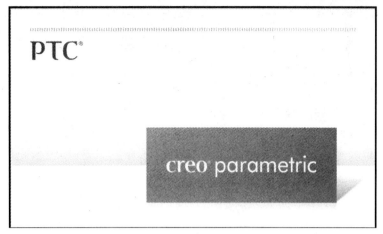

图1-1　CREO启动界面

Creo parametric 2.0启动后进入软件初始界面，并通过网络连接PTC公司的Creo parametric 2.0资源中心的网页，如图1-2所示。

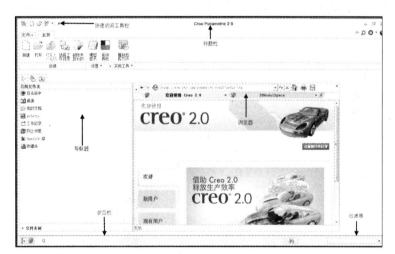

图1-2　初始界面

在初始界面中新建文件，选择新建某种类型的文件之后，进入相应的工作界面，如图1-3所示是进入零件建模的工作界面。

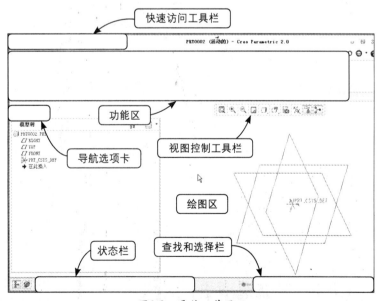

图1-3　零件工作界面

下面以零件建模界面为例，介绍Creo 2.0的操作界面。

1.2.1 标题栏

Creo parametric 2.0的标题栏位于工作界面的顶部。标题栏显示当前活动的工作窗口的名称，

可以同时打开多个窗口，但是用户只能操作活动的窗口。如果需要切换其他窗口，则可以在快速访问工具栏的【窗口】 下拉列表中选取要激活的窗口，如图1-4所示。

图1-4 切换窗口

1.2.2 功能区

功能区集中了Creo parametric 2.0命令的快捷按钮，这些命令以选项卡的形式进行分类，命令以图标的方式显示在选项卡中，单击这些图标按钮就可以启用相应的命令。

在某个选项卡标题上单击右键，弹出如图1-5所示的菜单，在该菜单中可以自定义功能区。

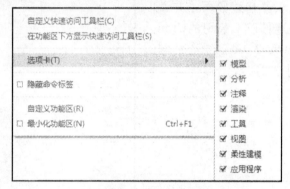

图1-5 自定义功能区

1.2.3 快速访问工具栏

快速访问工具栏位于标题栏的左侧，主要用于对当前操作的保存、关闭、重新生成等。

1.2.4 视图控制工具栏

视图控制工具栏主要对视图进行调整，包括放大、缩小，以及基准的显示及隐藏。

1.2.5 绘图区

绘图区是绘图和模型显示的区域，是整个操作界面的最大区域，其中有三个基准平面。

1.2.6 消息区

对当前窗口所进行操作的反馈消息显示在消息区内，用来指导用户如何操作，是软件对当前操作的提示和警告区域。

1.2.7 导航选项卡

导航选项卡用于记录用户产品设计过程中的所有操作，以树状图的形式展开。包括三个选项：【模型树或层树】、【文件浏览器】和【收藏夹】。

【模型树】中列出了活动文件中的所有零件及特征，并以树状形式显示模型结构，而根对象（活动零件或组件）显示在模型树的顶部，其从属对象（零件或特征）位于根对象之下。例如在活动装配文件中，【模型树】顶部是组件，树图的分支是每个零件；在活动零件文件中，【模型树】顶部是零件，树图的分支是零件的每个特征。

【文件夹浏览器】类似于Windows的【资源管理器】，用于浏览文件。

【收藏夹】用于有效组织和管理个人资源。

1.2.8　查找和选择栏

【查找】按钮用于查找对象，可以查找特征、尺寸、基准等对象。

选取栏用于筛选对象，如果在菜单中选择【智能】，则系统根据指针位置自动判断选择的对象；如果在菜单中选择其他特定类型的对象，则只能选择该类型的对象。

1.3　Creo 2.0主要工作模块

Creo 2.0主要包含零件、装配、制造和工程图等基本模块。

1.3.1　零件模块

零件模块是产品设计的基础，允许用户在三维环境中进行零件建模。

选择【文件】选项卡中的【新建】选项，或单击【快速访问】工具栏中的【新建】按钮，系统弹出如图1-6所示的【新建】对话框，【零件】类型中包含【实体】、【钣金】、【主体】和【线束】4种子类型。

如果取消选择【使用默认模板】复选框，并单击对话框中的【确定】按钮，系统将弹出如图1-7所示的【新文件选项】对话框，该对话框用于选取文件模板、设计单位和输入参数。国家标准以毫米、牛、秒作为设计单位，所以一般应选取mmns_part_solid作为设计单位。

图1-6　【新建】对话框

图1-7　【新文件选项】对话框

1.3.2　装配模块

装配模块提供了基本的装配工具，可以将零件装配到装配模式中，还可以在装配模式中创建零件。Creo parametric 2.0还提供了简化表示、互换组件、自动装配等功能强大的工具，以及自顶向上的设计程序，用于支持大型和复杂组件的设计和管理。

1.3.3　制造模块

制造模块主要用于生成数控加工的相关文件，在该模块中可以设置并运行NC机床、创建装配过程序列、创建材料清单等，还可以使用NC后处理器将刀位轨迹CL文件翻译成数控机床的数控加工代码，为其提供加工数据。

1.3.4 工程图模块

工程图模块用于创建三维模型的二维工程图，同时可以注释工程图、标注尺寸及使用层来管理不同项目的显示。

选择【文件】选项卡中的【新建】选项，或单击快速访问工具栏中的【新建】按钮 📄，系统弹出【新建】对话框，如图1-8所示。在【类型】选项组中选择【绘图】选项，在名称栏输入所创建的文件名，然后单击【确定】按钮，弹出如图1-9所示的【新建绘图】对话框，设置图纸模板，单击【确定】按钮，即可进入工程图的工作界面。

图1-8　【新建】对话框　　　　图1-9　【新建绘图】对话框

1.4 Creo2.0文件基本操作

1.4.1 打开文件

单击【文件】选项卡中的【打开】按钮 📂，或单击快速访问工具栏中的【打开】按钮 📂，系统弹出【文件打开】对话框，浏览到文件目录并选中文件，单击【打开】按钮，即可打开所选的文件。如果单击【文件打开】对话框中【预览】按钮，可以在打开之前预览所选的文件。

【案例1-1】：打开文件

01 单击【文件】选项卡中的【打开】按钮 📂，或单击快速访问工具栏中的【打开】按钮 📂，弹出【文件打开】对话框，浏览到素材"第1课\1-1 打开文件.Prt"文件，如图1-10所示。

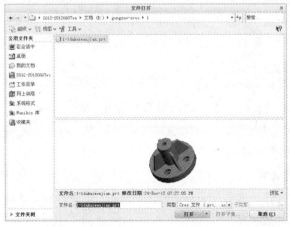

图1-10　【文件打开】对话框

02 单击【文件打开】对话框中的【打开】按钮，即可打开所选的文件。

1.4.2 保存或备份文件

1.保存文件

第一次保存创建的零件文件时，由于在新建文件时已经输入了零件的名称，所以只须指定保存的路径，文件即可保存到用户指定的工作目录中。

单击【文件】选项卡中的【保存】按钮，或单击快速访问工具栏中的【保存】按钮，弹出【保存对象】对话框，在对话框中指定保存路径，单击【确定】按钮，即完成文件的保存操作。下一次执行【保存】命令，系统会打开上一次的保存目录作为默认目录。

2.保存文件副本

保存文件副本类似于【另存为】操作，相当于将当前文件进行复制保存，不同于【另存为】操作的是，执行了【保存副本】命令后，当前文件并不会转变为保存的副本文件。

单击【文件】选项卡中的【另存为】|【保存副本】按钮，弹出【保存副本】对话框，重新定义文件的名称、保存路径及文件类型后，单击【确定】按钮即可完成文件副本的保存操作。

【案例1-2】：保存和备份文件

01 单击快速访问工具栏中的【打开】按钮，打开"第1课\1-2保存或备份.Prt"文件。

02 单击【文件】选项卡中的【保存】按钮，或单击快速访问工具栏中的【保存】按钮，弹出【保存对象】对话框，如图1-11所示，单击【确定】按钮，即完成文件的保存。

03 单击【文件】选项卡中的【另存为】|【保存副本】按钮，弹出【保存副本】对话框，如图1-12所示，重新定义文件的名称、保存路径及文件类型，单击【确定】按钮即保存了一个副本文件。

图1-11 【保存对象】对话框

图1-12 【保存副本】对话框

1.4.3 设置工作目录

工作目录是指系统在打开、保存、放置轨迹文件时默认的文件夹，系统默认的工作目录一般是Windows操作系统的【我的文档】文件夹，工作目录可以由用户重新设置。

单击【文件】选项卡中的【选项】按钮，系统弹出【Creo parametric选项】对话框，选择【环境】选项，打开【环境】选项卡，如图1-13所示。单击【工作目录】右侧的【浏览】按钮，系统弹出【选择工作目录】对话框，浏览到一个新目录，单击【确定】按钮，该目录即成为新的工作目录。

图1-13　【环境】选项卡

1.4.4　拭除内存中的文件

在Creo parametric 2.0中打开一个文件后，系统会将该文件保存在内存中，当关闭文件后，该文件仍然会存在其中。如果用户打开了大量的文件，则会占用大量的内存，进而导致计算机运行速度变慢。Creo parametric 2.0提供了拭除功能，用于从内存中删除文件，且它对文件本身没有影响。

执行【文件】|【管理会话】|【拭除当前】命令，系统弹出如图1-14所示的【拭除确认】对话框。单击对话框中的【是】按钮，即可关闭当前的文件，并从内存中删除该文件。当拭除【装配】文件时，系统弹出如图1-15所示的【拭除】对话框，会将装配体所有的零部件文件拭除，单击对话框中【确定】按钮，即可完成该操作。

图1-14　【拭除确认】对话框

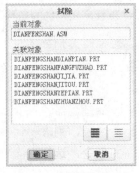

图1-15　【拭除】对话框

1.4.5　重命名文件

【重命名】命令可以为现有的图形文件更改名称，以满足文件另存或分类管理的需要。

执行【文件】|【管理文件】|【重命名】命令，系统弹出【重命名】对话框，如图1-16所示。在该对话框的【新名称】文本框中，可以输入要定义的文件名。而对话框下部的【在磁盘上和会话中重命名】和【在会话中重命名】单选项，可以定义新名称的应用范围。选择前者，新名称将应用到进程中和保存到磁盘上；选择后者，新名称仅应用到进程中。

图1-16　【重命名】对话框

1.4.6　删除文件

执行【文件】|【管理文件】|【删除旧版本】或【删除所有版本】命令。执行【删除旧版

本】命令，可以在信息提示栏中输入删除对象的名称，以删除文件对象中除最高版本外的旧版本；执行【删除所有版本】命令，即是将该文件的所有版本永久性删除。

1.5 Creo 2.0系统设置

为了满足不同设计习惯的用户，Creo 2.0允许用户设置系统选项，从而自定义工作界面和模型的显示效果。

1.5.1 自定义功能区

用户可以通过自定义功能区，从而增加或删除功能区中的命令按钮或选项卡。

执行【文件】|【选项】命令，或直接在【功能区】单击右键，在系统弹出的右键菜单中选择【自定义功能区】选项，系统将弹出如图1-17所示的【Creo parametric选项】对话框。

1.自定义选项卡

在右侧的选项卡列表中，勾选或去掉勾选某个选项卡（或选项卡下的组），可以在功能区添加或删除对应的选项卡（或组）。另外，单击【新建选项卡】按钮，可以创建一个自定义的选项卡。

2.自定义命令按钮

首先在选项卡列表中选择某个选项卡下的命令组（注意命令按钮不能直接添加到选项卡中，只能添加到命令组中），然后展开【从下列位置选取命令】下的命令源选择过滤器，在该过滤器中选择命令源，列表中将列出该范围内的命令，选择某个命令，然后单击【添加】按钮，该命令被添加到指定的命令组。

图1-17 【Creo parametric选项】对话框

1.5.2 窗口设置

在【Creo parametric 选项】对话框中选择【窗口设置】选项卡，如图1-18所示。

图1-18 【窗口设置】选项卡

【窗口设置】选项卡可以设置工作界面窗口的分布，包括各区域所处的位置、所占的比例等。

1.5.3　图元显示设置

【图元显示】分为几何显示设置、基准显示设置、尺寸、注释、注解和位号显示设置，以及装配显示设置，主要用于图元显示方式的设置，如图1-19所示。

同样，还可通过单击视图控制工具栏中的基准显示 、 、 和 按钮开关，分别控制基准平面、基准轴、基准点和基准坐标系的显示状态。

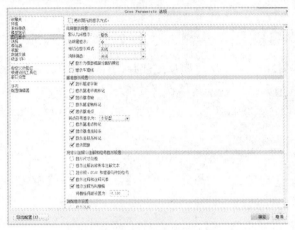

图1-19　【图元显示】选项卡

1.5.4　设置系统颜色

【系统颜色】设置可以设置包括：图形颜色、几何颜色、草绘颜色和基准颜色等，用户可以按自己的风格选择适合自己的颜色，系统颜色设置的选项，如图1-20所示。

展开【颜色配置】的下拉列表，其中包含了4种系统颜色配置，如图1-21所示。除了【自定义】配置外，其他的配置为每一种对象指定了颜色，不可修改（也保证了颜色的合理显示）。

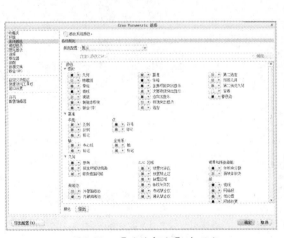

图1-20　【系统颜色】选项卡

图1-21　【系统颜色】选项卡

★　白底黑色：选择该选项，表示系统的背景颜色设置为白色，模型的主体颜色设置为黑色。

★　深色背景：选择该选项，表示系统的背景颜色设置为黑色，模型的主体颜色设置为白色。

★　默认：选择该选项，表示系统背景恢复为初始的背景颜色。

★　自定义：选择该选项，表示系统背景恢复由用户自行定义的背景颜色。

1.6 视图操作和对象选取

创建模型的过程中，经常需要对视图进行不同的操作才能满足建模的需要。

1.6.1 鼠标键的定义

鼠标各按键的功能如下。

★ 左键：用于单击各种菜单命令、功能区图标及选取对象。

★ 中键：用于代替某些菜单命令及对话框中的【确定】按钮。另外，单击拖曳中键可以任意旋转视图；按住Shift键单击拖曳鼠标中键，可以移动视图。

★ 右键：用于打开右键快捷菜单。

★ 滚轮：用于放大或缩小视图显示。

1.6.2 设置视图视角

在建模过程中，通常需要从模型的不同方向进行操作，或切换至不同方向查看建模效果。此时可以利用重定向视图工具设置视图显示模式，实现模型在不同方位视图中的切换。

【案例1-3】：设置视图视角

01 单击快速访问工具栏中的【打开】按钮 ，打开光盘中的"源文件\第1课\1-3设置视图视角.prt"文件，如图1-22所示。

02 在【视图控制】选项卡中，单击【已命名视角】按钮 ，在展开的菜单中执行【重定向】命令，弹出【方向】对话框，如图1-23所示。

图1-22 素材文件当前显示

图1-23 【方向】对话框

03 选择前视、上视的参考，如图1-24所示，单击【确定】按钮，结果显示如图1-25所示。

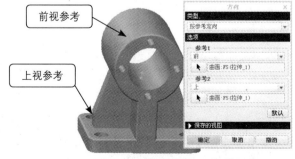

图1-24 选择参考

图1-25 重定位视图

1.6.3 设置视图显示

视图显示主要用于更改视图区域中模型的显示效果，以便于选取和观察图形，改善软件处理图形的速度。

在视图选项卡下，单击【模型显示】命令组中的【显示样式】按钮，在弹出菜单中选择要显示的样式，其中包括：【带边着色】、【带反射边着色】、【着色】、【消隐】、【隐藏线】和【线框】6种方式。6种显示样式效果如图1-26所示。

图1-26　6种视图显示

1.6.4 对象选取操作

在Creo parametric 2.0中，包括两种选取对象的方法，一种是在绘图区使用鼠标选取对象；另一种是在导航栏的【模型树】中单击特征名称进行选取，按住Ctrl键可进行多项选取。对于具有复杂特征的模型，或具有多个零件的组件，为了快速、准确地选取对象，应该先在窗口底部的特征选取过滤器中设置过滤条件，然后在模型中选取所需的对象。

1.选取步骤

在Creo parametric 2.0中，选取操作可以分为两个步骤，一是预选加亮；二是单击选择。所谓预选加亮，是指当鼠标指针位于几何对象之上后，几何对象加亮显示的过程。在该状态下，鼠标指针附近将出现一个提示框，向用户说明当前选择的对象，单击即可选中该对象。

2.选取曲线链

曲线链是模型表面边线构成的封闭轮廓。选取曲线链的常用方法是：选取一个特征中的某一元素，如边线，按住Shift键单击该边或该边所在表面，即可选中整个表面的边线。曲线链能在很多命令操作中应用，如在创建倒圆角或倒角的时候，通常选择一个曲线链作为创建的特征参考。

3.选取曲面环

曲面环是一个模型表面的封闭边线轮廓，所临近模型表面的结合。在选取曲面环的过程中，其以围绕的模型表面为锚点。选取曲面环的方法是：选中特征，按住Shift键选取另外的一个面，释放Shift键即可完成选取。

4.对象多选

如果要一次性选择多个图素，可以先按住Ctrl键，再逐一选择。另外，按住Ctrl键再单击已选取的图素，则可以取消对该图素的选择。

5.右键快捷菜单选取

在Creo parametric 2.0中，还有一种使用预选加亮确定选择对象的方法，具体的操作步骤是：先在模型上单击鼠标右键，然后在弹出的快捷菜单中选择【下一个】或【前一个】选项，即可开始筛选对象。如果执行【从列表中拾取】命令，系统将弹出【从列表中拾取】对话框，其中列出了当前模型的特征。选择其中需要的选项后，单击【确定】按钮，即可选取完成该图素。

1.7 实例应用：简单零件设计

本实例创建一个简单零件，从而熟悉Creo parametric 2.0工作界面和基本操作。

01 运行Creo parametric 2.0，单击【文件】选项卡中的【新建】按钮，弹出【新建】对话框，如图1-27所示。

02 在【类型】选项组中选择【零件】选项，在【子类型】选项组中选择【实体】选项，在【名称】文本框内输入chilunzhou。取消选择【使用默认模板】复选框，然后单击【确定】按钮。

03 系统弹出如图1-28所示的【新文件选项】对话框，在【模板】选项组中，选取mmns_part_solid选项，单击对话框中的【确定】按钮。

图1-27 【新建】对话框　　　　图1-28 【新文件选项】对话框

04 选取草绘平面。在【模型】选项卡上，单击【形状】命令组中的【旋转】按钮⊕，系统弹出【旋转】操控板，如图1-29所示。

05 单击【旋转】操控板中的【放置】按钮，在弹出的【放置】面板中单击【定义】按钮，弹出【草绘】对话框。选择基准平面FRONT作为草绘平面，参考平面为RIGHT，如图1-30所示。【草绘】对话框如图1-31所示。

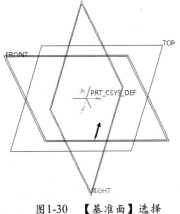

图1-29 【旋转】操控板　　　图1-30 【基准面】选择　　　图1-31 【草图】对话框

06 单击【草绘】按钮，绘制旋转截面。在【草绘】选项卡中，单击【基准】命令组中的【中心线】按钮 ┊ ，绘制一条竖直的中心线，再单击【草绘】命令组中的【线】按钮 ，绘制如图1-32所示的草绘截面。单击【确定】按钮 ✔，系统直接以绘制的中心线为旋转轴生成旋转体，单击【确定】按钮 ✔得到旋转体，如图1-33所示。

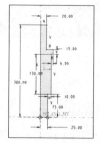
图1-32 草绘截面

图1-33 旋转体

1.8 课后练习

1.8.1 打开和保存文件

打开光盘中的"源文件/第1课/02.part.1"素材文件，如图1-34所示。将零件转换为标准视图模式，如图1-35所示。最后另存副本文件。

图1-34 素材文件

图1-35 标准视图模式

【操作提示】：

01 启动Creo2.0 软件，单击快速访问工具栏上的【打开】按钮，浏览到该素材文件。

02 单击【打开】按钮，打开该文件。

03 在【视图控制】选项卡中，单击【已命名视角】按钮，在展开菜单中执行【重定向】命令，重新设置标准视图方向。

04 单击【文件】选项卡中的【另存为】|【保存副本】按钮，选择新路径和文件名，保存副本文件。

1.8.2 创建一个简单的零件

创建一个简单的零件，零件完成效果，如图1-36所示。

【操作提示】

01 新建文件。

02 绘制拉伸截面。单击【草绘】功能区中的【圆】按钮，绘制截面如图1-37所示。

03 创建拉伸体。单击【模型】功能区中的【拉伸】按钮，创建拉伸体。

04 保存文件。单击【快速访问】工具栏中的【保存】按钮，保存文件。

图1-36 拉伸体

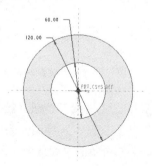
图1-37 草绘截面

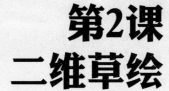

第2课
二维草绘

Creo parametric 2.0的二维草绘是三维实体建模的基础，创建三维模型之前需要先绘制特征的截面形状，再进行各种操作生成三维实体。

【本课知识】

- 草图图素的绘制
- 草图的编辑
- 几何约束
- 尺寸的标注和修改

2.1 绘制二维草图

一个完整的草图应该包括：二维几何图素、尺寸及几何约束。首先在草绘环境下大致绘制出草图的几何形状，不必是确定的尺寸数值，然后再修改尺寸的数值，系统将会按照修改的尺寸值自动修改草图的几何形状。另外，系统会自动设定草图上某些线条的关联性，如对称相等、相切等，以减少尺寸标注的困难，使草图具有充分的约束条件。

2.1.1 草绘环境

在Creo中，绘制二维草图一般简称为"草绘"，是指在草绘环境中绘制二维几何图形，并添加参数化控制。在草绘环境下，可以绘制特征的截面草图、轨迹线、基准曲线等图形，其中绘制的所有截面图形都具有参数化尺寸驱动特性。

1. 进入草绘环境

在Creo中，要绘制截面二维图形，首先需要进入草绘环境，通常有3种方式。

★ 在主选项卡中执行【文件】|【新建】命令，打开【新建】对话框，如图2-1所示。在【类型】选项组中选择【草绘】选项，在【名称】栏输入草绘的文件名，然后单击【确定】按钮，系统即可进入草绘环境。

★ 在【新建】对话框中的【类型】选项组中选择【零件】选项，在【子类型】选项组中选择【实体】选项。在【名称】输入框中输入零件的文件名，如图2-2所示。单击【确定】按钮，进入零件模式工作界面，单击【模型】选项卡中的【草绘】按钮，系统弹出【草绘】对话框，选择定义草绘平面，并确定视图方向和参考，再单击【确定】按钮，即可进入草绘环境，如图2-3所示。

图2-1　【新建】对话框

图2-2　通过新建零件文件进入草绘

图2-3　【草绘】对话框

★ 单击【模型】选项卡中的【拉伸】、【旋转】或其他特征建模按钮。单击【放置】按钮，在弹出的【放置】选项卡中单击【定义】按钮，系统弹出【草绘】对话框，定义草绘平面、草绘方向和参考。单击【草绘】按钮，即可进入草绘环境，如图2-4所示。

2. 草绘选项卡

以上三种方式进入草绘的环境基本一致，只是涉及到绘图平面和参考平面等内容有差别。在使用Creo的草绘环境时，大多数是通过第二种方式进入草绘环境，其【草绘】选项卡，如图2-5所示。

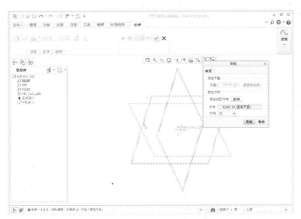

图2-4 通过特征建模进入草绘

图2-5 【草绘】选项卡

2.1.2 绘制直线

在Creo中，可以绘制直线和相切线两种类型的线。在【草绘】选项卡中，单击【线】按钮，可选择【线链】按钮 ✔ 和【直线相切】按钮 ✔ 。

【案例2-1】：绘制直线

01 绘制单条直线。在主选项卡中执行【文件】|【新建】命令，或单击快速访问工具栏中的【新建】按钮 □，进入零件建模工作界面，单击【模型】选项卡中的【草绘】按钮 ✔ ，选择定义草绘平面，进入草绘环境，如图2-6所示。

02 单击【草绘】选项卡中的【线】按钮 ✔ ，移动鼠标到绘图区合适位置单击，确定直线起点，移动鼠标到另一位置单击，确定直线终点，生成一条直线，单击中键确定，如图2-7所示。

03 绘制相连直线。在主选项卡中执行【文件】|【新建】命令，或单击快速访问工具栏中的【新建】按钮 □，进入零件模式工作界面，单击【模型】选项卡中的【草绘】按钮 ✔ ，选择定义草绘平面，进入草绘模式。

04 单击【草绘】选项卡上的【线】按钮 ✔ ，移动鼠标到绘图区合适位置单击确定直线起点，移动鼠标到另一位置单击确定直线终点，生成一条直线，继续选择另一点单击，生成第二条直线，单击中键确定，如图2-8所示。

图2-6 【草绘】对话框

图2-7 绘制直线

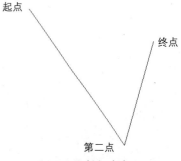

图2-8 绘制相连直线

05 绘制相切线。单击快速访问工具栏中的【打开】按钮 ⚏，打开"第2课\2-1相切线.sec.1"文件，如图2-9所示。

06 单击【直线相切】按钮 ↘ 直线相切，分别单击两圆上的同侧两点，系统生成两条圆的外公切线，如图2-10所示。

07 若分别单击两圆不同侧的两点，可生成两圆的内公切线，如图2-11所示。

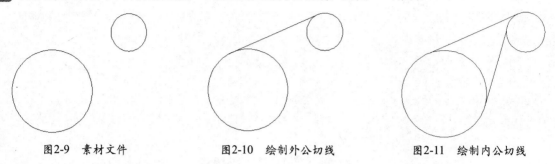

图2-9　素材文件　　　　　图2-10　绘制外公切线　　　　　图2-11　绘制内公切线

2.1.3　绘制矩形

在Creo中，可通过指定矩形的两个对角点来绘制矩形，再双击其尺寸来修改矩形的边长。其中产生矩形的4条边是相互独立的，可以对它们进行单独的操作，如删除、裁剪等。

【案例2-2】：绘制矩形

01 单击快速访问工具栏中的【打开】按钮 📂，打开"第2课\2-2矩形.sec.1"文件，如图2-12所示。

02 单击【草绘】选项卡中的【矩形】按钮 ▢；单击点A的位置，向右下方拖曳鼠标，如图2-13所示；单击点B的位置，结果如图2-15所示。

图2-12　素材文件　　　　　图2-13　绘制矩形　　　　　图2-14　尺寸显示

03 单击中键确定，尺寸显示如图2-14所示，双击如图2-15所示的尺寸，在文本框中输入数值114，并按Enter键，结果如图2-16所示。

04 将其他的尺寸按照上述步骤修改，修改结果如图2-17所示。

图2-15　双击尺寸　　　　　图2-16　修改矩形尺寸　　　　　图2-17　修改结果

2.1.4　绘制圆

Core里绘制的圆有4种：圆、同心圆、3点圆，3点相切圆。在创建轴类、圆环等具有圆形截面特征的实体模型时，往往需要先在草绘环境中绘制圆轮廓线，然后使用相应的拉伸、旋转等工具创建出实体。

【案例2-3】：绘制圆

01 单击【文件】选项卡下的【打开】按钮 ，打开"第2课\2-3绘制圆.sec.1"文件，如图2-18所示。

02 单击【草绘】选项卡中的
【圆心和点】按钮 ，先
单击点1的位置，再单击
点2的位置，绘制圆如图
2-19所示。

图2-18　打开素材文件

图2-19　圆心和点绘制圆

03 单击【草绘】选项卡中【圆】按钮，在弹出的下拉列表中单击【同心圆】按钮 。

04 根据系统提示，选取刚创
建的圆，如图2-20所示。
移动鼠标至圆内单击一
点，然后单击鼠标中键退
出【同心圆】操作，效果
如图2-21所示。

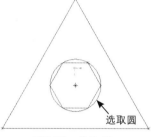
图2-20　选取圆

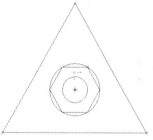
图2-21　绘制同心圆

05 在【草绘】选项卡中，单击【圆】按钮 ，在弹出的下拉列表中单击【3点】按钮 。

06 根据系统提示，单击第3、第4和第5点，再单击鼠标中键退出【3点】操作，绘制圆如图2-22所示。

07 单击【草绘】选项卡中【圆】按钮 ，在弹出下拉列表中单击【3相切】按钮 。

08 根据系统提示，单击直线
A、B、C，再单击鼠标中
键退出【3相切】操作，
效果如图2-23所示。

图2-22　3,点绘制圆　　　　图2-23　3,点相切绘制圆

2.1.5　绘制椭圆

绘制椭圆的方法与【圆心和点】命令绘制圆基本相同，即先确定中心，再定半径。在【椭圆】下拉列表中包含以下两种类型的椭圆画法。

1.轴端点椭圆

单击【草绘】选项卡中的【轴端点椭圆】 轴端点椭圆 按钮，单击两个点以确定轴的两个端点，然后拖曳鼠标，生成一个随着鼠标移动而大小变化的椭圆，单击第三个端点位置然后单击中键确定，生成一个椭圆，完成轴端点椭圆的绘制。

2.中心和轴椭圆

单击【草绘】选项卡中的【中心和轴】 中心和轴椭圆 按钮，单击一点以确定椭圆中心，然后拖曳鼠标，生成一条构造直线。单击某一点确定椭圆的一个端点，然后移动鼠标，生成一个随鼠标移动而变化的椭圆，在适当位置单击，然后单击中键确定，生成一个椭圆，完成【中心和轴椭圆】的绘制。

【案例2-4】：绘制椭圆

01 单击【文件】选项卡中的【打开】按钮 🖾 ，打开"第2课\2-4绘制椭圆.sec.1"文件，如图2-24所示。

02 单击【草绘】选项卡中的
【椭圆】按钮 ◯ ，根据系统
提示，单击A、B两点确定
椭圆长轴，再在屏幕上单击
第三个点放置短轴端点，
即可完成椭圆的绘制，结
果如图2-25所示。

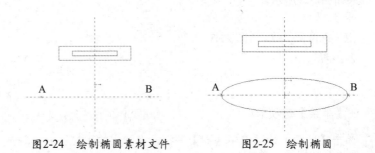

图2-24 绘制椭圆素材文件   图2-25 绘制椭圆

03 单击【草绘】选项卡的【中心和轴椭圆】按钮 ◯ ，单击中心原点作为椭圆中心点，单击确定椭圆的一个端点放置长轴端点，再单击放置短轴端点，即可完成椭圆的绘制，结果如图2-26所示。

04 单击【草绘】选项卡中的
【线】按钮 ⌇ ，绘制直线，
修剪结果如图2-27所示。

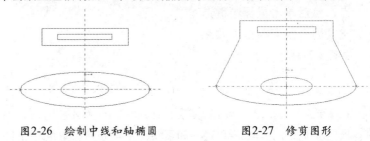

图2-26 绘制中线和轴椭圆   图2-27 修剪图形

2.1.6 绘制圆弧

在Creo中，绘制圆弧的方法包括：3点/相切端、圆心和端点、3相切、同心和圆锥共5种。在【草绘】选项卡中，单击【弧】按钮 ⌒ ，系统弹出下拉列表。

该下拉菜单中的各按钮的含义如下。

★ 3点/相切端 ⌒ ：通过选取圆弧的两个端点和弧上的一个附加点来绘制3点圆弧。要绘制一个相切圆弧，须首先选取图元的一个端点来确定切点，然后选出圆弧另一端点的位置。

★ 圆心和端点 ⌒ ：通过指定圆弧的中心点和两个端点来绘制圆弧。

★ 3相切 ⌒ ：绘制的圆弧与指定的3条直线或弧线相切。

★ 同心 ⌒ ：绘制指定圆弧的同心圆弧。选择一条圆弧，利用其中心和指定的两个端点来绘制圆弧。

★ 圆锥 ⌒ ：通过3点来绘制圆锥曲线。使用左键选择锥形弧的两个端点，移动鼠标时，锥形弧半径随鼠标移动而变化。

【案例2-5】：绘制圆弧

01 单击【文件】选项卡下的【打开】按钮 🖾 ，打开"第2课\2-5绘制圆弧.sec.1"文件，如图2-28所示。

02 单击【草绘】选项卡中【弧】按钮 ⌒ 右侧的下拉按钮，在弹出的下拉列表中单击【3点/相切端】按钮 ⌒ 。

03 根据系统提示，单击点1确定圆弧的起始点，再单击点2确定圆弧的终点。单击圆A，即可完成【3点/相切端】圆弧的绘制，结果如图2-29所示。

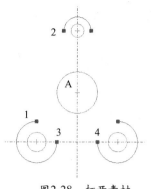

图2-28 打开素材

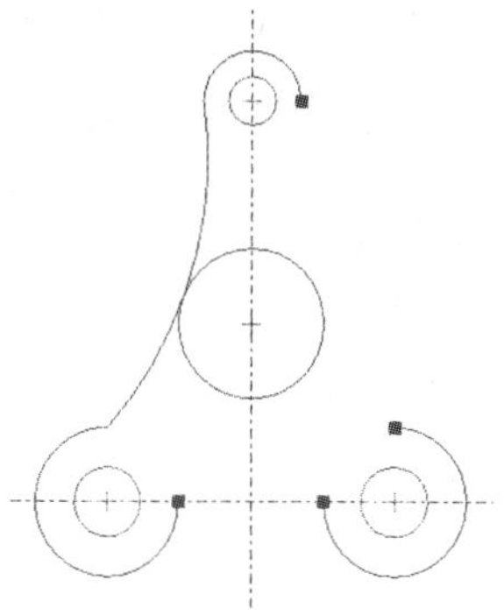

图2-29 三点/相切绘制圆弧

04 在【草绘】选项卡中，单击【弧】按钮⌒右侧的下拉按钮，在下拉列表中单击【圆心和端点】按钮⌒。

05 根据系统提示，单击中心线的交点，然后单击点3和点4，结果如图2-30所示。

06 继续单击【3点/相切端】按钮⌒，按照上述步骤，完成另一条圆弧绘制，结果如图2-31所示。

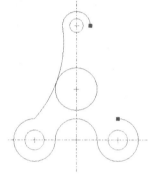

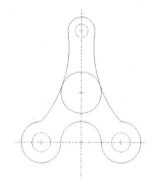

图2-30 圆心和端点绘制圆弧

图2-31 三点/相切端绘制椭圆

2.1.7 绘制样条曲线

样条曲线是通过指定曲线上的多个点来定位形成的光滑曲线。

【案例2-6】：绘制样条曲线

01 单击【文件】选项卡下的【打开】按钮，打开"第2课\2-6绘制样条曲线.sec.1"文件，如图2-32所示。

02 单击【草绘】选项卡中的【样条】按钮∿，然后依次单击草绘区的16个点，即可完成样条曲线的绘制，效果如图2-33所示。

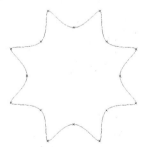

图2-32 样条曲线素材文件

图2-33 绘制样条曲线

2.1.8 绘制中心线、点和坐标系

【草绘】选项卡的基准框中包含：中心线┊中心线、点╳点、坐标系┛坐标系工具。

★ ┊中心线：单击该按钮，可以在草绘区中绘制中心线，且该中心线长度为无限。

★ ⋈点：单击该按钮，可以在绘图区绘制任意一个点，或在草绘区捕捉圆的圆心或其他的捕捉点，单击鼠标左键，即可完成点的绘制，如图2-34所示。

★ ⅃坐标系：在草绘区捕捉圆的圆心，单击鼠标左键，即可完成参考坐标系的创建，如图2-35所示。

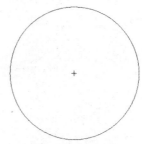 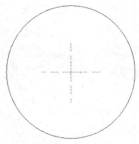

图2-34　绘制圆心点　　　　　图2-35　创建坐标系

在Creo中有两种中心线，一条是基准中心线，一条是草绘中心线。基准中心线可以默认作为旋转特征的旋转轴，无须指定。草绘中心线是作为草绘图元的一部分，不能单独存在。右击基准中心线，在快捷菜单中执行【构造】命令，可以转换为草绘图元；同理，右击中心线，在快捷菜单中执行【几何】或者【旋转轴】命令，也可以将中心线转换为几何中心线。

2.1.9　绘制文本

在绘制较复杂的工程图形时，应当为草绘图元添加文本注释，以加强阅读人员对所绘制图形的理解。

【案例2-7】：绘制文本

01 单击【文件】选项卡下的【打开】按钮📂，打开"第2课\2-7绘制文本.sec.1"文件，如图2-36所示。

02 单击【草绘】选项卡中的【文本】按钮🅰文本，指定文字的高度和方向，如图2-37所示。

 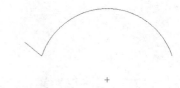

图2-36　绘制文本素材　　　　图2-37　指定高度和方向

03 指定高度和方向后，系统自动弹出【文本】对话框，如图2-38所示。在对话框中勾选【沿曲线放置】选项，选择曲线，输入Creo 2.0字样，设置水平居中，结果如图2-39所示。

图2-38　【文本】对话框　　　图2-39　文本效果

2.1.10　草绘器调色板

草绘器调色板集中了各种可以调节大小和方向的标准图形，包含：多边形、轮廓、星形等，丰富了草绘图素的类型。

单击【草绘】选项卡中的【调色板】按钮⊘，系统弹出【调色板】对话框，如图2-40所示。选择某个图形，将其拖曳到绘图区域，然后设置图形的大小和旋转角度即可。

图2-40 【调色板】对话框

【案例2-8】：草绘器调色板

01 单击【文件】选项卡下的【打开】按钮 ，打开"第2课\2-8草绘器调色板.sec.1"文件，如图 2-41所示。

02 单击【草绘】选项卡中的【调色板】按钮 ，系统弹出【调色板】对话框，选择【形状】选项卡中的【弧形跑道】选项，拖曳至图形区域，如图2-42所示。

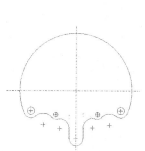

图2-41 素材文件

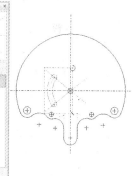

图2-42 调用【弧形跑道】

03 设置角度为-90°，缩放因子为22，如图2-43所示，单击【确定】按钮 ，结束放置，如图2-44 所示。

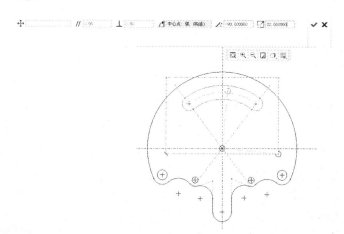

图2-43 设置参数

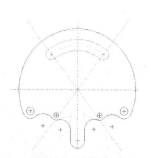

图2-44 放置结果

04 单击【草绘】选项卡中的【调色板】按钮 ，选择【多边形】选项卡中的【侧五边形】选项，拖曳至图形区域，如图2-45所示。设置角度为30°，缩放因子为20，单击【确定】按钮 ，结束放置，结果如图2-46所示。

05 按照上述步骤，插入另一个五边形，结果如图2-47所示。

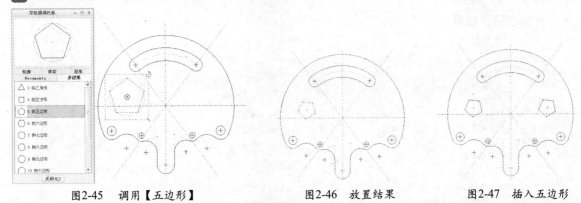

图2-45 调用【五边形】　　　　图2-46 放置结果　　　　图2-47 插入五边形

2.2　草绘编辑

图素草绘完成之后，必须通过一定的编辑，才能生成符合要求的草图。这些编辑包括：修改、删除段、镜像、旋转、调整大小等，下面分别进行介绍。

2.2.1　选取

在绘制草图时，可以用鼠标在草绘区选取线条、尺寸、约束条件等特征，也可以在【草绘】选项卡中，展开【操作】命令组的【选择】菜单，利用选择工具选取对象，被选取的图素在草绘区以绿色显示。

1.选择工具

在【草绘】选项卡中，展开【操作】命令组中的【选择】菜单，共有4种选择方式：【依次】、【链】、【所有几何】和【全部】，如图2-48所示。

图2-48 【选择】菜单

其含义说明如下。

★　依次：每次只选择一个几何图元，按住Ctrl键可以连续选择多个几何图元。

★　链：选择一个图元，将自动选择所有与选中图元相连的图元。

★　所有几何：将选择窗口中的所有几何形状，不包括标注等。

★　全部：选择包括标注在内的所有图形项目。

2.直接选取图素

在Creo中，用户可以通过单击、框选等方式来选择对象。

单选：单击【草绘】选项卡中的【选择】按钮，移动光标至圆处并单击鼠标左键，被选取的圆变成绿色，如图2-49所示。

框选：单击【草绘】选项卡中的【选择】按钮 ，然后在草绘区内的图素左上方向右下方单击拖曳，将草绘区内的所有图素框选至矩形内（或从右下角往左上角拖曳），如图2-50所示，释放左键，被框选的图素将变成绿色，如图2-51所示。

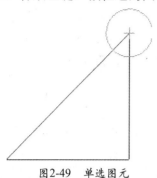

图2-49　单选图元

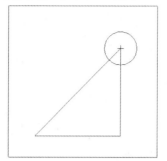

图2-50　绘制矩形选择范围框

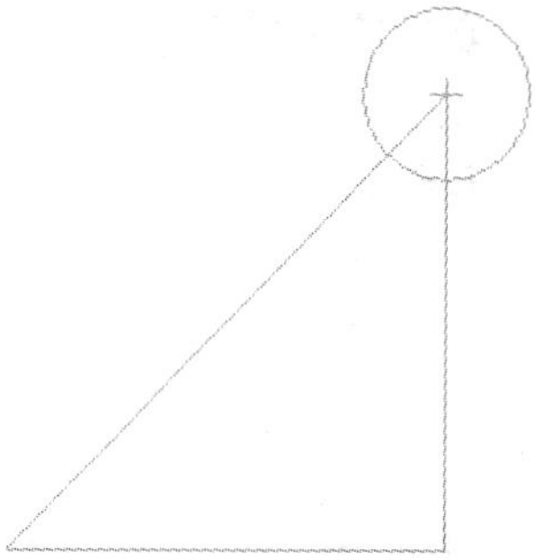

图2-51　框选图元效果

2.2.2　删除

单击【草绘】选项卡中的【选择】按钮 ，然后单选或框选需要删除的图素，选中后的图素颜色将变化，如图2-52所示，在键盘上按Delete键，即可删除掉选取的图素，效果如图2-53所示。

图2-52　选择线条

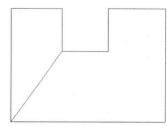

图2-53　删除线条

2.2.3　修改

修改工具是草绘编辑中常用的工具，可以修改尺寸值、样条曲线和文本。先选中要修改的图素，再单击【草绘】选项卡中的【修改】按钮 修改，在弹出对话框中进行修改操作，如图2-54所示。

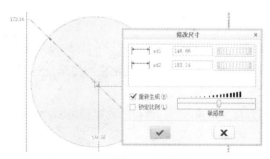

图2-54　【修改尺寸】对话框

2.2.4　修剪

修剪主要有圆形修剪、椭圆形修剪和倒角修剪三种。

★ 圆角修剪包括：圆形、椭圆形修剪等。单击【草绘】选项卡中【圆角】按钮 右侧的下拉按钮，在下拉列表中可以选择各种修剪方式，如图2-55所示。各种圆角效果，如图2-56所示。

图2-55　圆角下拉列表

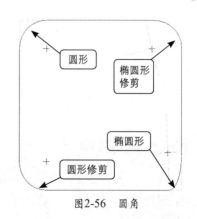

图2-56　圆角

★ 单击【倒角】下拉列表中的【倒角修剪】按钮 ⁄，如图2-57所示，依次单击矩形相邻的两条边，效果如图2-58所示。

如果单击【倒角】下拉列表中的【倒角】按钮 ⁄，创建倒角后系统会创建延伸构造线。

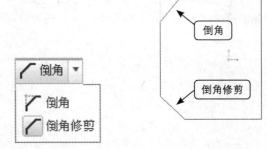

图2-57　【倒角】下拉列表　　　图2-58　倒角与倒角修剪

【案例2-9】：绘制圆角和倒角修剪

01 单击【文件】选项卡下的【打开】按钮 📂，打开"第2课\2-9绘制倒圆角.sec.1"文件，如图2-59所示。

02 单击【草绘】选项卡中的【圆角】按钮 ⌐，根据系统提示，分别单击A和B、B和C边，即可完成倒圆形圆角操作，如图2-60所示。

03 单击【椭圆形】按钮 ⌐，根据系统提示，分别单击D和E、E和F边，即可完成椭圆形圆角，如图2-61所示。

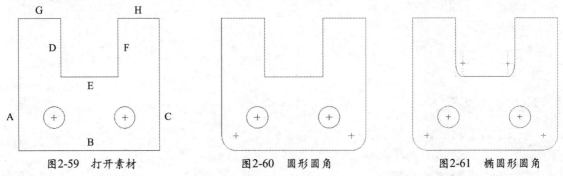

图2-59　打开素材　　　　　图2-60　圆形圆角　　　　　图2-61　椭圆形圆角

04 单击【倒角修剪】按钮 ⁄，根据系统提示，分别单击A和G、C和H边，即可完成倒角修剪，如图2-62所示。

05 双击倒圆角和倒角尺寸，修改圆角半径为20，椭圆圆角长轴为35，短轴为10，倒角角度为45º，距离为15，结果如图2-63所示。

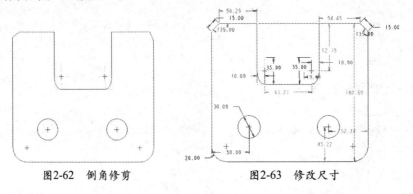

图2-62　倒角修剪　　　　　图2-63　修改尺寸

2.2.5　拐角

拐角包括了拐角删除和拐角延伸两种。

★ 拐角删除：可以同时删除两个相交的图案间相交错的部分。

★ 拐角延伸：如果两个图素没有相交，系统可将两图素延长至相交。

【案例2-10】：拐角

01 单击【文件】选项卡下的【打开】按钮 ，打开"第2课\2-10绘制拐角.sec.1"文件，如图2-64所示。

02 单击【草绘】选项卡中的【拐角】按钮 ，根据系统提示，分别单击A与B进行拐角删除（单击需要保留的线段区域），删除结果如图2-65所示。

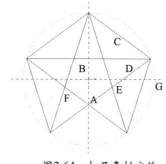
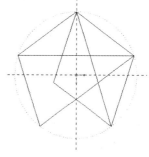

图2-64 打开素材文件　　　　图2-65 拐角删除

03 单击【草绘】选项卡中的【拐角】按钮 ，根据系统提示，分别单击B与C、C与D、D与E、E与A，删除结果，如图2-66所示。

04 单击【草绘】选项卡中的【拐角】按钮 ，根据系统提示，单击F与G边，拐角延伸结果，如图2-67所示。

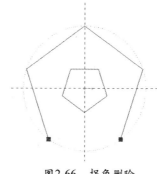
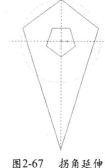

图2-66 拐角删除　　　　图2-67 拐角延伸

2.2.6 分割

分割命令就是将图元在选择点的位置处分割，生成多段的图元。

【案例2-11】：分割

01 单击【文件】选项卡下的【打开】按钮 ，打开"第2课\2-11分割曲线.sec.1"文件，如图2-68所示。

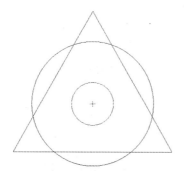

图2-68 打开素材

02 单击【草绘】选项卡中的【分割】按钮 ，移动鼠标分别捕捉两个图形的6个交点并单击鼠标左键，如图2-69所示。选取如图2-70所示的图素，然后在键盘上按Delete键，效果如图2-71所示。

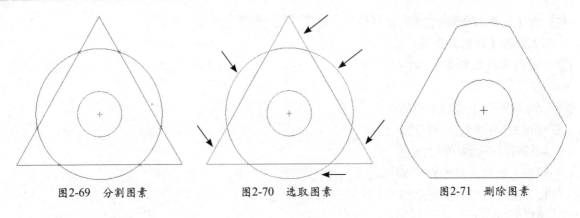

图2-69　分割图素　　　　　图2-70　选取图素　　　　　图2-71　删除图素

2.2.7　镜像

镜像是特殊的复制工具，该工具用于生成一个与已有图素对称的图素。

【案例2-12】：镜像

01 单击【文件】选项卡下的【打开】按钮，打开"第2课\2-12镜像.sec.1"文件，如图2-72所示。

02 在草绘区内单击拖曳，绘制一个矩形，将所须镜像的图素都包含在该矩形内，然后释放鼠标，选择需要镜像的图素。

03 单击【草绘】选项卡中的【镜像】按钮，根据系统提示，选取草绘区内的中心线，即可完成镜像操作，效果如图2-73所示。

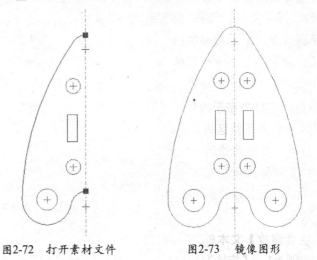

图2-72　打开素材文件　　　　图2-73　镜像图形

2.2.8　旋转调整大小

旋转调整大小可以用来平移、旋转和缩放选定的图元。

【案例2-13】：旋转调整大小

01 单击【文件】选项卡下的【打开】按钮，打开光盘中的"第2课\2-13旋转调整大小.sec.1"文件，如图2-74所示。

02 在草绘区内单击拖曳，绘制一个矩形，并将需要缩放与旋转的图素都包含在该矩形内。

03 释放鼠标，单击【草绘】选项卡中的【旋转调整大小】按钮，此时草绘区出现了如图2-75所示的变化，并弹出【旋转调整大小】操控板。

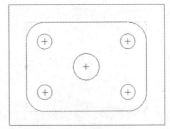

图2-74　选中矩形　　　　图2-75　旋转调整后的效果

04 在【旋转调整大小】操控板中的【比例】文本框中输入缩放比例为1.5，在【旋转】文本框中输入旋转角度为45，单击对话框中的【确定】按钮✔，完成操作，如图2-76所示。

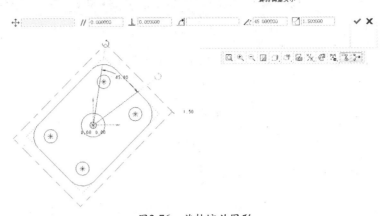

图2-76　旋转缩放图形

2.2.9　复制与粘贴

当需要绘制一个或多个与现有的几何图元相同的图元时，可采用复制和粘贴的方法，以提高效率。复制生成的图元与原图相关，即其中一个改变尺寸时，另一个也相应地改变尺寸。

【案例2-14】：复制与粘贴

01 单击【文件】选项卡下的【打开】按钮，打开"第2课\2-14复制与粘贴.sec.1"文件，如图2-77所示。

02 框选如图2-78所示的图形，单击【草绘】选项卡中的【复制】按钮，再单击【粘贴】按钮，然后单击草绘区内点A的位置，此时草绘区出现了如图2-79所示的变化，并弹出【旋转调整大小】操控板。

03 在【缩放】文本框中输入比例为1，【旋转】文本框中输入旋转角度为180。单击对话框中的【确定】按钮✔，效果如图2-80所示。

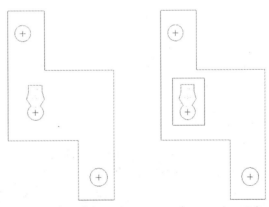

图2-77　打开素材文件　　　图2-78　选取图素

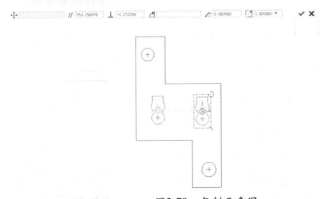

图2-79　复制示意图

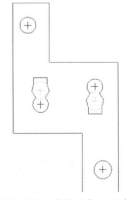

图2-80　复制与粘贴图素

2.3 几何约束

草绘中的约束是控制图元间几何关系的限定条件，为了完全定义草图的几何形状和位置，需要添加必要的几何约束。

2.3.1 约束的种类

在【草绘】选项卡中，【约束】命令组集中了各种约束命令，如图2-81所示，其中包含了9种几何约束类型，各约束类型的含义如下。

┼ 竖直	∅ 相切	⋈ 对称
┼ 水平	＼ 中点	＝ 相等
⊥ 垂直	◈ 重合	∥ 平行
	约束 ▼	

图2-81 【约束】面板

★ 竖直按钮┼：可以使直线或两顶点的连线处于竖直状态。
★ 水平按钮┼：可以使直线或两顶点的边线处于水平状态。
★ 垂直按钮⊥：可以使两条线段相互垂直。
★ 相切按钮∅：可以使直线、圆弧或样条曲线两两相切。
★ 中点按钮＼：可以使点或顶点位于图素的中点。
★ 重合按钮◈：可以使两点重合或使点在直线上。
★ 对称按钮⋈：可以使两图素相对于中心线对称。
★ 相等按钮＝：可以使约束两直线、两边线等长，或者两个圆弧半径相等。
★ 平行按钮∥：可以使两直线相互平行。

在Creo中，不同约束的默认显示样式如下。

★ 当前约束：红色。
★ 弱约束：灰色。
★ 强约束：黄色。
★ 锁定约束：放在一个小圆中。
★ 禁用约束：用一条直线穿过约束符号。

2.3.2 添加几何约束

下面通过实例介绍几何约束的添加方法和流程。

【案例2-15】：水平竖直约束

01 单击【文件】选项卡下的【打开】按钮🖿，打开"第2课\2-15水平竖直约束.sec.1"文件，如图2-82所示。

02 单击【草绘】选项卡的【约束】命令组中的【竖直】按钮┼，根据系统提示，单击直线A，即可创建竖直约束，效果如图2-83所示。

03 单击【约束】命令组中的【水平】按钮┼，根据系统提示，选取直线B，即可创建水平约束，效果如图2-84所示。

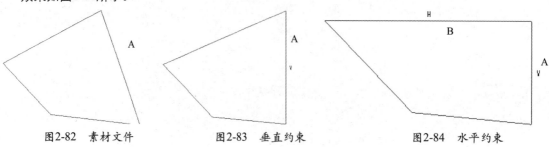

图2-82 素材文件　　　　图2-83 垂直约束　　　　图2-84 水平约束

【案例2-16】：垂直约束

04 单击【文件】选项卡下的【打开】按钮，打开"第2课\2-16垂直约束.sec.1"文件，如图2-85所示。

05 单击【约束】命令组中的【垂直】按钮，根据系统提示，选取直线A和B，即可创建垂直约束，效果如图2-86所示。

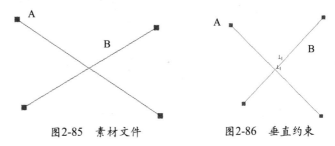

图2-85　素材文件　　　　　图2-86　垂直约束

【案例2-17】：相切约束

06 单击【文件】选项卡下的【打开】按钮，打开"第2课\2-17相切约束.sec.1"文件，如图2-87所示。

07 单击【约束】命令组中的【相切】按钮，根据系统提示，选取圆弧和直线，即可创建相切约束，效果如图2-88所示。

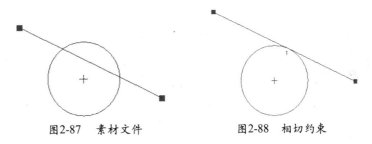

图2-87　素材文件　　　　　图2-88　相切约束

【案例2-18】：中点/重合约束

08 单击【文件】选项卡下的【打开】按钮，打开"第2课\2-18中点/重合约束.sec.1"文件，如图2-89所示。

09 单击【约束】命令组中的【中点】按钮，根据系统提示，选取点，再选取底边线，即可创建中点约束点，效果如图2-90所示。

10 单击【约束】命令组中的【重合】按钮，分别单击圆心和中心线交叉点，系统自动将两点重合，效果如图2-91所示。

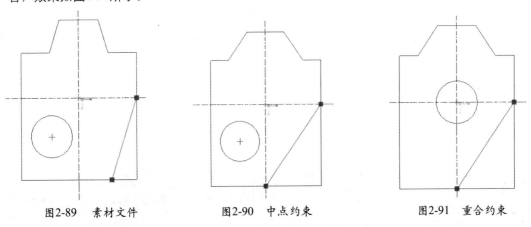

图2-89　素材文件　　　　图2-90　中点约束　　　　图2-91　重合约束

【案例2-19】：对称约束

11 单击【文件】选项卡下的【打开】按钮，打开"第2课\2-19对称约束.sec.1"文件，如图2-92所示。

12 单击草绘选项卡【约束】
命令组上的【对称】按钮
⫛，首先选择中心线，然
后选择两圆圆心，效果如
图2-93所示。

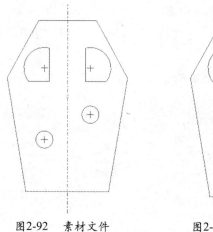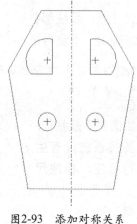

图2-92　素材文件　　　　　图2-93　添加对称关系

【案例2-20】：相等/平行约束

13 单击【文件】选项卡下的【打开】按钮 🗁，打开"第2课\2-20相等/平行约束.sec.1"文件，如图
2-94所示。

14 单击【约束】命令组中的【相等】按钮 =，根据系统提示，选取两条直线，即可创建相等约
束，结果如图2-95所示。

15 单击【约束】命令组中的平行按钮 //，根据系统提示，选取两条直线，即可创建平行约束结
果，如图2-96所示。

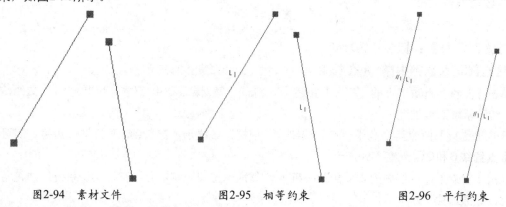

图2-94　素材文件　　　　　图2-95　相等约束　　　　　图2-96　平行约束

删除、锁定和禁用几何约束

　　单击选取要删除的约束，然后按Delete键，或者选取要删除的约束并单击鼠标右键，系统
弹出快捷菜单，在其中执行【删除】命令，即可将其删除。

　　除了删除约束，在绘制草图时可以设定锁定和禁用约束。在绘制草图的过程中，当出现自
动设定的几何约束时，单击右键，切换约束的状态，当约束符号出现圆形包围时，表明约束被
锁定。继续单击右键，当约束符号出现斜线穿过时，表明约束被禁用。

2.4 尺寸的标注和修改 ⟶

　　在Creo中，尺寸包含驱动特性。所谓"尺寸驱动"，就是草绘的图
形，改动其尺寸的数值，图形会自动根据数值的大小进行变化。

　　Creo的草图尺寸是自动标注的，以灰色显示，自动标注的尺寸称为【弱尺寸】。每修改一

个弱尺寸值，系统都会自动去除不必要的弱尺寸，被修改后的尺寸则变为强尺寸。强尺寸即代表已经确定，不会再被系统删除，此时的尺寸数值显示为黑色。

2.4.1 尺寸标注

在Creo2.0中绘制好图形单击中键确定后，大部分尺寸系统都自动生成，如图2-97所示。然而其数值并不是我们所要求的，并且有些所需要尺寸没有表达出来，而是包含在约束条件中，

因此要将系统没有生成的尺寸进行标注。标注尺寸的类型有：线性尺寸、周长尺寸、椭圆标注、圆的半径、直径的标注、角度标注、圆弧标注。

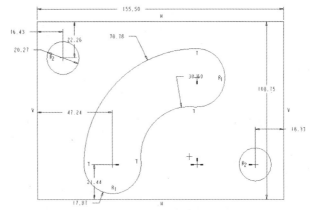

图2-97 系统自动生成的尺寸效果

1.标注线性尺寸

线性尺寸的标注是指线段长度的标注，或者几何图素之间的线性距离的标注。

【案例2-21】：标注线性尺寸

01 单击【文件】选项卡下的【打开】按钮，打开"第2课\2-21尺寸标注.sec.1"文件，如图2-98所示。

02 单击【草绘】选项卡中【尺寸】命令组中的【法向】按钮。

03 单击直线A，并在直线A的斜上方，单击鼠标中键，效果如图2-99所示。

04 单击直线B和C，分别在两直线的下侧和右侧按鼠标中键，完成线性尺寸标注，如图2-100所示。

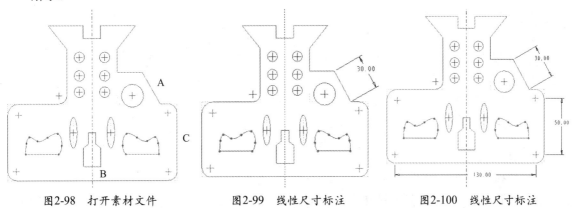

图2-98 打开素材文件　　　图2-99 线性尺寸标注　　　图2-100 线性尺寸标注

2.标注半径尺寸

在二维草绘中，半径标注用来确定圆、圆弧和圆角的大小。

【案例2-22】：标注半径尺寸

01 单击【文件】选项卡下的【打开】按钮，打开"第2课\2-22标注半径尺寸.sec.1"文件，如图2-101所示。

02 单击【草绘】选项卡中【尺寸】命令组中的【法向】按钮↦।।。

03 单击圆弧D，然后在圆弧D的右下方单击鼠标中键，即可完成圆弧的半径标注，效果如图2-102 所示。

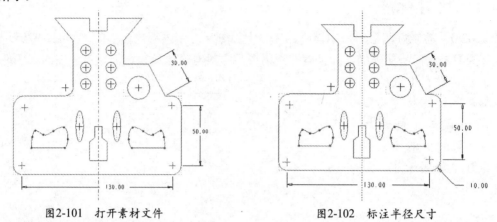

图2-101　打开素材文件　　　　　　　　　图2-102　标注半径尺寸

3.标注直径尺寸

按照习惯，一般为圆和大于180º的圆弧标注直径尺寸。直径尺寸和半径尺寸标注方法基本相同，下面以实例方式进行说明。

【案例2-23】：标注直径尺寸

01 单击【文件】选项卡下的【打开】按钮📂，打开"第2课\2-23 标注直径尺寸.sec.1"文件，如图 2-103所示。

02 单击【草绘】选项卡中【尺寸】命令组中的【法向】按钮↦।।。

03 双击圆E，并在圆E的下方单击鼠标中键，即可完成圆的直径标注，结果如图2-104所示。

04 单击中心线，移动鼠标捕捉圆E的圆心并单击鼠标左键，然后在直线和圆的下方单击鼠标中键，结果如图2-105所示。

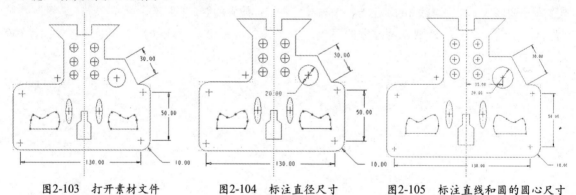

图2-103　打开素材文件　　　　图2-104　标注直径尺寸　　　　图2-105　标注直线和圆的圆心尺寸

4.标注角度

下面以实例介绍角度的标注方法。

【案例2-24】：标注角度尺寸

01 单击【文件】选项卡下的【打开】按钮📂，打开"第2课\2-24标注角度尺寸.sec.1"文件，如图 2-106所示。

02 单击【草绘】选项卡中【尺寸】命令组中的【法向】按钮↦।।。

03 在直线F和直线G之间的夹角区域单击鼠标中键，即可完成两直线的角度标注，结果如图2-107 所示。

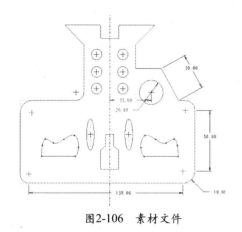

图2-106　素材文件　　　　　　　图2-107　标注角度

5.标注对称尺寸

下面通过具体实例介绍对称尺寸的标注方法。

【案例2-25】：标注对称尺寸

01　单击【文件】选项卡下的【打开】按钮，打开"第2课\2-25标注对称尺寸.sec.1"文件，如图2-108所示。选择【草绘】选项卡中【尺寸】命令组中的【法向】按钮。

02　用鼠标捕捉如图2-109所示直线的右端点并单击左键，接着再单击中心线，再次单击如图2-109所示中直线的右端点，并在中心线附近单击鼠标中键，完成对称尺寸的标注，结果如图2-110所示。

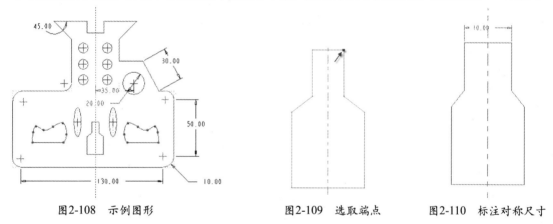

图2-108　示例图形　　　　　　图2-109　选取端点　　　图2-110　标注对称尺寸

6.标注椭圆尺寸

标注椭圆形圆角或椭圆的尺寸，只需要标注其水平和垂直端点到中心点的距离即可，即标注X半轴和Y半轴的长度。

【案例2-26】：标注椭圆尺寸

01　打开光盘中的"第2课\2-26标注椭圆尺寸.sec.1"文件，如图2-111所示。单击【草绘】选项卡中【尺寸】命令组中的【法向】按钮。

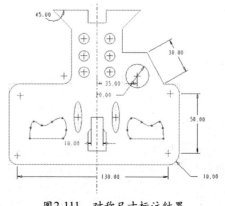

图2-111　对称尺寸标注结果

02 单击草绘区内的椭圆，并在椭圆内单击鼠标中键，系统弹出【椭圆半径】对话框，如图2-112所示。

03 选中对话框中的【长轴】选项，单击【接受】按钮，效果如图2-113所示。

04 如果选中对话框中的【短轴】选项，则效果如图2-114所示。

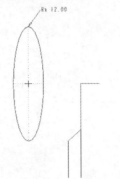

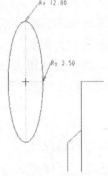

图2-112　【椭圆半径】对话框　　　图2-113　标注椭圆长轴方向的半径　　　图2-114　椭圆短轴方向的半径

7.标注样条曲线尺寸

在标注样条曲线时，必须首先标注其两个端点的尺寸。当然，也可以为样条曲线的端点或插值点来增加其他尺寸标注。

【案例2-27】：标注样条曲线尺寸

01 打开光盘中的"第2课\2-27标注样条曲线尺寸.sec.1"文件，如图2-115所示。单击【草绘】选项卡中【尺寸】命令组中的【法向】按钮↔。

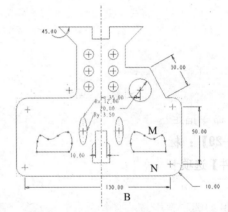

图2-115　标注样条曲线尺寸示例图形

02 单击草绘区中的样条曲线M，以及直线N。移动鼠标捕捉如图2-116所示的点，并单击鼠标左键，在图形的内侧单击鼠标中键，结果如图2-117所示。

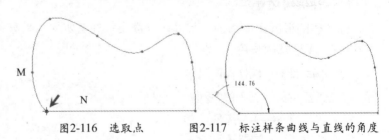

图2-116　选取点　　　图2-117　标注样条曲线与直线的角度

03 用鼠标捕捉如图2-118所示的点并单击左键。单击直线N，然后在点和直线之间单击鼠标中键，结果如图2-119所示。

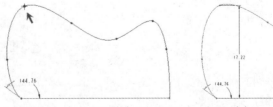

图2-118　选取曲线节点　　　图2-119　标注样条曲线节点和直线的尺寸

8.标注周长尺寸

这里以如图2-120所示的矩形为例，介绍周长尺寸的标注方法。

【案例2-28】：标注周长尺寸

01 打开光盘中的"第2课\2-28标注周长尺寸.sec.1"文件。选取草绘区内三角形的各边，单击【草绘】选项卡中【尺寸】命令组中的【周长】按钮 。

02 根据系统提示，选择水平方向的尺寸为周长驱动的尺寸，即可完成周长尺寸的标注，如图2-121所示。

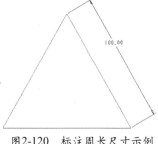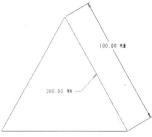

图2-120　标注周长尺寸示例　　　　图2-121　标注周长尺寸

03 双击周长尺寸值，如图2-122所示，在尺寸值文本框中输入240，并按Enter键，结果如图2-123所示。

图2-122　双击周长尺寸值　　　　图2-123　修改周长尺寸值

9.标注基线尺寸

当所绘制的草图具有统一的基准时，为了保证草图的精度及增加标注的清晰度，可以利用【基线标注】命令指定基准图素的零坐标，然后添加其他图素相对于基准线的尺寸标注。

【案例2-29】：标注基线尺寸

01 单击【文件】选项卡下的【打开】按钮 ，打开"第2课\2-29标注基线尺寸.sec.1"，如图2-124所示。

02 单击【草绘】选项卡中【尺寸】命令组中的【基线】按钮 ，然后分别选取草绘区内的基线图素A、B边线，并单击鼠标中键，结果如图2-125所示。

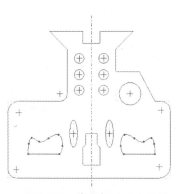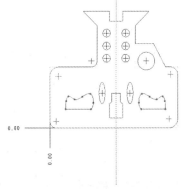

图2-124　基线标注尺寸示例　　　　图2-125　指定基线位置

03 单击【草绘】选项卡中的【法向】按钮 ，选取已指定的基线。选取如图2-126所示圆的圆心点，并单击鼠标中键，结果如图2-127所示。

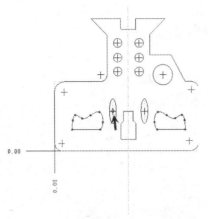

图2-126 选取标注图素

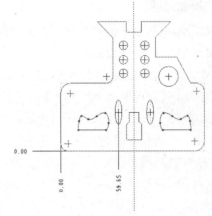

图2-127 基线标注尺寸

2.4.2 移动与删除尺寸标注

在草绘过程中，为了使标注布局合理、清晰，往往需要调整尺寸文本的放置位置，有时候还需要删除多余的尺寸。

1. 移动尺寸

单击激活草绘选项卡中【选择】图标，指针选中要移动的尺寸并按住左键，如图2-128所示。移动鼠标至合适的位置后，释放鼠标左键，结果如图2-129所示，即可完成尺寸的移动。

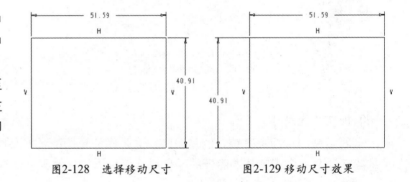

图2-128 选择移动尺寸   图2-129 移动尺寸效果

2. 删除尺寸

在草绘区内单击或框选所须删除的尺寸，单击鼠标右键，在弹出的菜单中执行【删除】命令，如图2-130所示。或直接在键盘上按Delete键，即可删除所选的尺寸。需要指出的是用户定义的尺寸可以删除，而系统自动添加的尺寸是弱尺寸，不能被删除。强尺寸被删除就转为弱尺寸，因此删除尺寸后还可以看到尺寸，不过显示为弱尺寸。

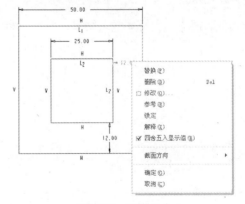

图2-130 删除尺寸

2.4.3 修改标注尺寸

草图绘制完后，其尺寸的数值一般不是设计要求的尺寸，此时就需要用到二维草绘中的修改功能。在Creo中常用以下两种方法修改尺寸：直接修改和通过修改尺寸按钮进行修改。

1.直接修改

鼠标双击要修改的尺寸，在弹出的文本框中输入新的数值，如图2-131所示，按Enter键或单击鼠标中键，系统立即再生尺寸。此方法的特点是，能快速修改单个尺寸，但无法同时修改多个尺寸。由于每修改一个尺寸系统就立即再生图形，所以可能产生图形变形，给我们也带来了不方便。

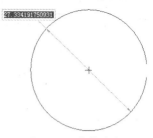

图2-131 直接修改

2.通过修改尺寸按钮进行修改

通过这种方法修改尺寸时，如果选中【修改尺寸】对话框中的【重新生成】选项，【修改】对话框如图2-132所示，每修改一个尺寸图形就会自动再生该尺寸，很容易使图形产生变形。所以，一般情况下都不勾选【重新生成】选项。

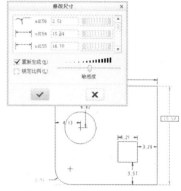

图2-132 【修改尺寸】对话框

2.5 解决草绘

在尺寸标注或添加约束的过程中，常常会遇到尺寸或约束冲突的情况。解决方法是删除相关尺寸或约束，或者将冲突尺寸转换为参考尺寸。解决草绘的操作界面，如图2-133所示。

尺寸转换为参考尺寸之后，标注的效果，如图2-134所示。

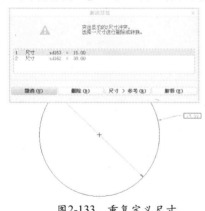

图2-133 重复定义尺寸

图2-134 参考尺寸

2.6 实例应用

草绘二维图形是三维建模的重要环节，要提高建模效率，需要提高草绘准确度和绘图速度。本节通过多个二维草绘实例，综合运用本课所学的二维草绘方法，提高读者的草绘能力。

2.6.1　绘制槽轮草图

下面绘制如图2-135所示的槽轮零件草图，主要运用了绘制中心线、直线、圆、删除段、拐角、镜像和尺寸标注等知识。

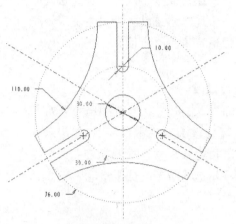

图2-135　零件槽轮草图

如图2-136所示为槽轮零件的绘制思路和流程。

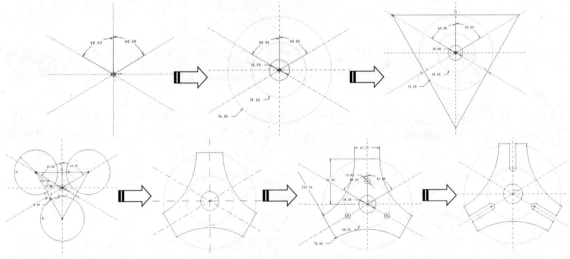

图2-136　绘制思路

01 单击快速访问工具栏中的【新建】按钮，系统弹出【新建】对话框。选择【类型】选项组中的【草绘】选项，在【名称】文本框中输入草绘名称为caolun，如图2-137所示，单击【确定】按钮，新建文件。

02 系统进入草绘环境。单击【草绘】选项卡中的【中心线】按钮，绘制如图2-138所示的4条中心线。

图2-137　【新建】对话框

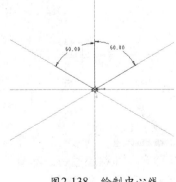

图2-138　绘制中心线

03 绘制完4条中心线之后，在空白处单击中键确定，双击角度尺寸，修改角度为60°。

04 单击【草绘】选项卡中的【圆】按钮◎，以中心线的交点为圆心，绘制一个圆，再单击【构造模式】按钮，转换为构造模式。单击【草绘】选项卡中的【圆】按钮◎，以中心线的交点为

圆心，绘制两个圆，双击系统自动标注的该圆轮廓弱尺寸，修改其半径分别为15、39、76，并按Enter键或单击鼠标中键，效果如图2-139所示。

05 单击【草绘】选项卡中的【线】按钮，绘制一个三角形，如图2-140所示。

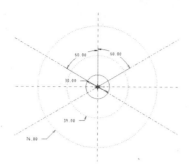

图2-139　绘制圆　　　　　　　　　　图2-140　绘制三角形

06 单击【草绘】选项卡中的【相切】按钮，将三角形和最大圆边相切，单击【草绘】选项卡中的【相等】按钮＝，将三角形边全等，结果显示如图2-141所示。

07 单击【草绘】选项卡中的【圆】按钮◎，以三角形顶点为圆心，绘制3个圆，双击系统自动标注的该圆轮廓弱尺寸，修改其直径都为220，并按Enter键或单击鼠标中键确定，效果如图2-142所示。

08 单击【草绘】选项卡中的【删除段】按钮，按住左键，划掉不要的线段，结果显示如图2-143所示。

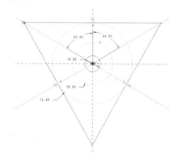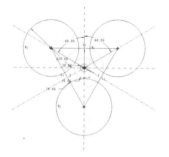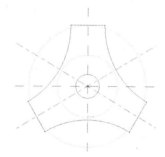

图2-141　相切、相等约束　　图2-142　绘制三圆　　　图2-143　删除段

09 单击【草绘】选项卡中的【圆】按钮◎，以中心线与直径为78的圆的交点为圆心，绘制3个圆，双击系统自动标注的该圆轮廓弱尺寸，修改其直径均为10，并按Enter键或单击鼠标中键，效果如图2-144所示。

10 单击【草绘】选项卡中的【线】按钮，绘两根直线，单击【草绘】选项卡中的【相切】按钮，将直线与直径为10的圆相切，结果如图2-145所示。

11 按上述步骤绘制其他的直线，单击【草绘】选项卡中的【删除段】按钮，按住左键，划掉多余的线段，结果如图2-146所示。

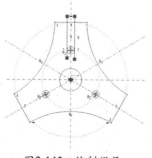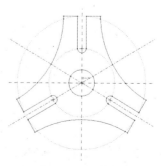

图2-144　绘制圆　　　　　图2-145　绘制线段　　　　图2-146　绘制结果

12 结束草绘，单击【快速访问】工具栏下的🖫【保存】按钮，保存文件。

2.6.2 绘制垫片草图

如图2-147所示，该实例用到的草绘工具有：绘制圆、倒圆角、修剪和尺寸标注等。

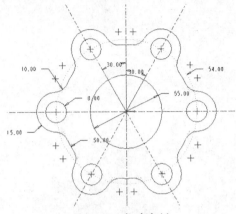

图2-147 垫片实例

如图2-148所示为多孔垫片的绘制思路和流程。

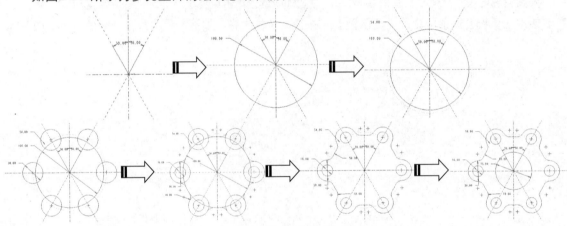

图2-148 绘制思路

01 单击快速访问工具栏中的【新建】按钮🗋，系统弹出【新建】对话框。选择【类型】选项区域中的【草绘】选项，在【名称】文本框中输入草绘名称为dianpian，如图2-149所示，单击【确定】按钮。

02 系统进入草绘环境。单击【草绘】选项卡中的【中心线】按钮，绘制中心线，双击系统自动标注的角度，修改角度值为30°，如图2-150所示。

图2-149 【新建】对话框

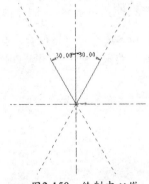

图2-150 绘制中心线

03 单击【草绘】选项卡中的【圆】按钮◎，以中心线的交点为圆心，绘制一个圆。双击系统自动标注的该圆轮廓弱尺寸，修改其直径为100，并按Enter键或单击鼠标中键，效果如图2-151所示。

04 单击【草绘】选项卡中的【构造模式】按钮，在构造模式下单击【草绘】选项卡中的【圆】按钮，以中心线的交点为圆心绘制一个圆，双击系统自动标注的该圆轮廓弱尺寸，修改其半径为54，并按Enter键或单击鼠标中键，如图2-152所示。

05 取消【构造模式】选项，单击【草绘】选项卡中的【圆】按钮，以构造圆和中线交点为圆心，绘制6个直径相等的圆，双击系统自动标注的该圆轮廓弱尺寸，修改其直径为30，并按Enter键或单击鼠标中键，如图2-153所示。

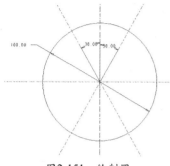
图2-151 绘制圆

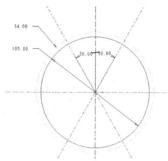
图2-152 绘制构造圆

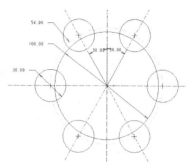
图2-153 绘制圆

06 单击【草绘】选项卡中的【圆角】按钮，选取两段相交圆弧进行倒圆角，将其他的圆弧也进行倒圆角，倒角结果如图2-154所示。

07 单击【约束】命令组中的【相等】按钮，将倒圆弧约束全相等，并双击系统自动给出的标注，修改半径值为10，结果如图2-155所示。

08 单击【草绘】选项卡中的【圆】按钮，在周边6个圆内绘制6个同心圆，直径为16，如图2-156所示。

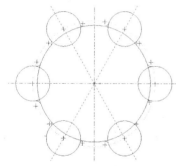
图2-154 倒圆角

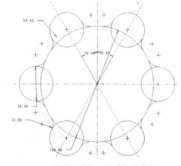
图2-155 绘制圆角

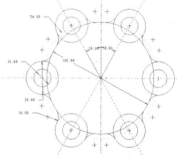
图2-156 绘制圆

09 单击【草绘】选项卡中的【删除段】按钮，单击拖曳将多余的圆弧修剪掉，结果如图2-157所示。

10 单击【草绘】选项卡中【圆】按钮，在下拉列表中单击【圆心和点】按钮，以中心线的交点为圆心，绘制一个圆。双击系统自动标注的该圆轮廓弱尺寸，修改直径为55，并按Enter键，结果如图2-158所示。

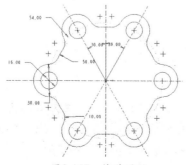
图2-157 修剪圆弧

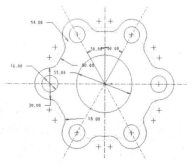
图2-158 绘制圆

2.7 课后练习

2.7.1 绘制弧形压块草图

绘制如图2-159所示的弧形压板草图轮廓。

操作提示：

01 绘制中心线。单击【草绘】选项卡中的【中心线】按钮，绘制中心线。

02 绘制构造圆。单击【草绘】选项卡中的【构造线模式】按钮。单击【草绘】选项卡中【圆】按钮，绘制构造圆。

03 绘制圆。单击【草绘】选项卡中【圆】按钮，构造圆和中心线交点为圆心，绘制两个圆。

04 绘制圆。单击【草绘】选项卡中【圆】按钮，以中心线交点为圆心，两圆内切和外切的两个圆。

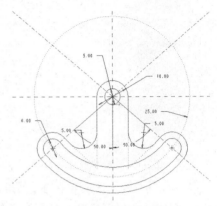

图2-159 草图轮廓

05 修剪。单击【草绘】选项卡中的【删除段】按钮，修剪刚绘制的4个圆，修剪成为槽型。

06 偏移。单击【草绘】选项卡中的【偏移】按钮，偏移刚绘制的槽型。

07 绘制圆、直线。单击【草绘】选项卡中【圆】按钮，以中心线交点为圆心，绘制两个圆，单击【草绘】选项卡中的【线】按钮，绘制直线。

08 倒圆角。单击【草绘】选项卡中的【圆角】按钮，倒圆角。

09 修剪。单击【草绘】选项卡中的【删除段】按钮，修剪不必要的线段。

2.7.2 绘制面板零件草图

绘制如图2-160所示的面板草图轮廓。

操作提示：

01 绘制中心线。单击【草绘】选项卡中的【中心线】按钮，绘制中心线。

02 绘制矩形。单击【草绘】选项卡中的【矩形】按钮，绘制矩形。

03 绘制圆。单击【草绘】选项卡中【圆】按钮，绘制2个圆。

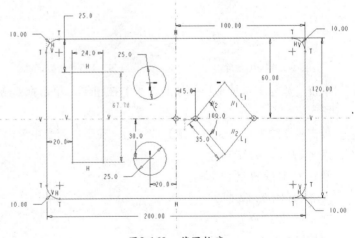

图2-160 草图轮廓

04 绘制四边形。单击【草绘】选项卡中的【线】按钮，绘制四边形。

05 相等约束。单击【约束】功能命令组中的【相等约束】按钮，约束全相等。

06 倒圆角。单击【草绘】选项卡中的【圆角】按钮，倒圆角。

第3课
参考基准

参考基准是建模过程中创建的辅助特征，包括：基准平面、基准轴、基准点、基准曲线和基准坐标系。参考基准可以用做创建三维造型时的草绘平面、视图定位参考、特征定位参考等，还可以通过基准点来构建基准曲线，再通过基准曲线来构建曲面等特征。

【本课知识】

- 参考基准概述
- 基准平面
- 基准轴
- 基准点
- 基准曲线
- 基准坐标系

3.1 参考基准概述

进入设计界面后，打开基准设置开关，可以看到如图3-1所示的参考基准。系统提供了3个相互正交的标准基准平面，并分别命名为TOP、FRONT和RIGHT，除此之外，系统还提供了一个坐标系和一个特征的旋转中心。

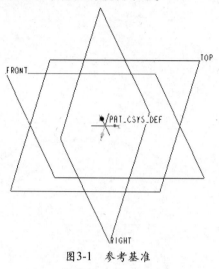

图3-1 参考基准

3.1.1 参考基准分类

参考基准包括了各种在特定的位置创建的用于辅助定位的几何元素，主要包括：基准点、基准轴、基准曲线、基准平面及基准坐标系。

3.1.2 参考基准用途

参考基准用于辅助定位，主要有以下几种用途。

★ 作为放置参照：创建特征时，作为特征放置位置的参照。

★ 作为标注参照：可以选取基准平面、基准轴或基准点作为标注图元尺寸的参照。

★ 作为设计参照：可用参考基准精确确定特征的形状和大小。

★ 其他用途：基准曲线可用于扫描特征的轨迹线，基准坐标系可用于定位截面的位置等。

3.1.3 设置参考基准的显示状态

在复杂的三维造型设计中，常常需要添加大量的参考基准，但同时会使界面变得杂乱进而影响设计的正常进行，此时就有必要调整参考基准的显示状态。

隐藏参考基准有以下3种方法。

1.通过视图控制工具栏来设置

【视图控制】工具栏中的 工具按钮有开和关两种状态，单击某按钮可打开相应的参考基准，再次单击则关闭该参考基准。

2.通过图元显示设置

在功能区内单击鼠标右键，弹出快捷菜单，选择【自定义功能区】选项，系统弹出【Creo parametric选项】对话框，选择【图元显示】选项卡，如图3-2所示。选中或取消选中项目的复选框，即设定该类参考基准的显示状态。

图3-2 【图元显示】选项卡

3.通过模型树设置

在【模型树】中右键单击某一基准，在弹出的快捷菜单中选择【隐藏】选项，即可隐藏基准。若要显示基准，在弹出的快捷菜单中选择【取消隐藏】选项即可，如图3-3所示。

在Creo parametric 2.0中，可以在设计中根据需要加入各种参考基准，具体操作方法接下来详细介绍。

图3-3 【模型树】快捷菜单

3.2 基准平面

基准平面是使用得最频繁，同时也最重要的参考基准。当打开一个新的三维建模设计界面时，将会看到系统提供的3个相互垂直的默认基准平面（TOP、FRONT和RIGHT）。如果要创建新的基准平面，系统会为每一个新的基准平面定义一个唯一的名称，如DTM1、DTM2、DTM3等。

在Creo parametric 2.0中，每个基准平面都有正、反两面，以黄色和红色表示。黄色表示基准平面的正法线方向，相当于模型从表面指向实体以外的方向；红色表示负法线方向，相当于模型从表面指向实体的方向。

在【模型】选项卡，单击【基准】命令组上的【平面】按钮，系统弹出【基准平面】对话框，如图3-4所示。

图3-4 【基准平面】对话框

3.2.1 【基准平面】对话框

1.【放置】选项卡

【基准平面】对话框中的【放置】选项卡用于设置新基准平面的参数，包括：参考、参考的约束类型、平移数值、旋转角度值等。

◆ 参考

该选项区域用于显示基准面的参考及参考的约束类型。可用做参考的图素有：平面、曲面、边、点、轴、坐标系、顶点和基准曲线。单击鼠标左键，选取一个参考图素，选择的参考在【参考】列表中列出；在列表中选择某个参考，单击鼠标右键，系统弹出右键菜单，可以选择移除参考，如图3-5所示。

在参考对象的右侧，显示了所选参考使用的约束类型，单击展开按钮，系统弹出如图3-6所示的约束类型列表，其选项根据所选参考的不同而不同。

图3-5　右键菜单

图3-6　约束类型

★ 穿过：选取该选项，将通过选定的参考点、轴、线、基准曲线，或者平面，创建新基准平面。

★ 偏移：选取该选项，将选定参考平面、基准平面，或者坐标系平行移动指定的距离，从而创建新的基准平面。

★ 平行：选取该选项，将平行于选定的参考，从而创建新的基准平面。

★ 法向：选取该选项，将垂直于选定的参考，从而创建新的基准平面。

★ 相切：选取该选项，将相切于选定的参考，从而创建新的基准平面。

在使用约束建立基准平面时，有的参考和约束可以单独确定基准面，而有的必须与其他参考约束一起使用才能确定新的基准平面。

下列基准参考约束只能单独使用。

★ 平面参考—约束为【穿过】：创建一个与平面一致的基准平面。

★ 平面参考—约束为【偏移】：创建一个平行于平面并且以指定距离偏移平面的基准平面。

★ 坐标系参考—约束为【偏移】：创建一个垂直于一个坐标并以指定距离偏移平面的基准平面。当选择该选项时，系统提示选择与该平面垂直的轴线，并输入该轴线方向的偏移值。

◆ 偏距

根据所选择参考的不同，可以在偏移中输入不同的偏移值。如果通过偏移一个平面来创建基准平面，此时输入的值为偏移距离；如果创建一个有角度的基准平面，此时输入的值为旋转角度。如图3-7所示。

（a）偏移距离

（b）旋转角度

图3-7　偏移值

2.【显示】选项卡

基准平面并非实体特征，它可以在空间上无限延伸。在设计过程中，用户可以根据具体情况来设置基准平面的延伸范围。但默认状态下，系统会自动调整大小，以便在视觉上与零件、特征、曲面、边、轴或半径相吻合。

单击【基准平面】对话框中的【显示】选项卡，如图3-8所示，可以设置基准平面的显示方式。

图3-8 【显示】选项卡

★ 反向：单击该按钮，将使基准平面的法向与当前显示方向相反。

★ 调整轮廓：当没有选中该选项时，基准平面的大小采用系统默认值；当选中该选项时，可以在其下拉列表中设置基准平面的大小。

★ 大小：当选择该选项时，可以通过在【宽度】和【高度】文本框中输入数值，指定基准平面的大小。

★ 参考：当选择该选项时，选择【参考】选项，然后在绘图区内选取参考，系统将会根据选定的参考来调整基准平面的大小。

3.【属性】选项卡

单击【基准平面】对话框中的【属性】选项卡，如图3-9所示，可对基准平面进行命名。单击【显示此特征的信息】按钮，在Creo parametric 2.0的浏览器中将会显示出关于当前基准平面的特征信息，如图3-10所示。

图3-9 【属性】选项卡　　　　　　　　图3-10 基准平面的特征信息

3.2.2 创建基准平面的方法

在Creo parametric 2.0中，可以通过3个点、角度偏移曲面、偏移曲面、两条空间平行直线或基准坐标系等方法来创建基准平面。

【案例3-1】：创建基准平面

01 单击【快速访问】工具栏中的【打开】按钮，打开"第3课\3-1基准平面.prt.1"文件，如图3-11所示。

02 通过三点创建基准平面。单击【模型】选项卡中【基准】命令组上的【平面】按钮，系统弹

出【基准平面】对话框，
按住Ctrl键在图形区选取
如图3-12所示的3个顶点。

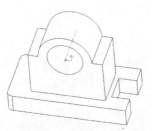 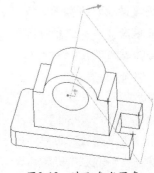

图3-11　创建基准平面示例　　　　图3-12　选取参考图素

03 设置约束类型为【穿
过】，如图3-13所示。单
击对话框中的【确定】
按钮，即可完成基准平面
DTM1的创建，结果如图
3-14所示。

 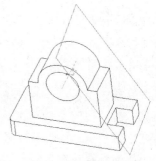

图3-13　设置约束类型　　　　图3-14　创建基准平面

04 角度偏移创建基准平面。单击【模型】选项卡中【基准】命令组上的【平面】按钮 ⬜ ，系统
弹出【基准平面】对话框，按住Ctrl键，在图形区选取如图3-15所示的平面和A1轴。

05 设置曲面的约束类型为【偏移】，轴的约束类型为【穿过】，在【旋转】文本框中输入旋转角
度为60，如图3-16所示。单击对话框中的【确定】按钮，即可完成基准平面DTM2的创建，结
果如图3-17所示。

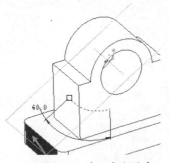  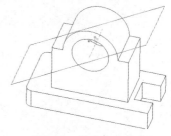

图3-15　选取参考图素　　　　图3-16　设置约束类型　　　　图3-17　创建基准平面

06 偏移曲面方式创建基准平面。单击【模型】选项卡中【基准】命令组上的【平面】按钮 ⬜ ，
系统弹出【基准平面】对话框，在图形区用鼠标左键单击选取如图3-18所示的平面。

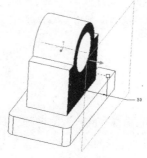

图3-18　选取参考图素

07 设置曲面的约束类型为【偏移】，在【平移】文本框中输入偏移距离为80，并按Enter键，如图3-19所示。单击对话框中的【确定】按钮，即可完成基准平面DTM3的创建，结果如图3-20所示。

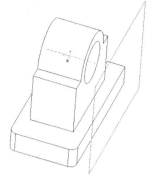

图3-19　设置约束类型　　　　图3-20　创建基准平面

08 两条直线创建基准平面。单击【模型】选项卡中【基准】命令组上的【平面】按钮，系统弹出【基准平面】对话框，按住Ctrl键在图形区选取如图3-21所示的两条边。

09 在【基准平面】对话框中，设置约束类型为【穿过】，如图3-22所示，单击【确定】按钮，即可完成基准平面DTM4的创建，结果如图3-23所示。

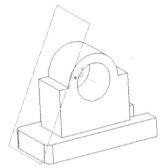

图3-21　选取参考图素　　　　图3-22　设置约束类型　　　　图3-23　创建基准平面

10 基准坐标系创建基准平面。单击【模型】选项卡中【基准】命令组上的【平面】按钮，系统弹出【基准平面】对话框，单击鼠标左键选取图3-24中的坐标系，设置约束类型为【偏移】，坐标轴为X，平移距离为20，如图3-25所示。

11 单击【确定】按钮，即可完成基准平面DTM5的创建，结果如图3-26所示。

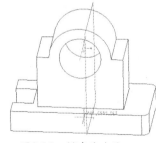

图3-24　选取参考图素　　　　图3-25　设置约束类型　　　　图3-26　创建基准平面

3.3 基准轴

在创建圆孔、径向阵列和旋转等特征时，经常使用基准轴作为中心参考。当创建具有回转特性的特征时，系统会自动标注出基准轴，并自动为其编号，如A_1、A_2等。用户创建的【基准轴】，可对其进行重定义、隐含、遮蔽或删除等操作。

3.3.1　【基准轴】对话框

在【模型】选项卡中，单击【基准】命令组上的【轴】按钮 ／，系统弹出【基准轴】对话框，如图3-27所示。

图3-27　【基准轴】对话框

1. 参考

该列表用于显示所选取的参考和约束类型。单击右侧的下拉按钮，系统弹出如图3-28所示的约束类型下拉列表，其约束类型根据所选参考的不同而不同。

★　法向：选取该选项将通过选定参考曲面，创建垂直于参考曲面的基准轴，再通过选取一个偏移参考，输入一定的距离值将其定位于该曲面。

★　穿过：选取该选项将通过选定参考，创建一条穿过指定平面的基准轴。

图3-28　【基准轴】对话框

2. 偏移参考

该选项通过选取一个偏移参考图素，然后输入指定的偏移值定位基准轴。其功能同【基准平面】对话框中的【平移】功能相同。此外，该选项只有在选取的参考图素为曲面时才会被激活。

3. 显示和属性

【显示】和【属性】选项卡的功能和操作【基准平面】对话框中的相同，故不再讲述。

3.3.2　创建基准轴的方法

在Creo parametric 2.0中，可以通过两点、一点垂直于选定的平面、两个相交平面、曲线上一点并相切于该曲线和圆弧等方式创建基准轴。

【案例3-2】：创建基准轴

01　单击【快速访问】工具栏中的【打开】按钮 ，打开"第3课\3-2创建基准轴.prt.1"文件，如图3-29所示。

02　两点创建基准轴。单击【模型】选项卡中【基准】命令组上的【轴】按钮 ／，系统弹出【基准轴】对话框，按住Ctrl键在图形区选取如图3-30所示的两个顶点。

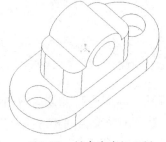

图3-29　创建基准轴示例

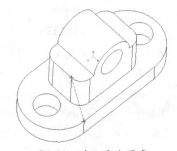

图3-30　选取参考图素

03 设置约束类型为【穿过】，如图3-31所示。单击对话框中的【确定】按钮，即可完成基准轴A_4的创建，结果如图3-32所示。

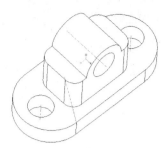

图3-31　设置约束类型　　　　图3-32　创建基准轴A_4

04 一点并垂直于平面来创建基准轴。单击【模型】选项卡中【基准】命令组上的【轴】按钮，系统弹出【基准轴】对话框，按住Ctrl键在图形区选取如图3-33所示的顶点和平面。

05 设置点的约束类型为【穿过】，平面的约束类型为【法向】，如图3-34所示。单击【确定】按钮，即可完成基准轴A_5的创建，结果如图3-35所示。

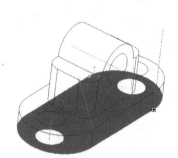

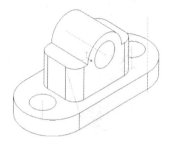

图3-33　选取参考图素　　　图3-34　设置约束类型　　　图3-35　创建基准轴A_5

06 用两个相交平面创建基准轴。单击【模型】选项卡中【基准】命令组上的【轴】按钮，系统弹出【基准轴】对话框，按住Ctrl键，选取图3-36中的两个基准平面。

07 设置约束类型为【穿过】，如图3-37所示。单击对话框中的【确定】按钮，即可完成基准轴A_6的创建，结果如图3-38所示。

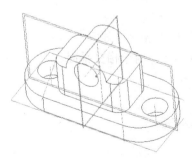

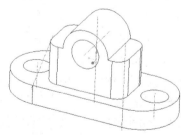

图3-36　选取参考图素　　　图3-37　设置约束类型　　　图3-38　创建基准轴A_6

08 曲线一点并与该曲线相切来创建基准轴。单击【模型】选项卡中【基准】命令组上的【轴】按钮，系统弹出【基准轴】对话框，按住Ctrl键，选取如图3-39所示的点PNT3和曲线。

09 设置点的约束类型为【穿过】，曲线的约束类型为【相切】，如图3-40所示。单击【确定】按钮，即可完成基准轴A_7的创建，结果如图3-41所示。

10 圆弧创建基准轴。单击【模型】选项卡中【基准】命令组上的【轴】按钮，系统弹出【基准轴】对话框，在图形区单击鼠标左键选取如图3-42所示的圆弧曲面。

11 设置约束类型为【穿过】，如图3-43所示。单击【确定】按钮，即可完成基准轴A_8的创建，结果如图3-44所示。

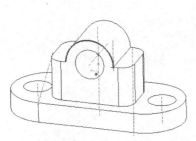

图3-39 选取参考图素

图3-40 设置约束类型

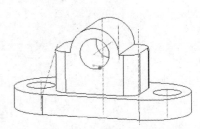

图3-41 创建基准轴A_7

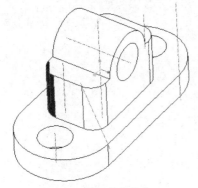

图3-42 选取参考图素

图3-43 设置约束类型

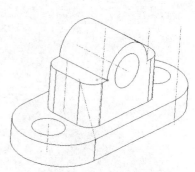

图3-44 创建基准轴A_8

3.4 基准点

基准点在三维模型设计中，常用来辅助创建基准曲线、样条曲线，以及设定实体特征上特定点的参数等。

基准点作为一种参考，用于构建基准轴、基准面、基准坐标和基准曲线等参考基准。也可以作为创建拉伸、旋转等基础特征的终止参考点，还可以作为变化半径倒圆角的控制点和孔特征的放置参考点。

在Creo parametric 2.0中，基准点可分为以下3种类型。

★ 点：在图元上，图元相交处或者由某一图元偏移所创建的基准点。

★ 偏移坐标系：通过选定坐标系偏移所创建的基准点。

★ 域：标识一个几何域的域点，域点是行为建模中用于分析的点。

▋▋3.4.1 创建一般基准点

创建一般基准点时，首先选择基准点的放置参考，以指定基准点的放置对象（包括：曲面、曲线、边、基准平面等），然后选择偏移参考，用于设置基准点的准确位置。偏移参考会根据所选择的放置参考类型自行改变。

在【模型】选项卡的【基准】命令组中，单击【点】按钮 右侧的展开箭头，系统弹出【基准点】对话框，如图3-45所示。

图3-45 【基准点】对话框

1.【基准点】对话框

在【基准点】对话框中包括【放置】选项卡和【属性】选项卡，【属性】选项卡用于更改基准点的名称；【放置】选项卡用于显示位置参考和设置约束类型。

◆ 点列表

该列表列出已创建的基准点。鼠标右击该列表中的点，系统弹出如图3-46所示的快捷菜单，其中包含如下选项。

图3-46 右键快捷菜单

★ 删除：删除选定点。

★ 重命名：为选定的点重命名。

★ 重复：继续以相同的放置方式创建新点。

◆ 参考

用于选定参考，并指定约束类型。按住Ctrl键，可同时选择多个参考。若要删除某个参考，可用鼠标右键单击这个参考，在弹出的快捷菜单中选择【移除】选项。

◆ 偏移

参考约束类型为偏移时，会出现【偏移】文本框，用于设定偏移值。对于曲线或边上的基准点，【偏移】文本框的右侧还会有其他一些选项。

★ 比率：表示基准点到曲线起始点的实际长度为整条曲线长度的倍数。一般规定选取曲线或实体边的长度比为1，基准点的位置取值可以是0~1的任意数值。一旦设定了相应数值，即可在相应位置创建基准点。

★ 实数：表示创建的基准点到曲线或实体边线上起始点的实际长度。

◆ 偏移参考

用于设置所选择的参考。对于曲线或边上的基准点，【偏移参考】选项中还会有其他一些选项。

★ 曲线末端：选择此方式，表示以所选曲线或实体边线的端点作为偏移参考，通过设置与偏移参考之间的距离，创建新的基准点。单击【下一个点】按钮可以切换曲线或实体边线的端点。

★ 参考：如果选择偏移参考为【参考】方式，则必须选取一个平面尺寸标注参考，该平面必须与曲线或实体的边线相交，其中设置的偏移距离为基准点到该参考平面的垂直距离。

2.创建一般基准点

在创建基准点时，根据所选参考对象的不同，可以通过多种方式来创建基准点。

【案例3-3】：创建一般基准点

01 单击【快速访问】工具栏中的【打开】按钮 ☞ ，打开"第3课\3-3一般基准点.prt.1"文件，如图3-47所示。

02 在曲线和边线上创建基准点。进入【模型】选项卡的【基准】命令组，单击【点】按钮 ☵ 右侧的【点】按钮 ▾ ，系统弹出【基准点】对话框，根据系统提示，选取如图3-48所示的参考边。

图3-47 创建一般基准点示例

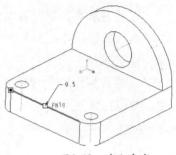

图3-48 选取参考

03 在该对话框中设置其约束类型为【在其上】，偏移方式为【比率】，偏移值为0.5，如图3-49所示。单击【新点】按钮，即可创建基准点PNT0，结果如图3-50所示。

图3-49 【基准点】对话框

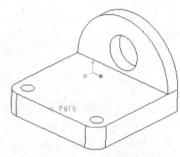

图3-50 创建基准点PNT0

04 在圆弧的中心处创建基准点。根据系统提示，选取如图3-51所示的圆弧，然后在对话框中设置偏移参数如图3-52所示。单击【新点】按钮，即可创建基准点PNT1。

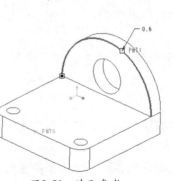

图3-51 选取参考

图3-52 【基准点】对话框

05 在相交曲线的交点处创建基准点。根据系统提示，按住Ctrl键选取如图3-53所示的两条参考曲线，在对话框中设置约束类型为【在其上】，如图3-54所示。单击【新点】按钮，即可创建基准点PNT2。

06 创建偏移曲面基准点。根据系统提示，选取如图3-55所示的曲面作为放置曲面参考，设置约束类型为【偏移】。

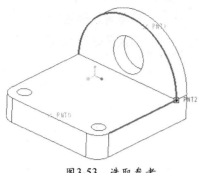

图3-53 选取参考

图3-54 【基准点】对话框

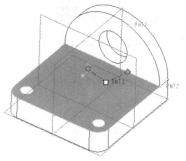

图3-55 选取放置参考曲面

07 激活【偏移参考】框。将激活的【偏移参考】框分别拖曳至如图3-56所示的两个曲面作为偏移参考曲面，并设置偏移距离为分别25、35，如图3-57所示。单击【新点】按钮，即可创建基准点PNT3，结果如图3-58所示。

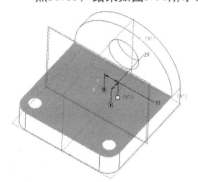

图3-56 选取偏移参考曲面

图3-57 【基准点】对话框

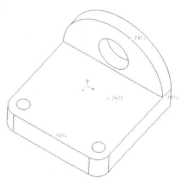

图3-58 创建基准点

08 在曲线和曲面的相交处创建基准点。根据系统提示，选取如图3-59所示的曲线和基准平面TOP作为放置参考，约束类型为【在其上】，如图3-60所示。单击【新点】按钮，即可创建基准点PNT4。

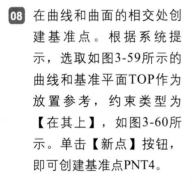

图3-59 选取放置参考

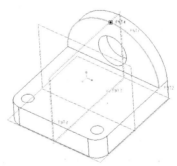

图3-60 【基准点】对话框

09 在两相交曲面上创建基准点。根据系统提示，选取如图3-61所示的两个曲面和基准平面RIGHT作为放置参考曲面。

10 设置其约束类型为【在其上】，如图3-62所示。单击【确定】按钮，即可创建基准点PNT5，结果如图3-63所示。

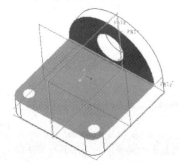

图3-61 选取放置参考

图3-62 【基准点】对话框

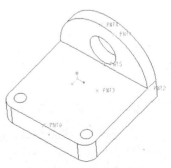

图3-63 创建基准点

3.4.2　偏移坐标系

偏移坐标系是设定基准点相对于所选择坐标系的偏移距离，从而确定基准点的位置。可以选择3种类型的坐标偏移方式：笛卡儿、圆柱和球坐标。

3.4.3　域

利用域工具可以在曲线、实体边、曲面的任意位置创建基准点，而且不需要标注位置尺寸，只要通过在绘图区选取参考区域即可。

【案例3-4】：偏移基准点与域

01 单击【快速访问】工具栏中的【打开】按钮 ，打开"第3课\3-4偏移基准点.prt.1"文件，如图3-64所示。

02 偏移基准点。进入【模型】选项卡的【基准】命令组，单击【点】按钮 右侧的【偏移坐标系】按钮 ，系统弹出【基准点】对话框。根据系统提示，选取图形区中的坐标系，单击【基准点】对话框中的编辑区域，修改偏移值，如图3-65所示。

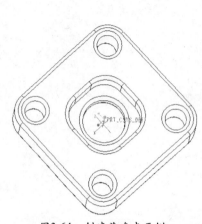

图3-64　创建基准点示例　　　图3-65　【偏移基准点】对话框

03 还可以在对话框中单击【更新值】按钮，系统弹出如图3-66所示的记事本文件窗口，并在其中编辑偏移值。

04 修改完偏移值后，单击对话框中的【确定】按钮，即可通过偏移坐标系方式创建基准点，结果如图3-67所示。

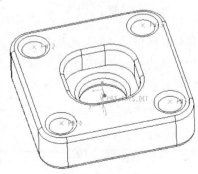

图3-66　记事本　　　图3-67　创建基准点

05 域基准点。进入【模型】选项卡的【基准】命令组，单击【点】按钮 右侧的【域】按钮 ，系统弹出【基准点】对话框。

06 根据系统提示，在图形区选取如图3-68所示的参考作为点的放置位置，如图3-69所示，单击对话框中的【确定】按钮，结果如图3-70所示。

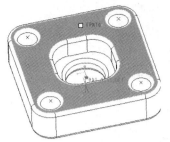

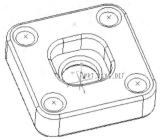

图3-68　选取参考图素　　　　图3-69　【域】对话框　　　　图3-70　创建域基准点

3.5 基准曲线

在Creo parametric 2.0中，基准曲线通常用做描轨迹线，以及三维造型的辅助曲线等。

进入【模型】选项卡的【基准】命令组，单击【曲线】按钮～右侧的▶按钮，系统弹出如图3-71所示的子菜单。其中包括：【通过点】、【来自方程】和【来自截面】3种创建方式。

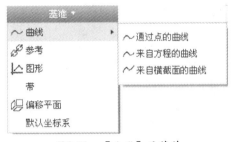

图3-71　【曲线】子菜单

3.5.1 通过点创建基准曲线

通过点创建基准曲线，用户需要事先定义一系列点，包括：曲线的起始点、中间点和终止点等，然后再按照指定的方式选取曲线经过的点。选择的点可以是基准点或模型端点。

进入【模型】选项卡的【基准】命令组，单击【曲线】按钮～右侧的【通过点的曲线】按钮～，系统弹出【曲线：通过点】操控板，如图3-72所示。该操控板中各选项卡的含义如下。

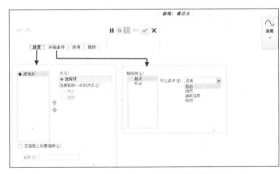

图3-72　【曲线：通过点】操控板

★　起始：选择该选项，表示在曲线的起始点处设置相切条件，此时系统在曲线的起始点处显示一个带有十字叉的红点。

★　终止：选择该选项，表示在曲线的终止点处设置相切条件，此时系统在曲线的终止点处显示一个带有十字叉的红点。

★　相切：选择该选项，表示使曲线在该端点处与参考相切。

★　曲率连续：选择该选项，可以指定相切条件的曲线端点设置连续曲率。在该选项前放置选中标记可激活该选项，这曲线端点处的曲率等于相切图元连接端点处的曲率。

如果曲线仅通过两个点，并以【样条】形式连接时，可以选择【扭曲】选项设置外形。在【曲线：通过点】操控板中选择【选项】选项卡，启用【扭曲曲线】，单击【扭曲曲线设置】按钮，打开【修改曲线】对话框，可以单击拖曳控制点调整曲线的外形，如图3-73所示。

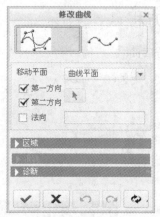

图3-73 【修改曲线】对话框

3.5.2 使用横截面创建基准曲线

利用横截面创建基准曲线，是由横截面与零件轮廓的相交线创建基准曲线的。首先需要为零件创建剖切面，然后利用【横截面】创建基准曲线。

【案例3-5】：使用横截面创建基准曲线

01 单击【快速访问】工具栏中的【打开】按钮，打开"第3课\3-5创建横截面曲线.prt.1"文件，如图3-74所示。

02 单击【视图】选项卡中的【截面】按钮，系统弹出【截面】对话框，如图3-75所示。选择RIGHT基准平面为参考截面平面，单击【预览而不剪切】按钮，单击【确定】按钮，创建截面XSEC0001，如图3-76所示。

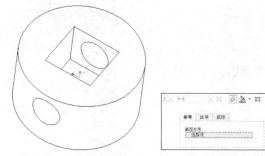

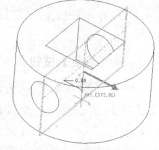

图3-74 素材文件　　　　图3-75 【截面】对话框　　　　图3-76 创建截面

03 进入【模型】选项卡的【基准】命令组，单击【曲线】按钮右侧的【来自横截面的曲线】按钮，系统弹出【曲线】操控板，如图3-77所示。

04 在弹出【曲线】操控板中单击【横截面】右侧的按钮，在弹出的下拉列表中选择XSEC0001截面，单击【确定】按钮，即可创建如图3-78所示。

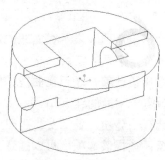

图3-77 【曲线】操控板　　　　图3-78 创建基准曲线

3.5.3　从方程创建基准曲线

从方程创建基准曲线就是给出曲线的数学方程，系统根据方程式创建基准曲线。

【案例3-6】：从方程创建基准曲线

01 新建一个零件，单击【模型】选项卡中【基准】命令组下的【来自方程的曲线】按钮，打开【曲线：从方程】操控板，如图3-79所示。

02 在操控板中选择【笛卡尔】选项，如图3-80所示。在操控板中单击【参考】选项卡，在图形区选择好坐标，如图3-81所示。

图3-79　【曲线：从方程】操控板　　　图3-80　【设置坐标类型】菜单　图3-81　选择【坐标系】

03 在【曲线：从方程】操控板中单击【方程】按钮，系统弹出【方程】对话框，如图3-82所示。在【方程】对话框中，输入x=50*t并按Enter键，再输入y=10*sin(t*360)并按Enter键，最后输入z=0，如图3-83所示。

图3-82　【方程】对话框　　　　　　　　图3-83　设置曲线方程

04 单击【确定】按钮，结果如图3-84所示。

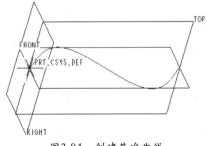

图3-84　创建基准曲线

3.6　基准坐标系

在Creo parametric 2.0中，坐标系可以添加到零件和组件的参考特征中，坐标系可用于计算模型质量属性、定位装配零件等操作。基准坐标系包括：笛卡儿坐标、圆柱坐标和球坐标3种类型。

3.6.1　【基准坐标系】对话框

在【模型】选项卡中，单击【基准】命令组上的【坐标系】按钮，系统弹出如图3-85所示的【坐标系】对话框。

图3-85 【坐标系】对话框

1．【原点】选项卡

如图3-85所示为【原点】选项卡，该选项卡用于显示选取的参考、坐标系统偏移类型等。该选项卡中各选项的含义如下。

参考：该选项可以随时激活，设定或更改参考及约束类型。这些参考可以是平面、边、轴、曲线、基准点或坐标系等。

偏移类型：在该下拉列表中显示了偏移坐标系的几种方式。

★ 笛卡儿：选择该选项，表示允许通过设置X、Y和Z值偏移坐标系。

★ 圆柱：选择该选项，表示允许通过设置半径、θ和Z值偏移坐标系。

★ 球坐标：选择该选项，表示允许通过设置半径、θ和φ值偏移坐标系。

★ 自文件：选择该选项，表示允许从转换文件输入坐标系的位置。

2．【方向】选项卡

该选项卡用来确定新建坐标系的方向，如图3-86所示，该选项卡中的选项根据【原点】选项卡中的设置不同而不同。该选项卡中各选项的含义如下。

图3-86 【方向】选项卡

★ 参考选择：选择该选项，允许通过选取坐标系中任意两根轴的方向参考定向坐标系。

★ 选定的坐标系轴：选择该选项，以相对于所选坐标系选择一定角度的方式定向坐标系。

★ 设置Z垂直与屏幕：单击该按钮即可将坐标系的Z轴设置为垂直于屏幕。

3.6.2 创建基准坐标系的方法

在创建坐标系时，只需要确定一个原点和两个坐标轴即可，坐标系被命名为CS0、CS1、CS2等，并以X、Y、Z表示。通常先确定原点，再进行定向。

【案例3-7】：创建坐标系

01 单击【快速访问】工具栏中的【打开】按钮，打开"第3课\3-6创建基准坐标系.prt.1"文件，如图3-87所示。首先通过三个平面创建坐标系。通过该方式创建坐标系时，以三个平面的交点确定坐标系原点位置，第一个平面的法向方向指定X轴方向；第二个平面确定Y轴方向。

02 单击【模型】选项卡中【基准】命令组上的【坐标系】按钮，系统弹出【坐标系】对话框，按住Ctrl键，在图形区依次选取如图3-88所示的三个相交平面。其中X轴垂直于选取的第一个平面RIGHT，Y轴垂直于选取的第二个平面FRONT，Z轴垂直于选取的第三个平面。

03 如图3-89所示，单击【坐标系】对话框中的【确定】按钮，即可完成坐标系的创建，结果如图3-90所示。

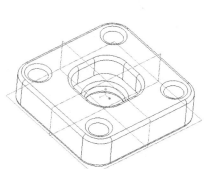
图3-87　创建坐标系示例

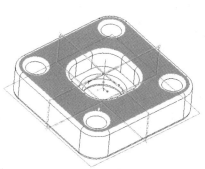
图3-88　选取相交平面

图3-89　【坐标系】对话框

04 一点两轴创建坐标系。单击【模型】选项卡中【基准】命令组上的【坐标系】按钮，系统弹出【坐标系】对话框，单击鼠标左键选取图3-91所示的点作为创建新坐标系的原点，如图3-92所示。

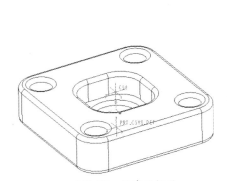
图3-90　创建坐标系

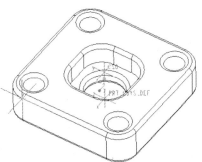
图3-91　选取点

图3-92　【原点】选项卡

05 进入【坐标系】对话框中的【方向】选项卡，选择如图3-93所示的边来确定X轴的轴向，并单击【反向】按钮，如图3-94所示。

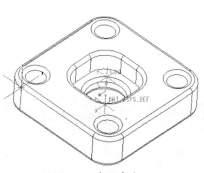
图3-93　选取参考

图3-94　【方向】选项卡

06 选择如图3-95所示的边来确定Y轴的轴向，如图3-96所示。单击对话框中的【确定】按钮，即可完成基准坐标系的创建，结果如图3-97所示。

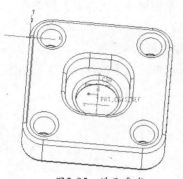

图3-95 选取参考

图3-96 【方向】选项卡

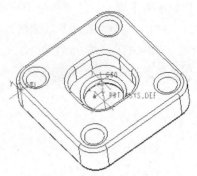

图3-97 创建基准坐标系

07 两轴线创建坐标系。单击【模型】选项卡中【基准】命令组上的【坐标系】按钮![icon]，系统弹出【坐标系】对话框，按住Ctrl键，在图形区选取如图3-98所示的边来确定坐标系的原点，如图3-99所示。

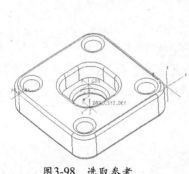

图3-98 选取参考

图3-99 确定原点

08 在【坐标系】对话框中单击【方向】选项卡，单击X轴选项右侧的【反向】按钮，如图3-100所示。

09 单击对话框中的【确定】按钮，即可完成基准坐标系的创建，结果如图3-101所示。

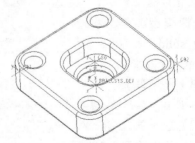

图3-100 设置X轴方向

图3-101 创建的基准坐标系

3.7 实例应用

本实例创建如图3-102所示的零件模型，先拉伸创建底板，再创建基准平面，然后在基准平面上创建圆柱，最后通过创建孔工具来创建圆柱通孔。

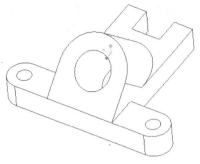

图3-102　零件模型

如图3-103所示为零件的建模思路及流程。

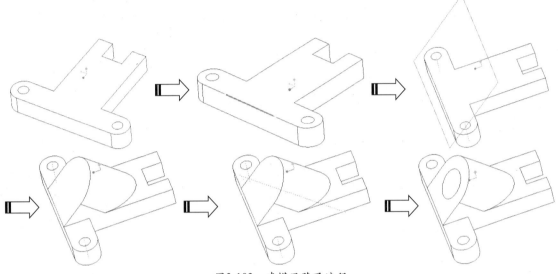

图3-103　建模思路及流程

1.新建文件

01 单击【快速访问工具】栏中的【新建】按钮，系统弹出【新建】对话框。在【类型】选项组中选择【零件】选项，在【子类型】选项组中选择【实体】选项，在【名称】文本框中输入3-7gdjk，取消勾选【使用默认模板】复选框，如图3-104所示，单击【确定】按钮。

02 系统弹出【新文件选项】对话框，选择模板类型为mmns_part_solid，如图3-105所示。单击【确定】按钮，系统进入零件模块工作界面。

图3-104　【新建】对话框　　　图3-105　【新文件选项】对话框

2.创建连接底板

01 单击【模型】选项卡中【形状】命令组中的【拉伸】按钮，系统弹出【拉伸】操控板，单击其中的【放置】按钮，系统弹出【放置】选项卡，如图3-106所示。

02 单击【放置】选项卡中的【定义】按钮，系统弹出【草绘】对话框。根据系统提示，选择基准平面TOP作为草绘平面，如图3-107所示，单击【草绘】按钮。

图3-106 【拉伸】操控板　　　　　　　图3-107 设置草绘平面

03 系统进入草绘环境。单击【草绘】选项卡中的【圆心和点】按钮◯和【线】按钮︿，绘制拉伸截面，如图3-108所示。单击选项卡中的【确定】按钮✔。

04 在操控板中设置拉伸深度为50，拉伸方向为向上，如图3-109所示。单击【确定】按钮✔，结果如图3-110所示。

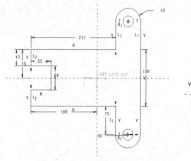
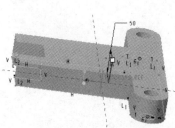
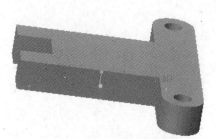

图3-108 绘制草绘截面　　　　图3-109 设置拉伸深度　　　　图3-110 创建连接底板

3.创建基准轴

01 单击【基准】命令组中的【轴】按钮╱，系统弹出【基准轴】对话框，并提示选取参考以放置轴。

02 根据系统提示，边线作为创建基准轴的参考，如图3-111所示，单击【基准轴】对话框中的【确定】按钮，完成基准轴的创建，结果如图3-112所示。

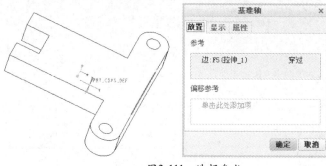
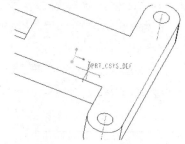

图3-111 选择参考　　　　　　　　　　图3-112 创建基准轴

4.创建基准平面

01 单击【基准】命令组中的【平面】按钮▱，系统弹出【基准平面】对话框，并提示选取参考放置平面。

02 根据系统提示，按住Ctrl键，在绘图区内选取A_3轴和上表面，设置旋转角度为45º，如图3-113所示。单击【确定】按钮，完成基准平面DTM1的创建，如图3-114所示。

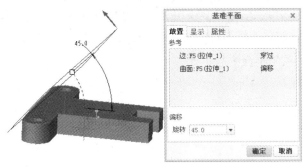

图3-113　选择参考

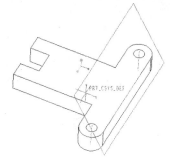

图3-114　创建基准平面DTM1

5.创建连接圆柱

01 单击【模型】选项卡中【形状】命令组中的【拉伸】按钮，系统弹出【拉伸】操控板，单击其中的【放置】按钮，系统弹出【放置】选项卡。

02 单击【放置】选项卡中的【定义】按钮，系统弹出【草绘】对话框。根据系统提示，选择基准平面DTM1作为草绘平面，如图3-115所示，单击【草绘】按钮。

03 系统进入草绘环境。单击【草绘】选项卡的【圆心和点】按钮⊙和【线】按钮✎，绘制拉伸截面，如图3-116所示，单击选项卡中的【确定】按钮✔。

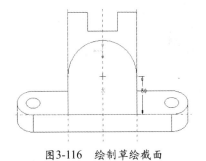

图3-115　【草绘】对话框

图3-116　绘制草绘截面

04 在拉伸操控板中单击【选项】按钮，在弹出的选项卡中设置拉伸类型为【到选定的】，并选取圆柱形连接底板的上表面作为拉伸截止面，如图3-117所示。单击操控板中的【确定】按钮✔，结果如图3-118所示。

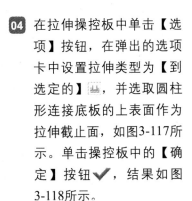

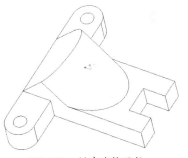

图3-117　设置拉伸类型

图3-118　创建连接圆柱

6.创建圆柱孔

01 单击【基准】命令组中的【轴】按钮，系统弹出【基准轴】对话框，并提示选取参考以放置轴。根据系统提示，选取边曲线作为创建基准轴的参考，如图3-119所示。单击【确定】按钮，创建基准轴A-4，如图3-120所示。

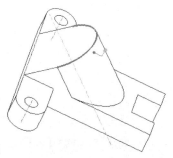

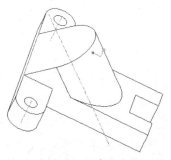

图3-119　选取边线

图3-120　创建基准轴

02 单击【工程】命令组中的【孔】按钮，系统弹出【孔】操控板。根据系统提示，按住Ctrl键选取如图3-121所示的曲面和轴A_4，设置圆孔直径为80，在【形状】下拉列表中，选择【穿透】。单击操控板中的【确定】按钮✔，结果如图3-122所示。

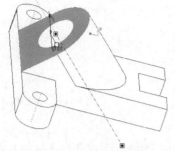 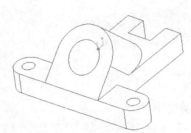

图3-121　选取参考　　　　　　　　　　图3-122　创建圆柱孔

3.8 课后练习

本节通过两个练习，帮助读者加深对参考基准的理解，提高灵活建模能力。

3.8.1　创建管道接头模型

创建如图3-123所示的管道接头模型。

图3-123　管道接头模型

操作提示：

01 创建拉伸体。单击【模型】选项卡中【形状】命令组中的【拉伸】按钮，绘制拉伸截面，拉伸高度为15。

02 创建基准轴。单击【基准】命令组中的【轴】按钮，绘制基准轴。

03 创建基准平面。单击【基准】命令组中的【平面】按钮，选择刚绘制的基准轴和TOP平面，设置角度为30º。

04 创建基准平面。单击【基准】命令组中的【平面】按钮，选择刚绘制的基准面，设置距离为50。

05 创建基准平面。单击【基准】命令组中的【平面】按钮，选择刚绘制的基准轴和基准面1，设置角度为90º。

06 创建拉伸体。单击【模型】选项卡中【形状】命令组中的【拉伸】按钮，以基准面2为草绘平面，绘制拉伸截面，拉伸高度为到前面创建的拉伸体表面。

07 钻孔。单击【工程】命令组中的【孔】按钮，钻孔。管道接头创建流程如图3-124所示。

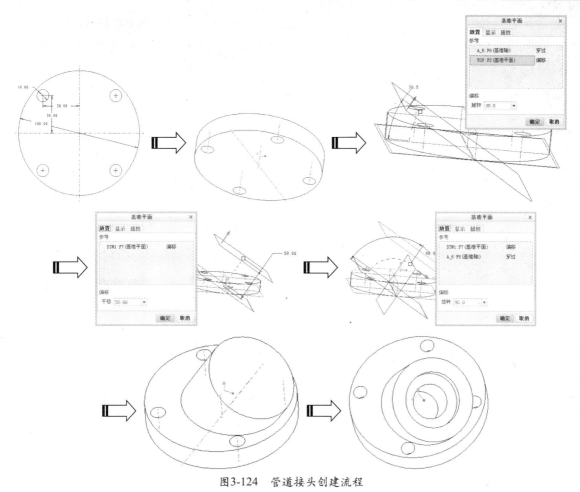

图3-124 管道接头创建流程

3.8.2 创建连接叉架模型

创建如图3-125所示的叉架模型。

图3-125 叉架模型

操作提示：

01 创建拉伸体。单击【模型】选项卡中【形状】命令组中的【拉伸】按钮，绘制拉伸截面，拉伸高度为58。

02 创建基准平面。单击【基准】命令组中的【平面】按钮，选择中心旋转轴和TOP平面，设置角度为30°。

03 创建拉伸体。单击【模型】选项卡中【形状】命令组中的【拉伸】按钮，创建如流程图所示的拉伸体。叉架模型创建流程，如图3-126所示。

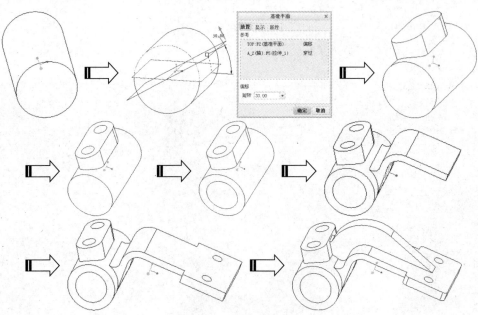

图3-126　叉架创建流程

第4课
基础特征

在Creo系统中，特征是设计和操作的最基本单位，基础特征更是各类高级特征的基础和载体。因此，全面掌握基础特征的创建方法，是熟练使用该软件进行工程设计的基本要求。基础特征主要包括：拉伸、旋转、扫描和扫描混合。

【本课知识】

- 拉伸特征
- 旋转特征
- 扫描特征
- 扫描混合特征

4.1 拉伸特征

拉伸特征是使用最为广泛的一种实体特征，工程中的多数产品都可以看做是多个拉伸特征相互叠加和切除的结果，该特征是通过将绘制的截面沿着草绘平面的法向，以单侧或双侧的拉伸方式产生的实体特征。

4.1.1 【拉伸】操控板

在零件建模环境中，在【模型】选项卡中选择【拉伸】选项，系统弹出【拉伸】操控板，如图4-1所示，该操控板中各选项的含义如下。

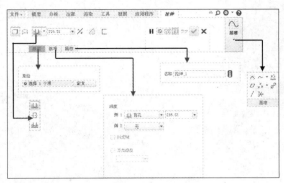

图4-1　【拉伸】操控板

1.定义草绘平面

定义草绘平面是定义拉伸特征草绘截面的基础。草绘平面可以是系统默认或创建的基准平面，也可以是实体零件的表面。

单击【拉伸】操控板中的【放置】按钮，系统弹出【放置】选项卡。单击其中的【定义】按钮，系统弹出【草绘】对话框，选取草绘平面，如图4-2所示。单击【草绘】按钮，即可完成草绘平面定义。

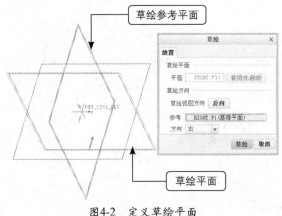

图4-2　定义草绘平面

2.设置拉伸深度

在【拉伸】操控板中，系统提供了6种不同的拉伸深度类型，分别为盲孔、对称、到下一个、穿透、穿至和到选定项。

单击【拉伸】操控板中【盲孔】按钮右侧的三角按钮，或单击【选项】按钮，在弹出的【选项】选项卡中单击【侧1】选项右侧的三角下拉按钮，即可弹出盲孔、对称、到下一个、穿透、穿至和到选定项6种拉伸深度类型，其各类型的含义如下。

◆　盲孔

该类型是最常用的一种深度设置方式，也是系统默认的方式，利用该方式需要用户指定拉伸的深度。如果指定的数值为正值，则截面将沿着草绘平面上的箭头方向生成实体；如果指定的数值为负值，则截面将沿着与箭头相反的方向生成实体。

绘制草绘截面后，单击【拉伸】操控板中的【选项】按钮，系统弹出【选项】选项卡，在其中的【侧1】和【侧2】下拉列表中选择【盲孔】选项，并设置相应的拉伸深度值，如图4-3所示。

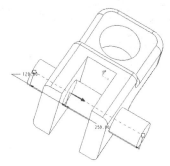

图4-3 盲孔类型设置拉伸深度

◆ 对称 ⊟

该类型是指设定的深度值为拉伸总深度，沿垂直于截面向两个方向拉伸出实体，每侧的拉伸深度为设置值的一半。

绘制完草绘截面后，在【拉伸】操控板中，单击【盲孔】按钮右侧的按钮，在下拉列表中选择【对称】选项，即可使用对称拉伸。

或者在【拉伸】操控板，单击【选项】按钮，在【选项】选项卡中，单击【侧1】选项右侧的按钮，在下拉列表中选择【对称】选项，再指定拉伸深度值，如图4-4所示。

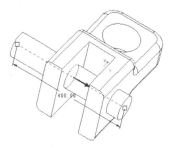

图4-4 对称类型设置拉伸深度

◆ 到下一个 ⩵

该类型是指将草绘截面拉伸到下一个表面终止，创建拉伸特征。要求草绘轮廓不能超出终止表面的边界。

绘制完草绘截面后，在【拉伸】操控板中，单击【盲孔】按钮右侧的三角按钮，选择【到下一个】选项。或单击【选项】按钮，在弹出的选项卡中，单击【侧1】选项右侧的按钮，选择【到下一个】选项，如图4-5所示。

图4-5 到下一个类型设置拉伸深度

◆ 穿透 ⧈

该类型是指将拉伸截面穿越拉伸方向上的所有面，创建出拉伸特征。一般用于创建拉伸剪切特征。

绘制草绘截面后，在【拉伸】操控板中，单击【盲孔】按钮右侧的按钮，选择【穿透】选

项。或单击【选项】按钮，
在弹出的【选项】选项卡中
单击【侧1】选项右侧的三角
按钮，选择该类型，如图4-6
所示。

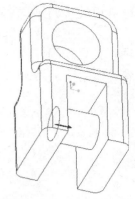

图4-6 穿透类型设置拉伸深度

◆ 穿至 ⊥

该类型是指将曲面或基准平面作为拉伸操作的终止面，草绘轮廓在曲面上的投影必须位于
曲面边界内部，其中选取的终止面可以是草绘平面或其他基准平面。

绘制完草绘截面后，
单击【拉伸】操控板中【盲
孔】按钮右侧的三角按钮，
或直接单击【选项】按钮，
在弹出的【选项】选项卡中
单击【侧1】选项右侧的三角
按钮，选择该类型，根据系
统提示，选取终止面，如图
4-7所示。

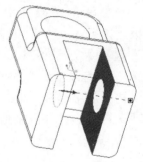

图4-7 穿至类型设置拉伸深度

◆ 到选定 ⊥

利用该类型创建拉伸特征同上面介绍的穿至方式非常相似。该类型是以选取的点、曲线或曲
面为终止参考，从而限制拉伸的深度。

绘制完草绘截面后，单
击【拉伸】操控板中的【选
项】按钮，系统弹出【选
项】选项卡，在其中的【侧
1】和【侧2】下拉列表中选
择该类型，并选取相应的参
考对象，如图4-8所示。

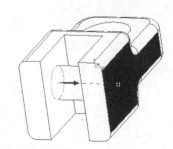

图4-8 到选定的类型设置拉伸深度

3.调整拉伸方向

在绘制完草绘截面后，绘图区中将出现一个红色的箭头表示拉伸的方向。单击【拉伸】操
控板中的【反向】按钮 ✗，或直接在绘图区内单击该箭头，可以改变拉伸方向。

4.其他选项

★ ◿移除材料按钮：单击该按钮，表示以剪切的方式创建拉伸特征。

★ ⊏加厚草绘按钮：单击该按钮，表示以创建拉伸特征为薄壁实体。

4.1.2 创建拉伸特征

本节通过实例演示创建拉伸特征的方法。

【案例4-1】：创建垫片拉伸特征

01 新建文件。单击【文件】选项卡下的【新建】按钮，系统弹出【新建】对话框。在【类型】选项组中选择【零件】选项，在【子类型】选项组中选择【实体】选项，在【名称】文本框中输入4-1cjlstz。取消勾选【使用默认模板】复选框，如图4-9所示，单击【确定】按钮。

02 系统弹出【新文件选项】对话框，选择模板类型为mmns_part_solid，如图4-10所示，单击【确定】按钮，系统进入零件模块工作界面。

图4-9 【新建】对话框　　　图4-10 【新文件选项】对话框

03 创建拉伸特征。单击【模型】选项卡中的【拉伸】按钮，系统弹出【拉伸】操控板，并提示选取一个草绘，如图4-11所示。

04 单击操控板中的【放置】按钮，系统弹出【放置】选项卡，如图4-12所示。单击其中的【定义】按钮，系统弹出【草绘】对话框，如图4-13所示。

图4-11 【拉伸】操控板　　　图4-12 【放置】选项卡　　　图4-13 【草绘】对话框

05 根据系统提示选取一个平面或曲面定义草绘平面，选择基准面FRONT作为草绘平面，如图4-14所示。单击对话框中的【草绘】按钮，系统进入草绘环境，如图4-15所示。

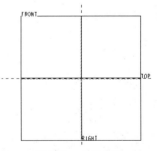

图4-14 设置草绘平面　　　图4-15 草绘环境

06 单击【草绘】选项卡中的【圆】按钮，绘制拉伸截面，如图4-16所示。

07 绘制完草绘截面后，单击工具栏中的【确定】按钮，退出草绘模式，返回到【拉伸】操控板。

08 单击操控板中【盲孔】按钮 右边的三角按钮，在弹出的下拉列表中选择【对称】选项，然后在【拉伸深度】文本框中输入5，如图4-17所示。

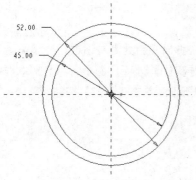

图4-16　草绘拉伸截面

图4-17　拉伸预览

09 设置完拉伸系数后，单击操控板中的【确定】按钮，即可完成拉伸特征的创建，结果如图4-18所示。

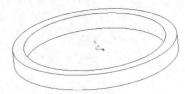

图4-18　创建拉伸特征

4.1.3　创建拉伸薄壁特征

拉伸薄壁特征不同于曲面特征，它具有厚度，是实体特征的一种特殊类型。接下来利用实例演示创建拉伸薄壁特征的方法。

【案例4-2】：创建拉伸薄壁特征

01 单击【快速访问】工具栏中的【打开】按钮 ，打开"第4课\4-2创建拉伸薄壁特征.prt.1"文件，选择打开模型树里面的拉伸特征的定义菜单，切换到【拉伸】操控板，单击其中的【加厚草绘】按钮 。

02 此时，在【加厚草绘】按钮右侧将出现【薄壁厚度】文本框和【薄壁拉伸方向】按钮 ，如图4-19所示。

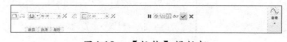

图4-19　【拉伸】操控板

03 在【薄壁厚度】文本框中输入2，并单击操控板中的【确定】按钮 ，即可完成拉伸薄壁特征的创建，如图4-20所示。

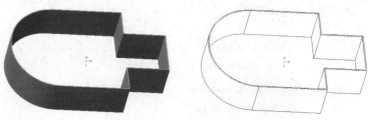

图4-20　创建拉伸薄壁特征

4.1.4　编辑拉伸特征

在建模过程中，修改特征将参数化设计与特征建模结合起来，使特征作为参数的载体，通过特征编辑来修改零件某部分的几何形状。

　　编辑拉伸特征时，首先在【模型树】选项卡中选择创建的拉伸特征项目，或在绘图区单击左键选择拉伸特征，然后单击右键，弹出快捷菜单，如图4-21所示，该菜单中各选项的含义如下。

★　删除：选择该选项，表示永久删除选取的拉伸特征，包括特征的保存文件。

★　组：选择该选项，可以将选取的一个或多个特征集合在一起并创建一个组，如图4-22所示。

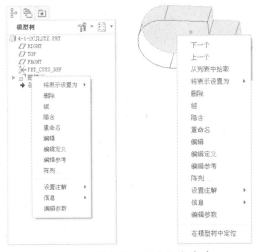

图4-21　右键快捷菜单　　　　　　　　　　　　　　　　图4-22　创建组

★　隐含：选择该选项，表示从模型中暂时删除选取的几何特征，但特征文件仍存在。

★　重命名：选择该选项，可以为选取的特征重命名，以便另存文件。

★　编辑定义：选择该选项，可以重定义选取特征的截面、生成方向以及其他各种参数。

★　编辑参考：选择该选项，可以重定义选取特征的草绘平面、视图方向以及草绘参考。

★　阵列：选择该选项，可以沿矩形布置或环形布置方式阵列复制选取的特征。

★　设置注解：选择该选项，可以对创建的特征进行文本性的注解说明。

★　信息：选择该选项，可以查看选取特征的一些技术性参数、精度、材料以及其他属性参数。

★　隐藏：选择该选项，可以将选取的特征从活动窗口隐藏，但该特征仍保留在模型树窗口中。

★　编辑参数：选择该选项，可以编辑选取特征生成的形状和放置等相关参数。

【案例4-3】：编辑拉伸特征

01　单击【快速访问】工具栏中的【打开】按钮，打开"第4课\4-3编辑拉伸特征.prt.1"文件。

02　选择【模型树】选项卡中的拉伸特征，单击鼠标右键，在弹出键快捷菜单中选择【编辑定义】选项，系统弹出【拉伸】操控板，如图4-23所示。

03　单击操控板中【盲孔】按钮右边的三角按钮，在弹出的下拉列表中选择【对称】选项，然后在【拉伸深度】文本框中输入30，如图4-24所示。

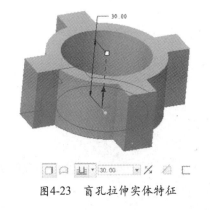

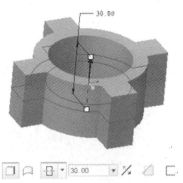

图4-23　盲孔拉伸实体特征　　　　　　　　　　图4-24　对称拉伸实体特征

04 如果要修改草绘截面，可以通过单击操控板中的【放置】按钮，在弹出的【放置】选项卡中单击【编辑】按钮，进入草绘环境，如图4-25所示。

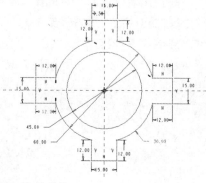

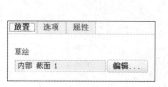

图4-25　编辑草绘

4.1.5　创建拉伸剪切特征

拉伸剪切是指通过使用拉伸的方法，切除原有模型上的部分材料，从而产生新的实体模型。该特征是拉伸特征的一种类型，只需在拉伸时设置为【移除材料】，需要注意的是，只有在已有实体特征的基础上才能进行拉伸剪切。

【案例4-4】：创建拉伸剪切特征

01 单击【文件】选项卡下的【打开】按钮，打开"第4课\4-4创建拉伸剪切特征.prt.1"文件，如图4-26所示。

02 单击【模型】选项卡中的【拉伸】按钮，系统弹出【拉伸】操控板，在操控板中执行【放置】|【定义】命令，选择如图4-27所示的平面作为草绘平面，如图4-28所示。单击【草绘】对话框中的【草绘】按钮。

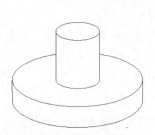

图4-26　创建拉伸剪切特征示例

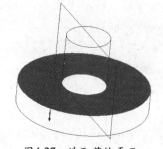

图4-27　选取草绘平面

图4-28　【草绘】对话框

03 系统进入草绘环境，单击【草绘】选项卡中的【圆】按钮，绘制拉伸截面，如图4-29所示。单击【确定】按钮。

04 如图4-30所示，在【拉伸】操控板中输入拉伸深度为15，并单击【反向】按钮修改拉伸方向，单击【移除材料】按钮。单击【确定】按钮，结果如图4-31所示。

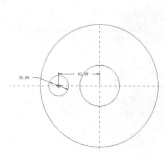

图4-29　拉伸截面

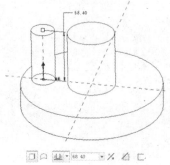

图4-30　拉伸预览

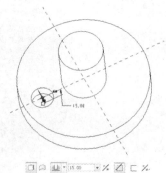

图4-31　创建拉伸剪切特征

05 单击【模型】选项卡中的【拉伸】按钮，系统弹出【拉伸】操控板，在操控板中执行【放置】|
【定义】命令，选择如图4-32所示的平面作为草绘平面。单击【草绘】对话框中的【草绘】按

钮，系统进入草绘环境，
单击【草绘】选项卡中的
【圆】按钮，绘制拉伸
截面，如图4-33所示，单
击【确定】按钮。

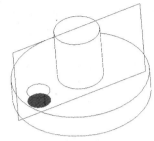

图4-32 选择草绘平面

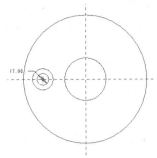

图4-33 创绘制拉伸截面

06 如图4-34所示，在【拉
伸】操控板中输入拉伸深
度为70，并单击【反向】
按钮修改拉伸方向，单
击【移除材料】按钮。
单击【确定】按钮，结果
如图4-35所示。

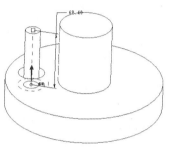

图4-34 拉伸预览

图4-35 创建拉伸剪切特征

4.2 旋转特征

旋转特征是通过将绘制的草图截面围绕一条旋转中心轴线旋转一定的
角度所生成的三维实体或曲面特征。旋转特征主要用于创建回转类零件，如圆形端盖、轴、齿
轮、带轮等。

4.2.1 【旋转】操控板

在建模环境中，在主菜单选项卡中执行【模型】|【旋转】命令 旋转，系统弹出【旋转】
操控板，如图4-36所示，该操控板中各选项的含义如下。

图4-36 【旋转】操控板

1.定义草绘截面和旋转轴

单击【旋转】操控板中的【放置】按钮，系统弹出【旋转】选项卡。单击【定义】按钮，
根据系统提示，选择草绘平面和草绘参考。单击【草绘】按钮，即可绘制旋转截面和旋转轴。

其中，所绘制的旋转截面必须位于旋转轴的一侧，系统默认创建的第一条中心线为旋转轴，如图4-37所示。

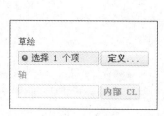

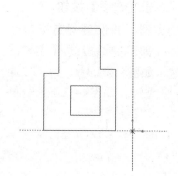

图4-37　创建旋转截面和旋转轴

2.设置旋转角度

在【旋转】操控板中，系统提供了3种不同的旋转角度类型，分别为变量、对称、到选定项。

在【旋转】操控板中，单击【变量】按钮右侧的三角按钮，或单击【选项】按钮，在弹出的【选项】选项卡中单击【侧1】选项右侧的三角按钮，即可弹出变量、对称、到选定项3种旋转角度类型，其各类型的含义如下。

◆　变量

该类型为系统默认选项。绘制完旋转截面和旋转轴后，单击【旋转】操控板中【变量】按钮右侧的三角按钮，或单击【选项】按钮，在弹出的【选项】选项卡中，单击【侧1】选项右侧的三角按钮，选择【变量】类型，并设置一定旋转角度，即可完成旋转特征的创建，如图4-38所示。

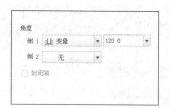

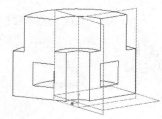

图4-38　变量类型创建旋转特征

◆　对称

该类型是设定一定的旋转角度，以截面草图所在的平面为中间平面，向草绘平面的两侧各旋转总旋转角度的一半。

绘制完旋转截面和旋转轴后，单击【旋转】操控板中【变量】按钮右侧的三角按钮，或单击【选项】按钮，弹出的【选项】选项卡，单击其中【侧1】选项右侧的三角按钮，选择该类型，并设置一定旋转角度，即可完成旋转特征的创建，如图4-39所示。

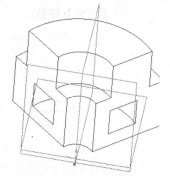

图4-39　对称类型创建旋转特征

◆　到选定项

该类型以选取的点、曲线或曲面为终止参考，从而限制旋转角度。

绘制完旋转截面和旋转轴后，单击【旋转】操控板中【变量】按钮 右侧的三角按钮，或单击【选项】按钮，弹出的【选项】选项卡，单击其中【侧1】选项右侧的三角按钮，选择该类型，并设置一定旋转角度，即可完成旋转特征的创建，如图4-40所示。

图4-40　到选定项类型创建旋转特征

4.2.2 创建旋转特征

本小节用实例演示创建旋转特征的方法。

【案例4-5】：创建轴承内圈套旋转特征

01 新建文件。单击【文件】选项卡中的【新建】按钮 ，系统弹出【新建】对话框，在【类型】选项组中选择【零件】选项，在【子类型】选项组中选择【实体】选项，在【名称】文本框中输入4-5cjxztz。取消勾选【使用默认模板】复选框，如图4-41所示，单击【确定】按钮。

02 系统弹出【新文件选项】对话框，选择模板类型为mmns_part_solid，如图4-42所示。单击【确定】按钮，系统进入零件模块工作界面。

图4-41　【新建】对话框　　　　图4-42　【新文件选项】对话框

03 旋转内套圈基体。单击【模型】选项卡中的【旋转】按钮 ，系统弹出【旋转】操控板，并提示选取一个草绘，如图4-43所示。

04 单击操控板中的【放置】按钮，系统弹出【放置】选项卡，如图4-44所示。单击【放置】选项卡中的【定义】按钮，系统弹出【草绘】对话框。

图4-43　【旋转】操控板　　　　图4-44　【放置】选项卡

05 根据系统提示选取一个平面或曲面以定义草绘平面，选择基准平面FRONT作为草绘，草绘参考和方向为系统默认，如图4-45所示。单击【草绘】对话框中的【草绘】按钮，系统进入草绘环境。

06 单击【草绘】选项卡中的【中心线】按钮 和【线】按钮 ，绘制如图4-46所示的旋转中心线和旋转截面。

07 绘制完草绘截面后，单击工具栏中的【确定】按钮✓，退出草绘模式。返回到【旋转】操控板，其他设置默认，并单击【确定】按钮✓，结果如图4-47所示。

图4-45 【草绘】对话框

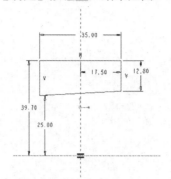

图4-46 绘制旋转截面和中心线

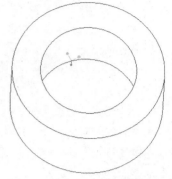

图4-47 创建旋转特征

08 切除滚珠槽。单击【模型】选项卡中的【旋转】按钮✪，系统弹出【旋转】操控板，并提示选取一个草绘，在基准平面FRONT上绘制如图4-48所示的截面。再绘制两个圆，然后使用分割工具打断圆，再利用拾取工具选择图元，按键盘上的Delete键删除多余的线。

09 单击【旋转】操控板上的【移除材料】按钮◢，其他设置默认，单击【确定】按钮✓，结果如图4-49所示。

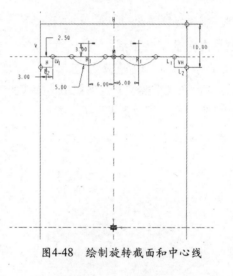

图4-48 绘制旋转截面和中心线

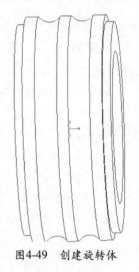

图4-49 创建旋转体

4.3 扫描特征

扫描特征是通过沿某一轨迹对草绘截面进行扫描来创建实体。常规截面扫描可以使用草绘轨迹，也可以使用由选定基准曲线或边线组成的轨迹。

4.3.1 【扫描】操控板

在【模型】选项卡中执行【扫描】命令◢，系统弹出【扫描】操控板，如图4-50所示，其中有两种扫描特征：恒定截面扫描、可变截面扫描。

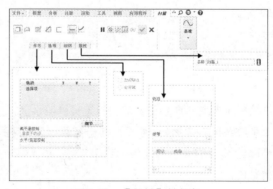

图4-50 【扫描】操控板

4.3.2 创建恒定截面扫描特征

恒定截面扫描特征是在扫描截面沿着扫描轨迹曲线扫描时，截面始终保持不变形成的扫描特征。

【案例4-6】：创建箱盒边缘恒定截面扫描特征

`01` 单击【文件】选项卡中的【打开】按钮，打开"第4课\4-6 恒定截面扫描.prt.1"文件，如图4-51所示。

`02` 单击【模型】选项卡中的【草绘】按钮，系统弹出【草绘】对话框，选取箱盒上表面作为绘图平面，进入草绘环境。

`03` 单击【草绘】选项卡中的【投影】按钮，选择边线进行投影，草绘结果如图4-52所示。单击【确定】按钮，退出草绘环境。

`04` 单击【模型】选项卡中的【扫描】按钮，打开【扫描】操控板，选择操控板中的【恒定截面扫描】选项，选取之前所绘制的轨迹线（默认会把上步骤绘制的草绘作为扫描轨迹线）。

`05` 单击【创建或编辑扫描截面】按钮，系统进入草绘环境。单击【草绘】选项卡中【线】按钮，绘制截面如图4-53所示。单击【确定】按钮，返回扫描操控板界面。

图4-51 素材文件　　　图4-52 绘制截面　　　图4-53 绘制扫描截面

`06` 单击【扫描】操控板中的【确定】按钮，即可生成扫描特征。如图4-54所示。

图4-54 扫描结果

4.3.3 创建可变截面扫描特征

可变截面扫描特征是扫描截面沿着轨迹曲线扫描时，以轨迹曲线为参考发生变化所形成的扫描特征。

在创建可变截面扫描特征时，除了指定一条原始轨迹曲线外，还需要指定用于控制扫描截面变化的辅助轨迹曲线。

单击【模型】选项卡中的【扫描】按钮，系统弹出【扫描】操控板，单击【允许截面根据参数化参考或沿扫描的关系进行变化】按钮，其他的参数设置和恒定截面扫描相同。

1.设置扫描轨迹

单击【扫描】操控板中的【参考】按钮，系统弹出【参考】选项卡，该选项卡中的【轨迹】选取框自动处于激活状态。根据系统提示，按住Ctrl键在绘图区内选取曲线，来指定原始轨迹曲线及辅助轨迹曲线。

其中，选取的第一条参考曲线系统默认为原始轨迹曲线，如图4-55所示。

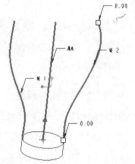

图4-55 设置扫描轨迹

2.设置扫描特征类型

单击【扫描】操控板中的【实体】或【曲面】按钮，可以创建实体或曲面类型的扫描特征。其中，单击【实体】按钮□时，可以利用【加厚草绘】按钮□来创建薄壁实体特征，如图4-56所示。

（a）扫描薄壁特征　　　　（b）扫描曲面特征

图4-56 设置扫描特征类型

3.创建扫描截面

单击【扫描】操控板中的【创建或编辑扫描剖截面】按钮☑，系统进入草绘环境。根据选取的特征类型，绘制的扫描截面可以是开放式或闭合式的。当创建的扫描特征为实体或薄壁实体特征时，扫描截面必须是闭合式，如图4-57所示。

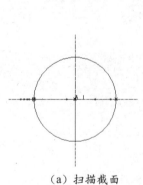

（a）扫描截面　　　　（b）扫描结果

图4-57 创建扫描截面

下面通过实例进一步说明创建可变截面扫描特征的基本过程。

【案例4-7】：创建可变截面扫描特征

01 单击【文件】选项卡中的【打开】按钮📂，打开"第4课\4-7 创建可变截面扫描.prt.1"文件，如图4-58所示。

02 单击【模型】选项卡中的【扫描】按钮🖊，然后根据系统提示，首先在绘图区内，按住Ctrl键选择原始轨迹线，再选择两条辅助轨迹线，如图4-59所示。

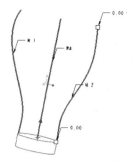

图4-58 创建可变截面扫描特征实例 图4-59 选取轨迹线

03 单击操控板中的【创建或编辑截面】按钮，单击【草绘】选项卡中的【圆】按钮◯，绘制扫描截面（只要绘制截面通过轨迹线端点，不要标尺寸）如图4-60所示。

04 绘制完扫描截面后，单击【确定】按钮✔，再单击操控板中的【确定】按钮，即可创建可变截面扫描特征，结果如图4-61所示。

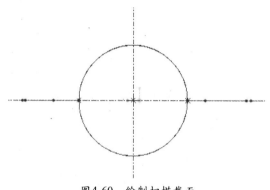

图4-60 绘制扫描截面 图4-61 创建可变截面扫描特征

4.4 扫描混合特征

扫描混合特征就是使截面沿着指定的轨迹进行扫描，生成实体，而且沿轨迹的扫描截面可以是一组变化的截面，因此该特征有兼备混合特征的特性。

4.4.1 【扫描混合】操控板

执行【模型】选项卡中的【扫描混合】命令，系统将弹出【扫描混合】操控板，如图4-62所示。

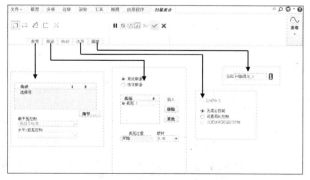

图4-62 【扫描混合】操控板

1.【参考】选项卡

单击【扫描混合】操控板中的【参考】按钮，系统弹出【参考】选项卡。该选项卡用于定义截面的扫描原点。原点轨迹可以是一条线段或样条曲线，但曲线上需要创建多个用于定义截面位置的点。原点轨迹的指定方法、截面的控制方式同创建扫描特征相同，故不再讲述。

2.【截面】选项卡

在指定扫描原点轨迹曲线和截面方向后，可以定义扫描混合特征的各截面。单击【扫描混合】操控板中的【截面】按钮，系统弹出【截面】选项卡。选择其中的【草绘截面】选项，根据系统提示选取扫描轨迹曲线的节点，如图4-63所示。单击【草绘】按钮，即可进入草绘环境绘制扫描截面，如图4-64所示。

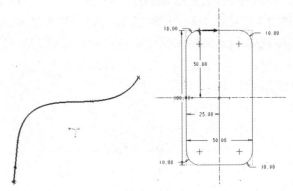

图4-63　选取草绘节点　　　　　　　图4-64　绘制扫描混合截面

创建截面1后，单击选项卡中的【插入】按钮来创建其他截面，在轨迹曲线上选择一个节点，从而指定截面的位置，如图4-65所示。

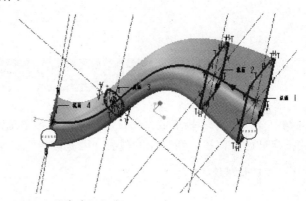

图4-65　创建其他各截面

3.【相切】选项卡

在定义各截面后即可生成扫描混合特征。如果该扫描特征的两端面与其他特征存在连接关系，即可约束端面的相切类型。系统默认的连接类型为【自由】，可以在该选项卡的下拉列表中选择【相切】或【垂直】选项，设置开始截面和终止截面与其他实体的连接方式。

▌4.4.2　扫描混合的创建过程

创建扫描混合特征时，首先需要绘制出一条扫描原点轨迹曲线，然后以原点轨迹曲线上的各点为截面位置参考，以端点所在轨迹线位置的法向平面为草绘平面，绘制出垂直于轨迹曲线的截面。再设置所创建特征与其他特征之间的相切关系，即可完成扫描混合特征的创建。

在创建扫描混合特征时，需要注意下列限制条件。

★　对于闭合轨迹轮廓，在起始点和其他位置必须至少各有一个截面。

★　轨迹链的起点和终点处的截面参考是动态的，并且在修剪轨迹时会更新截面参考。

★　截面位置可以参考模型几何（如一条曲线），但修改轨迹会使参考无效。在这种情况下，扫描混合特征失败。

★　所有截面必须包含相同的图元数量。

★　可以使用区域位置或通过控制特征在截面间的周长，控制扫描混合几何。

　　区域位置允许用户在【原点轨迹】的选定处，指定扫混合横截面的准确面积。可以在【原始轨迹】上添加或删除点，以定义扫描混合的截面面积，也可以在用户定义的点处改变区域值。

　　下面通过实例讲解创建扫描混合特征的基本方法。

【案例4-8】：创建门把手扫描混合特征

01　新建文件。单击【文件】选项卡中的【新建】按钮，系统弹出【新建】对话框，在【类型】选项组中选择【零件】选项，在【子类型】选项组中选择【实体】选项，在【名称】文本框中输入4-8saomiaohunhe。取消勾选【使用默认模板】复选框，如图4-66所示，单击【确定】按钮。

02　系统弹出【新文件选项】对话框，在其中选择模板类型为mmns_part_solid，如图4-67所示。单击【确定】按钮，系统进入零件模块工作界面。

图4-66　【新建】对话框　　　　图4-67　【新文件选项】对话框

03　创建轨迹曲线。单击【模型】选项卡中的【草绘】按钮，选取FRONT基准平面作为草绘平面，RIGHT基准平面作为参考平面，方向为向右，单击【草绘】按钮进入草绘环境。如图4-68所示，单击【草绘】选项卡中【线】按钮和【样条曲线】按钮，绘制轨迹曲线如图4-69所示。单击【确定】按钮，退出草绘。

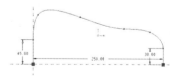

图4-68　【草绘】对话框　　　　图4-69　草绘轨迹曲线

04　单击【基准】命令组中的【基准点】按钮，创建基准点如图4-70所示。

05　单击【模型】选项卡中的【扫描混合】按钮，系统弹出【扫描混合】操控板，在图形区中选取之前所绘制的轨迹曲线。

06　单击箭头切换扫描混合的起点，切换后的轨迹曲线如图4-71所示。

图4-70　【草绘】对话框　　　　图4-71　草绘轨迹曲线

07　创建截面。在操控板中单击【截面】按钮，在【截面】选项卡中选择【草绘截面】选项。单击【草绘】按钮，进入草绘环境，指定草绘的原点在轨迹起始点处，如图4-72所示。

08 在草绘环境下，单击【草绘】选项卡中的【椭圆】按钮，绘制如图4-73所示的截面草图，单击【确定】按钮✔，退出草绘环境。

图4-72 【截面】选项卡   图4-73 截面1绘制

09 返回【扫描混合】操控板界面，单击截面选项卡中的【插入】按钮。单击【草绘】按钮 草绘 ，指定基准点2放置草绘，系统再次进入到草绘环境中，如图4-74所示。单击【草绘】选项卡中【椭圆】按钮 ，绘制如图4-75所示的截面草图，单击【确定】按钮✔，退出草绘环境。

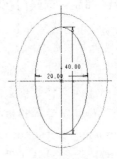

图4-74 【截面】选项卡   图4-75 截面2绘制

10 按照上述步骤，插入截面3、截面4、截面5，分别绘制截面草图，如图4-76~图4-78所示。

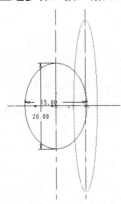

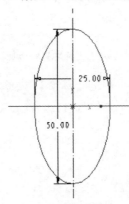

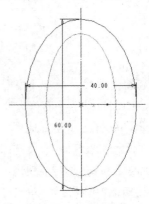

图4-76 截面3绘制   图4-77 截面4绘制   图4-78 截面5绘制

11 单击【确定】按钮✔，退出草绘环境。单击【扫描混合】操控板中的【薄板特征】按钮，设置数值为4，单击操控板中的【确定】按钮，完成扫描混合特征的创建，如图4-79所示。

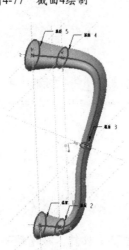

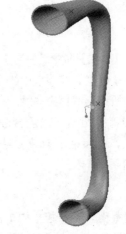

图4-79 扫描混合特征示意图

4.5 螺旋扫描特征

螺旋扫描特征是沿着螺旋轨迹扫描截面来创建扫描。通过旋转曲面的轮廓（定义从螺旋特征的截面原点到其旋转轴之间的距离）和螺距（螺旋线之间的距离）来定义轨迹。螺旋扫描对于实体和曲面均可使用。

4.5.1 【螺旋扫描】操控板

单击【模型】选项卡中的【扫描】按钮 扫描▼，在其菜单中执行【螺旋扫描】| 螺旋扫描命令，系统弹出【螺旋扫描】操控板，如图4-80所示。其中部分选项的含义如下。

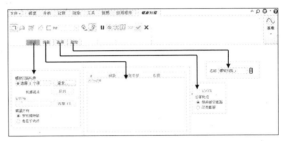

图4-80 【螺旋扫描】操控板

★ 保持恒定截面：选择该选项，表示设定的螺旋扫描特征的节距为常数。
★ 改变截面：该选项用于配合图形的使用来定义螺旋扫描特征的节距为可变。
★ 旋转轴：选择设定螺旋扫描截面所在的平面通过的旋转轴。
★ 截面方向：设定螺旋扫描截面在进行扫描时是闯过旋转轴还是垂直于轨迹。
★ 右手定则 ：选择该选项，表示使用右手定则来定义轨迹。
★ 左手定则 ：选择该选项，表示使用左手定则来定义轨迹。

> **提示**
> 在Creo中，按照螺距的不同可分为恒定螺距值和可变螺距值两种类型的螺旋扫描特征。

4.5.2 恒定螺距值创建

该类扫描特征是螺距为一个恒定常数的螺旋扫描特征，是创建螺旋扫描特征中简单常用的一种方式，常用于创建螺栓螺纹、管螺纹等螺纹类型。

下面通过实例讲解创建恒定螺距值螺旋扫描特征的基本方法。

【案例4-9】：创建轴承轴套恒定螺旋扫描

01 单击【文件】选项卡中的【打开】按钮 ，打开"第4课\4-9创建恒定螺旋扫描.prt.1"文件，如图4-81所示。

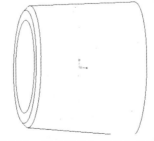

图4-81 创建螺旋扫描特征示例

图4-82 设置草绘平面

02 单击【模型】选项卡中的【扫描】按钮 右侧的三角按钮，在弹出的菜单中执行【螺旋扫描】命令 螺旋扫描，系统弹出【螺旋扫描】操控板，选择其中的【右手定则】选项 ，并选择【选项】选项卡中的【保持恒定截面】选项。

03 单击【参考】选项卡中的【定义】按钮 定义... ，系统弹出【草绘】对话框，选择基准平面FRONT作为草绘平面，如图4-82所示。

04 系统进入草绘环境。单击【草绘】选项卡中的【中心线】按钮 和【线】按钮 ，绘制螺旋扫描的轨迹，如图4-83所示，先绘制旋转中心线。单击【确定】按钮 ，结束螺旋扫描轨迹的创建。

05 在操控板中的【输入节距值】文本框中输入5，单击操控板中的【创建或编辑扫描截面】按钮 ，系统进入螺旋扫描截面草绘环境，在扫描轨迹的起始处绘制如图4-84所示的截面。单击【确定】按钮 ，结束螺旋扫描截面的创建。

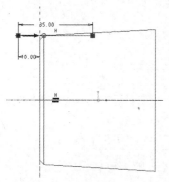

图4-83　绘制螺旋扫描轨迹

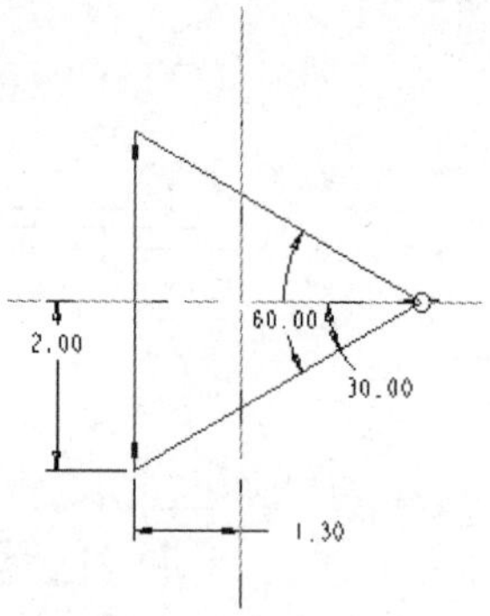

图4-84　绘制螺旋扫描截面

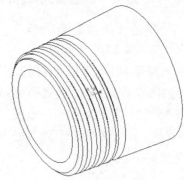

图4-85　创建螺旋扫描特征

06 单击操控板中的【移除材料】按钮 ，如果剪切的方向不对，可以单击【反向】图标 进行调整。单击【确定】按钮 完成操作，结果如图4-85所示。

4.5.3　可变螺距值创建

利用可变螺距值创建螺旋扫描特征，就是在螺旋特征的扫引线上添加分割节点，然后在扫引轨迹的起点、中间节点和终点之间，设定不同螺距的方法，生成多变螺距的效果，常用于创建各类弹簧。

使用【改变截面】选项时要特别考虑如下情况。

★ 在螺距图中，不同螺距值的控制点和单调曲线相连接，相同螺距值的控制点和一条线相连接。

★ 在生成的几何中，每部分螺旋线轴向之间的平均距离（螺距图形里面两个控制点之间的段），是给定的两个连续控制点螺距值的平均值。

下面通过实例讲解可变螺距值创建螺旋扫描特征的基本方法。

【案例4-10】：创建可变螺旋扫描

01 单击【文件】选项卡中的【新建】按钮 ，系统弹出【新建】对话框，在【类型】选项组中选择【零件】选项，在【子类型】选项组中选择【实体】选项，在【名称】文本框中输入4-10cjkblxsm。取消勾选【使用默认模板】复选框，如图4-86所示，单击【确定】按钮。

02 系统弹出【新文件选项】对话框，选择模板类型为mmns_part_solid，如图4-87所示。单击【确定】按钮，系统进入零件模块工作界面。

图4-86　【新建】对话框

图4-87　【新文件选项】对话框

03 单击【模型】选项卡中的【扫描】按钮 右侧的三角按钮，在弹出的菜单中执行【螺旋扫描】命令，系统弹出【螺旋扫描】操控板，选择其中的【右手定则】选项，并选择【选项】选项卡中的【改变截面】选项。

04 单击【参考】选项卡中的【定义】按钮 定义... ，系统弹出【草绘】对话框，选择基准平面FRONT作为草绘平面。

05 系统进入草绘环境。单击【草绘】选项卡中的【中心线】按钮 和【线】按钮 ，绘制一条直线和一条垂直的中心线。单击【草绘】选项卡中的【确定】按钮 ，单击操控板中的【创建或编辑扫描截面】按钮 ，进入绘图环境，单击【草绘】选项卡中的【线】按钮 ，绘制截面，如图4-88所示。

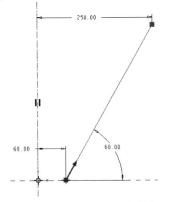
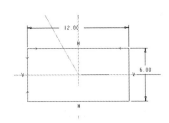

图4-88 绘制中心线和直线段和绘制截面

06 系统回到【螺旋扫描】操控板界面，单击操控板中的【间距】按钮，在【间距】选项卡中设置参数，如图4-89所示。

07 单击【螺旋扫描】操控板中的【确定】按钮，即可完成可变螺距值螺旋扫描特征的创建，结果如图4-90所示。

图4-89 插入分割点 | 图4-90 【螺旋扫描】

4.6 实例应用

4.6.1 电器插头

该范例主要运用拉伸、扫描和旋转命令来设计如图4-91所示的产品。

图4-91 插头

如图4-92所示为产品绘制思路。

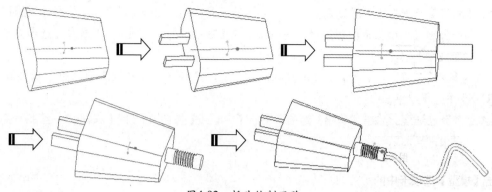

图4-92 插头绘制思路

1.新建零件文件

01 运行Creo，单击【文件】选项卡中的【新建】按钮，系统弹出如图4-93所示的【新建】对话框。

图4-93 【新建】对话框

图4-94 选取草绘平面

02 在【类型】选项组中选择【零件】选项，在【子类型】选项组中选择【实体】选项，在【名称】文本框内输入chatou，最后单击【确定】按钮。

2.绘制插头体

01 单击【模型】选项卡中的【草绘】按钮，选取TOP基准平面作为草绘平面，RIGHT基准平面作为参考平面，方向为向右，单击草绘按钮进入草绘环境，如图4-94所示。单击【草绘】选项卡中【线】按钮，绘制扫描混合轨迹，如图4-95所示。

02 单击【模型】选项卡中的【扫描混合】按钮，系统弹出【扫描混合】操控板。在图形区中选取之前所绘制的轨迹曲线。

03 在操控板中单击【截面】按钮，在弹出的选项卡中选择【草绘截面】选项。单击【草绘】按钮 草绘 ，进入草绘环境，指定草绘的原点在轨迹起始点处，单击【草绘】选项卡中【矩形】按钮 □和【倒圆角】按钮，绘制截面1如图4-96所示。单击【确定】按钮，退出草绘环境。

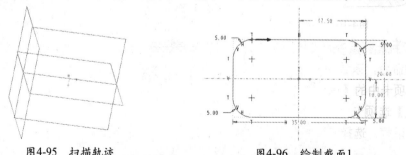

图4-95 扫描轨迹

图4-96 绘制截面1

04 返回【扫描混合】操控板界面，单击【截面】选项卡中的【插入】按钮。单击【草绘】按钮 草绘 ，单击【草绘】选项卡中【矩形】按钮 □和【倒圆角】按钮，绘制截面2如图4-97所示。单击【确定】按钮，退出草绘环境。单击【确定】按钮，扫描混合结果，如图4-98所示。

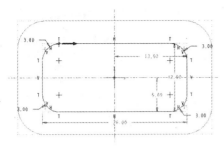

图4-97 绘制截面2

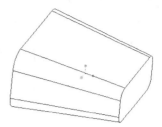

图4-98 创建扫描混合特征

05 单击【模型】选项卡中的【拉伸】按钮，系统弹出【拉伸】操控板，在【放置】选项卡中单击【定义】按钮，选择前表面作为绘图平面，单击【草绘】选项卡中【矩形】按钮，绘制拉伸截面如图4-99所示。结束截面绘制，设置拉伸距离为13，单击【确定】按钮，拉伸结果如图4-100所示。

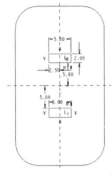

图4-99 拉伸截面

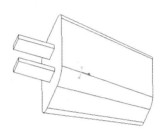

图4-100 创建拉伸特征

3.绘制插头尾部电线

01 单击【模型】选项卡中的【拉伸】按钮，系统弹出【拉伸】操控板，在【放置】选项卡中单击【定义】按钮，选择后表面作为绘图平面，单击【草绘】选项卡中【圆】按钮，绘制拉伸截面，如图4-101所示。结束截面绘制，设置拉伸距离为13，单击【确定】按钮，拉伸结果如图4-102所示。

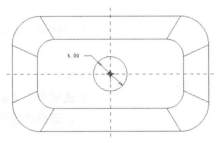

图4-101 拉伸截面

图4-102 创建拉伸特征

02 单击【模型】选项卡中的【扫描】按钮右侧的三角按钮，在弹出的菜单中执行【螺旋扫描】螺旋扫描命令，系统弹出【螺旋扫描】操控板，选择其中的【右手定则】选项，并选择【选项】选项卡中的【保持恒定截面】选项。

03 单击【参考】选项卡中的【定义】按钮，系统弹出【草绘】对话框，选择基准平面FRONT作为草绘平面，系统进入草绘环境。单击【草绘】选项卡中的【中心线】按钮和【线】按钮，绘制螺旋扫描的轨迹，如图4-103所示，先绘制旋转中心线。单击【确定】按钮，结束螺旋扫描轨迹的创建。

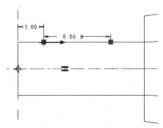

图4-103 螺旋扫描轨迹

04 在操控板中的【输入节距值】文本框中 $\begin{array}{|c|c|}\hline 1.00 & \vee \\\hline\end{array}$，输入节距为1，单击操控板中的【创建或编辑扫描截面】按钮 $\boxed{\mathcal{A}}$，系统进入螺旋扫描截面草绘环境，在扫描轨迹的起始处绘制如图4-104所示的截面。单击【确定】按钮 $\checkmark$，结束螺旋扫描截面的创建。

05 单击操控板中的【移除材料】按钮 $\boxed{\mathcal{A}}$，单击【确定】按钮 $\checkmark$ 完成操作，结果如图4-105所示。

06 单击【模型】选项卡中的【草绘】按钮 $\mathbb{M}$，选取TOP基准平面作为草绘平面，其余选项默认，单击【草绘】按钮进入草绘环境。单击【草绘】选项卡中【样条曲线】按钮 $\sim$，绘制扫描混合轨迹，如图4-106所示。

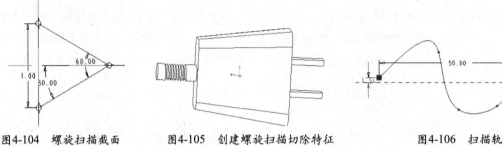

图4-104　螺旋扫描截面　　　　图4-105　创建螺旋扫描切除特征　　　　图4-106　扫描轨迹

07 单击【模型】选项卡中的【扫描】按钮 $\boxed{\mathcal{F}}$，打开【扫描】操控板，选择操控板中的【恒定截面扫描】选项 $\boxminus$，选取之前所绘制的轨迹线。

08 单击【创建或编辑扫描截面】按钮 $\boxed{\mathcal{A}}$，系统进入草绘环境。单击【草绘】选项卡中【圆】按钮 $\bigcirc$，绘制截面如图4-107所示，单击【确定】按钮 $\checkmark$，返回扫描操控板界面。

09 单击【确定】按钮 $\checkmark$，完成扫描操作，结果如图4-108所示。

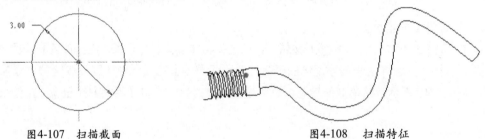

图4-107　扫描截面　　　　　　　　　　图4-108　扫描特征

10 单击【工程】选项卡中的【倒圆角】按钮 $\boxed{\mathcal{P}}$，系统弹出【倒圆角】对话框，设置圆角半径值为2，选择要倒圆角的边线，单击【确定】按钮 $\checkmark$，结果如图4-109所示。

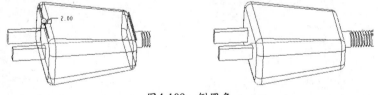

图4-109　倒圆角

11 执行【倒圆角】命令，按住Ctrl键选择两个面，在【集】选项卡中选择【完全倒圆角】选项，再根据提示选择驱动曲面，结果如图4-110所示，将另一个的插头尖角也完全倒圆角，最终结果如图4-111所示。

图4-110　倒圆角

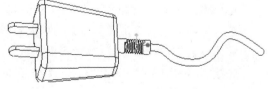

图4-111　倒圆角

4.6.2 花瓶

本实例主要运用拉伸、扫描混合命令，设计出如图4-112所示的花瓶。

图4-112 花瓶

如图4-113所示为花瓶的建模流程。

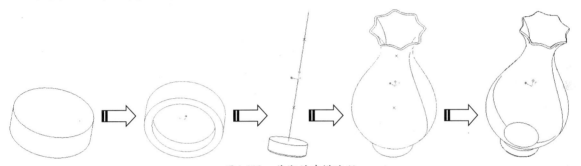

图4-113 花瓶的建模流程

1.新建零件文件

01 运行Creo，单击【文件】选项卡中的【新建】按钮，系统弹出如图4-114所示的【新建】对话框。

02 在【新建】对话框中的【类型】选项组中选择【零件】选项，在【子类型】选项组中选择【实体】选项，在【名称】文本框内输入huaping，最后单击【确定】按钮。

图4-114 【新建】对话框

2.绘制花瓶底垫

01 选取草绘平面。单击【模型】选项卡中的【拉伸】按钮，系统提示选取一个草绘平面。单击【放置】选项卡中的【定义】按钮 定义... ，系统弹出【草绘】对话框。选择基准平面TOP作为草绘平面，参考平面为RIGHT，然后单击对话框中的【草绘】按钮，结束草绘平面的选取，如图4-115所示。

图4-115 选取草绘平面

02 绘制拉伸截面。单击【草绘】选项卡中的【圆】按钮，绘制如图4-116所示的草绘截面，再单击绘图工具栏中的【确定】按钮，返回【拉伸】操控板，结果如图4-117所示。

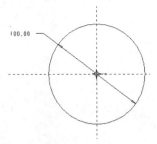

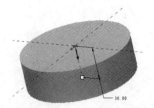

图4-116　绘制拉伸截面　　　　　　　　　　　　图4-117　绘制拉伸底板

03 单击基础特征工具栏中的【拉伸】按钮，系统提示选取一个草绘平面。直接单击【放置】选项卡中的【定义】按钮 定义...，系统将弹出【草绘】对话框。选择拉伸下表面作为草绘平面，单击【草绘】选项卡中的【圆】按钮，绘制如图4-118所示的草绘截面，单击【拉伸】操控板上的【拉伸到另一侧】按钮和【移除材料】命令按钮，结果如图4-119所示。

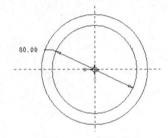

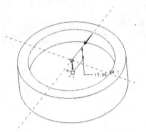

图4-118　绘制拉伸截面　　　　　　　　　　　　图4-119　绘制拉伸底板

3.创建扫描混合特征

01 单击【模型】选项卡中的【草绘】按钮，选取FRONT基准平面作为草绘平面，RIGHT基准平面作为参考平面，方向为向右，单击【草绘】按钮进入草绘环境。单击【草绘】选项卡中【线】按钮，绘制扫描轨迹，如图4-120所示。

02 创建基准点。单击【模型】选项卡中的【点】按钮，系统弹出如图4-121所示的【基准点】对话框。选择刚绘制完的直线，设置参数，创建其他基准点，如图4-121所示。

03 单击【模型】选项卡中的【扫描混合】按钮，系统弹出【扫描混合】操控板。在图形区中选取之前所绘制的轨迹曲线。

图4-120　扫描轨迹

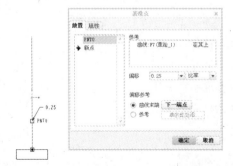

图4-121　创建基准点

04 操控板中单击【截面】按钮，在【截面】选项卡中选择【草绘截面】选项。单击【草绘】按钮 草绘 ，进入草绘环境，指定草绘的原点在轨迹起始点处，单击【草绘】选项卡中的【投影】

按钮□，绘制截面1，如图4-122所示。单击【确定】按钮✓，退出草绘环境。

图4-122 创建截面1

05 返回【扫描混合】操控板界面，单击【截面】选项卡中的【插入】按钮。指定PNT0点放置草绘，单击【草绘】按钮 草绘 ，单击【草绘】选项卡中的【圆】按钮◎，绘制截面2，如图4-123所示。单击【确定】按钮✓，退出草绘环境。

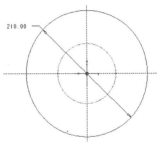

图4-123 创建截面2

06 返回【扫描混合】操控板界面，再次单击【截面】选项卡中的【插入】按钮。指定PNT1点放置草绘，单击【草绘】按钮 草绘 ，单击【草绘】选项卡中【圆】按钮◎，绘制截面3，如图4-124所示。单击【确定】按钮✓，退出草绘环境。

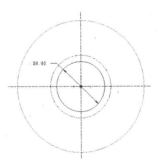

图4-124 创建截面3

07 返回【扫描混合】操控板，再次单击【截面】选项卡中的【插入】按钮。单击【草绘】按钮 草绘 ，单击【草绘】选项卡中【构造模式】按钮，单击【圆】按钮◎绘制参考圆，单击【中心线】按钮和【样条曲线】按钮～，绘制截面4，如图4-125所示。单击【确定】按钮✓，退出草绘环境。

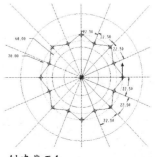

图4-125 创建截面4

08 返回【扫描混合】操控板，单击【薄板特征】按钮▢，设置厚度为5，单击【确定】按钮✓，扫描混合结果，如图4-126所示。

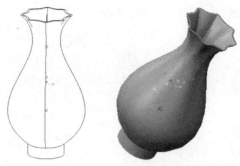

图4-126　扫描混合结果

4.倒圆角修剪

01 单击【工程】选项卡中的【倒圆角】按钮，系统弹出【倒圆角】对话框，设置圆角半径值为15，选择要倒圆角的边线，单击【确定】按钮✓，结果如图4-127所示。

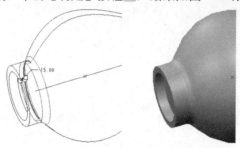

图4-127　倒圆角

02 再次执行【倒圆角】命令，设置圆角半径为3，选择倒圆角边线，单击【确定】按钮✓，结果如图4-128所示。

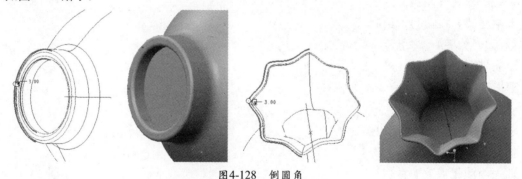

图4-128　倒圆角

4.7 课后练习

▌4.7.1　创建挂钩模型

创建如图4-129所示的挂钩模型。

图4-129 挂钩

操作提示：

01 创建旋转体。单击【模型】选项卡【形状】命令组中的【旋转】按钮，绘制旋转截面，创建旋转体。

02 草绘混合扫描轨迹。

03 创建混合扫描体。单击【模型】选项卡中的【扫描混合】按钮，绘制各种截面，创建混合扫描体。其流程图如图4-130所示。

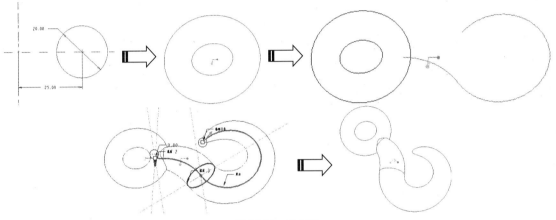

图4-130 流程图

4.7.2 创建旋转机械零件模型

创建如图4-131所示的机械零件模型。

图4-131 机械零件

操作提示：

01 创建拉伸体。单击【模型】选项卡的【形状】命令组中的【拉伸】按钮，绘制拉伸截面，拉伸高度为60。

02 创建基准平面。单击【基准】命令组中的【平面】按钮，选择零件表面，设置距离为20。

03 创建拉伸体。单击【模型】选项卡的【形状】命令组中的【拉伸】按钮，绘制拉伸截面，拉伸高度为10。

04 镜像。在图形区内选择拉伸体，单击【编辑】命令组中的【镜像】按钮，镜像特征。

05 创建拉伸体。单击【模型】选项卡的【形状】命令组中的【拉伸】按钮🔲，绘制拉伸截面，拉伸到另一个面，创建拉伸体。

06 创建旋转体。单击【模型】选项卡的【形状】命令组中的【旋转】按钮🔹，绘制旋转截面，设置旋转角度为270度，创建旋转体。其流程图如图4-132所示。

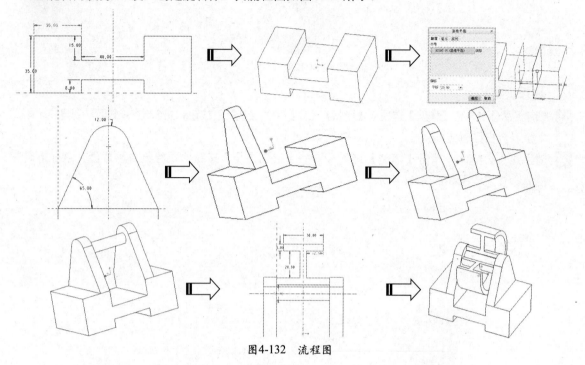

图4-132　流程图

第5课
工程特征

工程特征包括：孔、壳、筋、拔模、倒圆角和倒角特征。它是从工程实践中引入的实体造型概念，与基础特征不同的是，基础特征可以单独创建出零件实体模型，而工程特征只是在基础特征上对模型加以修改。

【本课知识】

- 孔特征
- 壳特征
- 筋特征
- 拔模特征
- 倒角、圆角特征

5.1 孔特征

孔特征在产品设计中使用广泛，零件与其他零件的扣合，一般是通过孔完成的。在创建孔特征时，一方面需要准确确定孔的直径、深度和孔的样式（如沉头孔、矩形孔等）等定形条件，另一方面还需要确定孔在实体上的相对位置，主要是其轴线位置。

在Creo parametric 2.0中，孔特征可分为：简单孔、草绘孔和标准孔3种类型。

5.1.1 【孔】操作板

单击【模型】选项卡的【工程】命令组上的【孔】按钮，系统弹出【孔】操控板，如图5-1所示。

【孔】操控板由一些命令组成，这些命令从左向右排列，引导用户逐步完成创建过程。根据设计条件和孔类型的不同，某些选项会不可用。

该操控板中各选项含义说明如下。

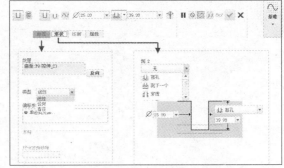

图5-1 【孔】操控板

1．【放置】选项卡

单击【孔】操控板中的【放置】按钮，系统弹出【放置】选项卡，通过该选项卡可以定义孔特征的放置参考、钻孔方向、定位方式、偏移参考，以及各种定位参数等。

◆ 放置

该选项区用于指定放置孔特征的参考曲面，其参考曲面可以是基本平面、实体模型表面或圆柱面等。单击该选项下面的文本框激活参考收集器，即可选取或删除参考。单击收集器右边的【反向】按钮，可以改变孔相对于放置面的放置方向，如图5-2所示。

◆ 类型

该选项区用于设置孔特征的定位方式。在该选项右侧的下拉列表中，可以选择不同类型的定位方式。

★ 线性：使用这种放置方式时，需要在模型上定义一个主参考。其中，主参考需要定义在实体的表面，而线性次参考可以是实体边、基准轴、平面或基准面等。如图5-3所示。

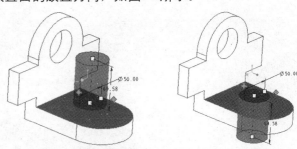

图5-2 改变孔的放置方向

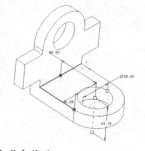

图5-3 线性方式定位孔

★ 径向：在使用径向时，需要在零件中创建基准轴，使用一个线性尺寸、角度和基准轴的距离尺寸放置孔。该方式用于选取平面，或是基准平面、基准轴作为放置主参考。如图5-4所示。

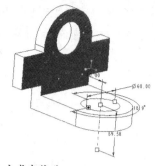

图5-4 径向方式定位孔

★ 直径：通过绕直径参考旋转来放置孔。该类型除了使用线性和角度尺寸之外，与径向差不多，还将会用到轴。该方式主要用于选取实体表面或基准平面，以作为放置的主参考，如图5-5所示。

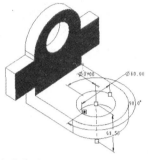

图5-5 直径方式定位孔

◆ 偏移参考

该选项用于指定孔特征的定位参考对象，并可以设置孔特征相对偏移参考之间的距离或角度。单击选项下面的文本框激活参考收集器，按住Ctrl键，即可选取、修改或删除偏移参考，如图5-6所示。

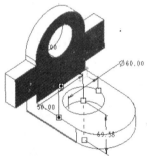

图5-6 指定偏移参考

◆ 方向

选择【线性】方式定位孔时，如果选取的是一个偏移参考，可进入【尺寸方向参考】收集器确定尺寸、方向的参考对象。

2.【形状】选项卡

单击【孔】操控板中的【形状】按钮，系统弹出【形状】选项卡。通过该选项卡可以显示孔的形状，并设置孔深、直径及锥角等参数。在其下拉列表中，可以选取不同的深度设置方式。

★ 盲孔：单击该按钮，可以在第一方向上指定钻孔的深度。

★ 对称：单击该按钮，可以在对称的两个方向上指定钻孔深度的1/2。

★ 到下一个：单击该按钮，在第一方向上钻孔，一直钻到下一个曲面。

★ 穿透：单击该按钮，在第一方向上钻孔，一直钻到与所有曲面相交。

★ 穿至：单击该按钮，在第一方向上钻孔，一直钻到与所选的曲面或平面相交为止。

★ 到选定的：单击该按钮，在第一方向上钻孔，一直钻到所选的点、曲线、平面或曲面。

其他各选项含义如下。

★ ：创建简单孔按钮。

★ ：创建标准孔按钮。

★ ⊔：使用预定义矩形作为钻孔轮廓。

★ ∪：使用标准孔轮廓作为钻孔轮廓。

★ ▨：使用草绘定义钻孔轮廓。

★ ⌀3.00 ▾：直径文本框，用来控制简单孔特征的直径。直径文本框中包含最近使用的直径值。

5.1.2 创建简单孔

下面通过实例讲解创建简单孔的基本方法。

【案例5-1】：创建简单孔

01 单击【快速访问】工具栏中的【打开】按钮 ☞，打开"第5课\5-1创建简单孔.prt.1"文件，如图5-7所示。

02 单击【工程】命令组中的【孔】按钮 ᵀ，系统弹出【孔】操控板，单击【孔】操控板中的【简单孔】按钮 ⊔ 和【使用预定义矩形作为钻孔轮廓】按钮 ⊔，在【孔直径】文本框中输入40。单击【深度选项】下拉列表中的【对称】按钮 ᗑ，并输入钻孔距离为100，如图5-8所示。

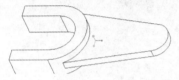

图5-7 素材文件

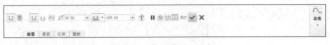

图5-8 【孔】操控板

03 单击操控板中的【放置】按钮，系统弹出【放置】选项卡，如图5-9所示。

04 选择放置参考，在【类型】选项组中选择【径向】选项，再单击激活【偏移参考】收集器，按住Ctrl键，在绘图区内选择基准轴线A_2和基准平面RIGHT，如图5-10所示。

05 设置角度和距离，效果如图5-11所示，单击操控板中的【确定】按钮 ✔，完成简单孔的创建操作，如图5-12所示。

图5-9 【放置】选项卡

图5-10 选取放置参考

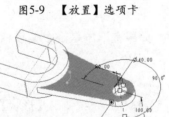

图5-11 设置角度和距离

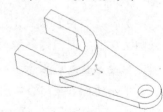

图5-12 完成孔特征

06 再按同样的方法，指定孔的直径为30，单击【钻孔至所有曲面相交】按钮 ⤢，选择如图5-13所示的放置参考、偏移类型及偏移参考。

07 单击操控板中的【确定】按钮 ✔，完成简单孔的创建，如图5-14所示。

图5-13 选取放置参考

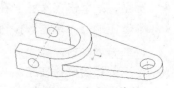

图5-14 完成孔特征

5.1.3 创建草绘孔

草绘孔是使用草绘截面旋转而成的，非单一直径、非标准的圆孔特征。草绘孔与简单孔特征的创建方式类似，不同之处在于，草绘孔特征的孔直径与孔深都是通过草绘方式定义的。

创建草绘孔旋转截面原则如下。

★ 以一条中心线作为旋转轴。

★ 至少要有一条线段垂直于该中心线。如果仅有一条线段与中心线垂直，则Creo parametric 2.0会自动将该线段对齐到放置面上。

★ 草绘截面必须为封闭型截面

下面通过实例讲解创建草绘孔的基本方法。

【案例5-2】：创建草绘孔

01 单击【快速访问】工具栏中的【打开】按钮 ，打开"第5课\5-2创建草绘孔.prt.1"文件，如图5-15所示。

02 单击【工程】命令组中的【孔】按钮 ，系统弹出【孔】操控板，如图5-16所示。

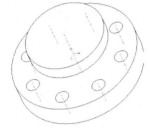

图5-15 素材文件　　　　　　　图5-16 【孔】操控板

03 单击操控板中的【放置】按钮，系统弹出【放置】选项卡。选择放置平面，再选择【类型】选项组中的【径向】选项，单击激活【偏移参考】收集器。然后按住Ctrl键，在绘图区内选择如图5-17所示的基准轴线A_1和基准平面RIGHT。孔预览效果如图5-18所示。

04 单击操控面板中的【草绘孔】按钮 ，再单击【草绘】按钮 ，系统进入草绘工作环境。

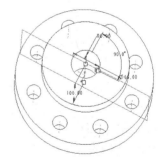

图5-17 【放置】选项卡　　　图5-18 孔预览效果

05 单击【草绘】选项卡中的【中心线】按钮 ，绘制一条竖直中心线。单击【线】按钮 ，绘制草绘孔旋转截面，如图5-19所示。

06 绘制完草绘孔截面后，单击【草绘】选项卡中的【确定】按钮 ，再单击操控板中的【确定】按钮，完成草绘孔的创建操作，如图5-20所示。

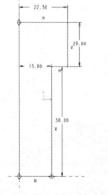

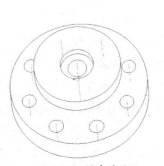

图5-19 绘制草绘孔截面　　　图5-20 创建草绘孔

5.1.4 创建标准孔

标准孔是指利用现有工业标准规格建立的孔，与工业标准的紧固件配合。

1.【标准孔】操控板

在零件模型窗口中，单击【工程】命令组中的【孔】按钮。单击【孔】操控板中的【标准孔】按钮，此时，操控板如图5-21所示。该操控板中各选项的含义如下。

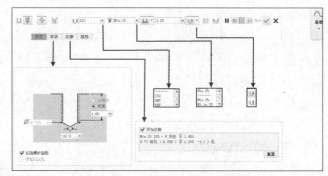

图5-21　【标准孔】操控板

【注解】选项卡：该选项卡仅适用于创建标准孔特征。单击操控板中的【注解】按钮，系统弹出【注解】选项卡。在该选项卡中可预览正在建立或重新定位的标准孔的特征注释。

螺纹类型选取：在操控板中单击ISO选项右侧的三角按钮，在弹出的下拉列表中选择需要的螺纹类型。

★ ISO：标准螺纹，广泛应用的标准螺纹。

★ UNC：粗牙螺纹，用于要求快速装拆或有可能产生腐蚀和轻微损伤的场合。

★ UNF：细牙螺纹，用于外螺纹和相配的内螺纹，脱扣强度高于外螺纹零件的抗拉承载力，或短旋合长度、小螺旋升角以及壁厚要求细牙螺距等场合。

攻丝：单击操控板中的【攻丝】按钮，再单击【形状】按钮，在弹出的【形状】选项卡中设置钻孔的参数，如图5-22所示。

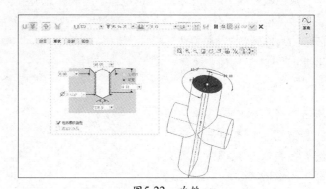

图5-22　攻丝

设置钻孔肩部深度或钻孔深度：弹出下拉列表，如果单击其中的【钻孔肩部深度】按钮，结果如图5-23所示；如果单击【钻孔深度】按钮，结果如图5-24所示。

添加埋头孔：在操控板中单击该按钮，然后再单击【形状】按钮，在弹出的【形状】选项卡中设置钻孔的参数，即可创建出一个埋头孔。

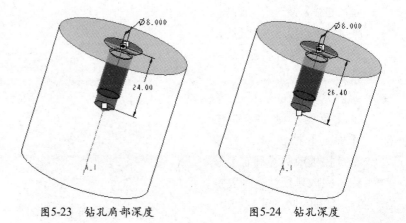

图5-23　钻孔肩部深度　　　　图5-24　钻孔深度

添加沉孔 ：在操控板中单击该按钮，然后再单击【形状】按钮，在弹出的【形状】选项卡中设置钻孔的参数，即可创建出一个沉孔，结果如图5-25所示。

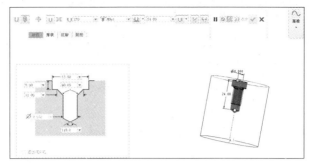

图5-25 添加沉孔

5.2 壳特征

壳特征是一种应用广泛的实体特征，在机械制造中称做"抽壳"，指挖去实体的内部材料，获得均匀的薄壁结构，以减少材料的消耗并减轻结构的重量，如船体上的薄壳结构，各种壳体容器等。

创建壳特征的限制条件如下。

★ 如果将要拭除的零件具有从切点移动到一点的曲面，则不能把壳特征增加到该零件。

★ 如果将要拭除的曲面具有与其相切的相邻曲面，则不能拭除该曲面。

★ 如果将要拭除的曲面的顶点由3个曲面相交创建，则不能拭除该曲面。

★ 如果零件有3个以上的曲面形成的拐角，壳特征就可能无法进行几何定义。这种情况下，Creo parametric 2.0将亮显故障区。将要拭除的曲面必须由边包围（完全旋转的旋转曲面无效），并且与边相交的曲面必须通过实体几何形成一个小于180°的角度。一旦遇到这种情况，就可以选取全部修饰的曲面作为将要拭除的曲面。

★ 当选择的曲面有独立的厚度并与其他曲面相切时，所有相切曲面必须有相同的厚度，否则壳特征创建失败。例如，如果将包含孔的零件制成壳，并且想使孔的壁厚度与整个零件的厚度不同，则必须拾取组成孔的两个曲面（柱面），然后将其偏移相同距离。

★ 默认情况下，壳创建具有恒定壁厚的几何。如果系统不能创建恒定厚度，那么壳特征将失败。

5.2.1 【壳】操控板

在零件模型窗口中，单击【工程】命令组中的【壳】按钮 ，系统弹出【壳】操控板，如图5-26所示。该操控板中各选项的含义如下。

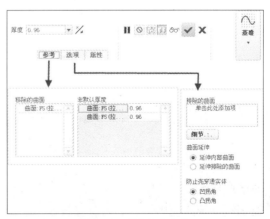

图5-26 【壳】操控板

1.【参考】选项卡

单击【壳】操控板中的【参考】按钮，系统弹出【参考】选项卡。该选项卡中包括两个用于指定参考对象的收集器。其中【移除的曲面】收集器用于选取需要移除的曲面或曲面组，【非默认厚度】收集器用于选取不同厚度的曲面，并分别指定每一个曲面的厚度。

2.【选项】选项卡

单击【选项】操控板中的【选项】按钮，系统弹出【选项】选项卡。通过该选项卡可以设置抽壳对象中的排除曲面、曲面延伸，以及抽壳操作与其他凹角或凸角特征之间切削穿透的预防。

3.厚度和方向

在操控板【厚度】文本框中可指定所创建壳体的厚度。单击【反向】按钮⊀，可在参考的另一侧创建抽壳体，也可以输入负的厚度值在另一侧创建壳体。一般情况下，输入正值表示挖空实体内部的材料形成壳；输入负值表示在实体外部加上指定的壳厚度。

5.2.2 创建壳特征

创建基础实体特征后，选取一个或多个准备删除的实体表面，系统将把该曲面作为产生壳体特征的切入面，然后指定壳的壁厚，即可在实体特征上加入壁厚均匀的壳特征。

1.删除面设置抽壳

删除面设置抽壳是通过选取一个或多个删除的实体面来创建壳特征。

单击【工程】命令组中的【壳】按钮⯐，在弹出的【壳】操控板中，单击【参考】按钮。单击激活【移除的曲面】收集器，在实体模型上选取需要删除的表面，并设置抽壳厚度，抽壳结果如图5-27所示。

（a）选取删除面　　　　　　　（b）抽壳效果

图5-27　删除面设置抽壳

2.保留面设置抽壳

保留面设置抽壳可以在实体中创建一个封闭的壳，整个实体内部呈现中空状态，但无法进入该空心部分。一般用于创建球类、气垫等空心模型。

单击【工程】命令组中的【壳】按钮⯐，在弹出的【壳】操控板中输入抽壳的厚度值，即可完成抽壳操作，结果如图5-28所示。

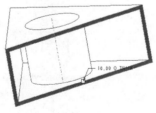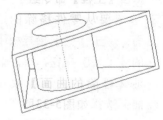

（a）设置抽壳厚度　　　　　　　（b）抽壳效果

图5-28　保留面设置抽壳

3.不同厚度抽壳

在创建比较复杂的壳体特征时，有些表面由于承受了较大的载荷，需要较大的厚度，而无载荷或承受较小载荷的表面，对厚度要求较小。此时，就需要创建具有不同厚度的壳体特征，以合理分布材料。

　　单击【工程】命令组中的【壳】按钮，在弹出的【壳】操控板中，单击【参考】按钮。单击激活【移除的曲面】收集器，在实体模型上选取需要删除的表面。单击激活【非默认厚度】收集器，按住Ctrl键，选取需要单独设置厚度的模型表面，并在右侧文本框中设置抽壳厚度，如图5-29所示。

（a）选取移除曲面和非缺省厚度曲面 　　　　　　　（b）抽壳效果

图5-29　不同厚度抽壳

4.壳特征与其他工程特征的创建顺序

　　在设计过程中，某些特征的创建顺序不同，产生的结果也将不一样。如图5-30所示，先创建出圆孔再进行抽壳操作；如图5-31所示，先进行抽壳操作再创建出圆孔特征。

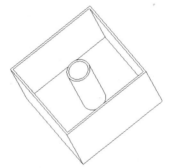

图5-30　先圆孔后抽壳 　　　　　　图5-31　先抽壳后圆孔

5.2.3　创建壳特征实例

　　下面通过实例讲解创建壳特征的基本方法。

　　【案例5-3】：创建壳特征

01 单击【快速访问】工具栏中的【打开】按钮，打开"第5课\5-3创建壳特征.prt.1"文件，如图5-32所示。

02 单击【工程】命令组中的【壳】按钮，系统弹出【壳】操控板。

03 选取要从零件移除的曲面。单击【壳】操控板中的【参考】按钮，单击激活【移除的曲面】收集器，选择如图5-33所示的模型表面作为删除面，并设置默认厚度为2。

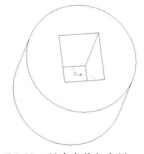
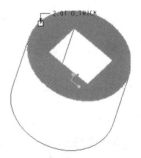

图5-32　创建壳特征实例 　　　　图5-33　选取删除面

04 单击激活【非默认厚度】收集器，按住Ctrl键，选取如图5-34所示的圆柱孔表面作为非默认厚度曲面，并设置该面抽壳厚度为5。

05 单击操控板中的【确定】按钮 ✓，完成创建壳特征的操作，如图5-35所示。

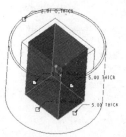

图5-34 选取非默认厚度曲面

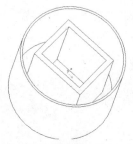

图5-35 创建壳特征

5.3 筋特征

筋特征也称为"肋板"，通常用于加固零件，防止出现不需要的折弯。筋特征在机械设计中应用得比较广泛，是零件上的一种重要结构。

5.3.1 【筋】操控板

在零件模型窗口中，单击【工程】命令组中的【筋】按钮 ，系统弹出【筋】操控板，如图5-36所示。该操控板中各选项的含义如下。

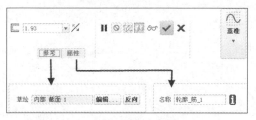

图5-36 【筋】操控板

1.【参考】选项卡

单击【筋】操控板中的【参考】按钮，系统弹出【参考】选项卡。该选项卡可以用于指定筋截面的草绘平面，以及进入草绘环境绘制筋截面。单击【定义】按钮，系统弹出【草绘】对话框，其操作方法同草绘相同。对于已经创建的筋截面，在该选项卡中，单击【编辑】按钮可以重定义筋截面，单击【反向】按钮，可以改变筋的生成方向。

2.厚度和厚度方向

在【筋】操控板中，在【厚度】文本框中输入数值来指定筋特征的厚度。单击【厚度方向】按钮 ，可以在对称、正向和反向三种方向上切换筋的厚度效果，如图5-37所示。

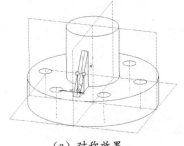

（a）对称效果

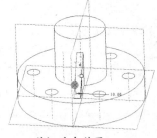

（b）反向效果

图5-37 改变筋的厚度方向

3.【属性】选项卡

单击【筋】操控板中的【属性】按钮，系统弹出【属性】选项卡，单击【显示特征的信息】按钮 ，在弹出的浏览器中可以浏览筋特征的草绘平面、参考、厚度和方向等参数信息，还可以对筋特征进行命名，如图5-38所示。

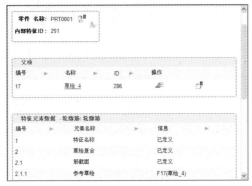

图5-38　浏览器

5.3.2　创建筋特征

筋特征是一种特殊类型的延伸项，用于创建附属于零件的肋片。筋特征连接到其父特征的方式，决定了其草绘截面总是开放式的。

1. 筋特征类型

根据相邻实体面类型的不同，筋特征可分为直筋和旋转筋两种类型。

★　直筋：是指与筋特征相接合的面是平面。筋特征相当于草绘截面，沿草绘平面法向两侧对称、正向或反向拉伸出来的特征，如图5-39所示。

★　旋转筋：当相邻的实体面有一个为回转面时，所创建的筋特征即为旋转筋。创建旋转筋特征相当于草绘截面以草绘平面为界向两侧旋转所创建出来的特征，但要求筋的草绘平面通过回转特征的轴线，如图5-40所示。

图5-39　直筋特征

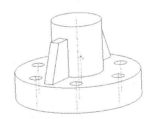

图5-40　旋转筋特征

2. 创建筋特征实例

下面通过实例讲解创建轮廓筋特征的基本方法。

【案例5-4】：创建轮廓筋特征

01 单击【快速访问】工具栏中的【打开】按钮 📂，打开"第5课\5-4创建筋特征.prt.1"文件，如图5-41所示。

02 在【工程】命令组中，单击【筋】按钮 右侧的展开按钮，在弹出下拉列表中单击【轮廓筋】按钮，系统弹出【轮廓筋】操控板。

03 单击【轮廓筋】操控板中的【参考】按钮，系统弹出【参考】选项卡，单击【定义】按钮，系统弹出【草绘】对话框。

04 根据系统提示选取一个平面或曲面以定义草绘平面，选择基准平面FRONT作为草绘平面，接受默认的草绘参考和视图方向，如图5-42所示，再单击对话框中的【草绘】按钮。

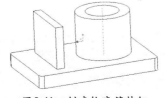

图5-41　创建轮廓筋特征

图5-42　选取草绘平面

05 系统进入草绘工作环境。单击【草绘】选项卡中的【线】按钮 ∿，绘制直筋的草绘截面，如图5-43所示。

06 单击【草绘】选项卡中的【确定】按钮 ✓，返回到【轮廓筋】操控板。若创建的方向不正确，单击操控板中的【参考】按钮，在选项卡中单击【反向】按钮，再在操控板中的【厚度】文本框内输入15，设置厚度方向为【对称】。单击【确定】按钮 ✓，即可完成直筋的创建，结果如图5-44所示。

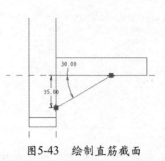

图5-43　绘制直筋截面　　　　　　　图5-44　创建直筋

07 单击【参考】选项卡中的【定义】按钮，选择基准平面FRONT作为草绘平面。单击【草绘】按钮，系统进入草绘工作环境。

08 单击【草绘】选项卡中的【线】按钮 ∿，绘制旋转筋的草绘截面，如图5-45所示。

09 单击【草绘】选项卡中的【确定】按钮 ✓，返回到【轮廓筋】操控板。在操控板中的厚度文本框内输入15，设置厚度方向为对称。单击操控板中的【确定】按钮 ✓，即可完成旋转筋的创建，结果如图5-46所示。

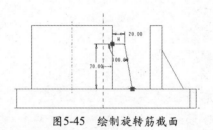

图5-45　绘制旋转筋截面　　　　　　图5-46　创建旋转筋

3.创建轨迹筋

【案例5-5】：创建轨迹筋

01 单击【快速访问】工具栏中的【打开】按钮 ☞，打开"第5课\5-5创建轨迹筋特征.prt.1"文件，如图5-47所示。

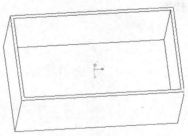

图5-47 创建轨迹筋

02 单击【工程】命令组中的【筋】按钮 右侧的 ▼ 按钮，在弹出的下拉列表中单击【轨迹筋】按钮，系统弹出【轨迹筋】操控板。

03 单击【轨迹筋】操控板中的【放置】按钮，系统弹出【放置】选项卡，单击【定义】按钮，系统弹出【草绘】对话框。

04 根据系统提示选择一个参考以定义视图方向，选择基准平面TOP作为草绘平面，接受默认的草绘参考和视图方向，如图5-48所示，再单击对话框中的【草绘】按钮。

05 系统进入草绘工作环境。
单击【草绘】选项卡中的
【线】按钮，绘制直
筋的草绘截面，如图5-49
所示。

图5-48　【草绘】对话框

图5-49　绘制直线

06 单击【草绘】选项卡中的【确定】按钮，返回到【轨迹筋】操控板。在操控板中设置参数，
如图5-50所示。

07 单击操控板中的【确定】按钮，完成【轨迹筋】的创建，结果如图5-51所示。

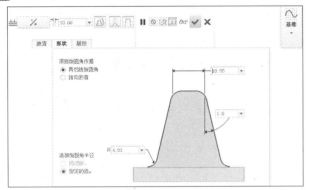

图5-50　参数设置

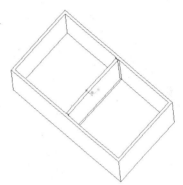

图5-51　创建的轨迹筋

5.4　拔模特征

当使用铸造或注塑方式制造零件时，具有拔模特征的零件具有一定倾斜
角度的面，这样可以方便造型和造芯时起模和取芯，铸造模型上的这种斜面结构就是拔摸特征。

5.4.1　【拔模】操控板

在零件模型窗口中，单
击【工程】命令组中的【拔
模】按钮，系统弹出【拔
模】操控板，如图5-52所
示。该操控板中各选项的含
义如下。

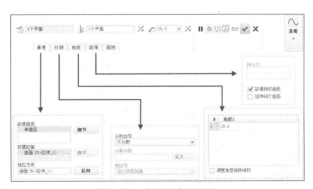

图5-52　【拔模】操控板

1.【参考】选项卡

单击【拔模】操控板中的【参考】按钮，系统弹出【参考】选项卡。单击选项卡中的各参
考收集器，可以指定拔模曲面、拔模枢轴和拖动方向的参考对象。

★ 拔模曲面：指的是要进行拔模操作的模型表面。拔模曲面可以由拔模枢轴、曲面或草绘曲线分割为多个区域，且可分别设定各个区域是否参与拔模，以及定义不同的拔模角度。

★ 拔模枢轴：拔模曲面的生成，都可以看成是某一个曲面沿着某一轴线转动的结果，包括拔模曲面上的曲线，或者模型平面等。拔模枢轴是拔模操作的参考，拔模围绕拔模枢轴进行，不影响拔模枢轴自己本身的形态。

★ 拖动方向：指的是用于测量拔模角度的参考。可以通过选取平面、直边、基准边、两点，或者坐标系对其定义。此外，拖动方向一般都垂直于拔模枢轴，一般情况下系统会自动设定。

2.【分割】选项卡

单击【拔模】操控板中的【分割】按钮，系统弹出【分割】选项卡。利用该选项卡，可以分割拔模曲面，并设定拔模面上的分割区域，以及各区域是否进行拔模。

分割选项：该选项区用于设置对拔模曲面是否进行分割操作，在该下拉列表中包括以下3种方式。

★ 不分割：选择该选项时，拔模面将绕拔模枢轴按指定的拔模角度执行拔模操作，但没有分割效果。

★ 根据拔模枢轴分割：选择该选项时，将按指定的拔模枢轴为分割参考，创建分割拔模特征。

★ 根据分割对象分割：选择该选项时，将通过拔模曲面上的曲线或草绘截面创建分割拔模特征。

分割对象：该选项只有在选择【根据分割对象分割】选项时，才会被激活。单击该选项下面的收集器，可以选取模型上现有的草绘、平面或面组作为拔模曲面的分割区域；单击【定义】按钮，可以通过选取草绘平面绘制出封闭的草绘轮廓，作为拔模曲面的分割区域。

侧选项：该选项区用于设置拔模的区域，在该下拉列表中包括以下3种方式。

★ 独立拔模侧面：选择该选项，可以为分割后的拔模曲面区域设定不同的拔模角度。

★ 从属拔模侧面：选择该选项，可以将拔模曲面按照同一角度，从相反的方向执行拔模操作。这种方式用于具有对称的模具设计。

★ 只拔模第一侧和只拔模第二侧：该选项只用于对拔模曲面的某个分割区域进行拔模，而另一个区域则保持不变。

3.【角度】选项卡

拔模角度指的是拖动方向与生成的拔模曲面之间的夹角，拔模角度的范围为-30°～+30°。如果拔模曲面被分割，那么可以为拔模曲面的每一侧定义一个独立的角度。

4.【选项】选项卡

单击【拔模】操控板中的【选项】按钮，系统弹出【选项】选项卡。通过该选项卡可定义与指定拔模曲面相切，或相交的拔模效果。

5.4.2 创建拔模特征

下面通过实例讲解创建筋拔模特征的基本方法。

【案例5-6】：创建拔模特征

01 单击【快速访问】工具栏中的【打开】按钮，打开"第5课\5-6创建拔模特征.prt.1"文件，如图5-53所示。

02 单击【工程】命令组中的【拔模】按钮，系统弹出【拔模】操控板，单击【参考】按钮，系统弹出【参考】选项卡。

03 单击【参考】选项卡中的【拔模曲面】收集器，将其激活，按住Ctrl键在图形区选取如图5-54所示的曲面作为拔模曲面。

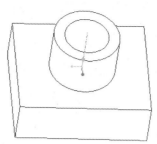 

图5-53 创建拔模特征示例　　图5-54 选取拔模曲面

04 单击【参考】选项卡中的【拔模枢轴】收集器，将其激活，然后选取如图5-55所示的曲面作为拔模枢轴曲面。

05 在操控板中的【角度】文本框内输入拔模角度为5，单击【反向】按钮，调整拔模方向，如图5-56所示。

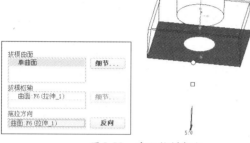 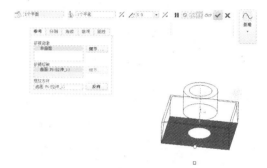

图5-55 选取拔模枢轴　　　　　　图5-56 设置拔模角度

06 设置拔模参考和参数后，单击操控板中的【确定】按钮，即可完成拔模特征的创建，结果如图5-57所示。

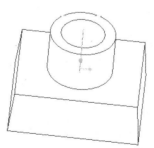

图5-57 创建拔模特征

5.5 倒圆角特征

要设计具有精美外观的产品，则其形体表面之间的光滑过渡是必不可少的，圆角特征不仅是产品装饰的需要，更是产品上不可缺少的重要结构。在传统的产品设计中，倒圆角只是将尖锐边线转换为等半径圆弧面，而现代产品设计中，倒圆角的形式多种多样，既可以创建多半径倒圆角，也可以创建多条边相交倒圆角。

5.5.1 【倒圆角】操控板

在零件模型窗口中，单击【工程】命令组中的【倒圆角】按钮，系统弹出【倒圆角】操控板，如图5-58所示。该操控板中各选项的含义如下。

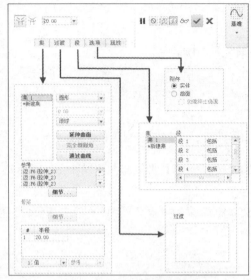

图5-58 【倒圆角】操控板

1. 倒圆角模式

在Creo parametric 2.0中，允许通过两种模式创建倒圆角，分别是设置模式和过渡模式。

★ 设置模式 ：设置模式又称为"集合模式"，是系统默认的模式。在该模式下，选取倒圆角的参考，以及控制倒圆角的各项参数，可以处理倒圆角的组合。这是比较常用的一种模式。

★ 过渡模式 ：通过该模式可以定义倒圆角特征的所有过渡。切换到该模式后，Creo parametric 2.0会自动在模型中显示可设置的过渡区。

2. 【集】选项卡

单击【倒圆角】操控板中的【集】按钮，系统弹出【集】选项卡。该选项卡可以定义所选图形对象之间的圆角类型，设置圆角参数，以及在倒圆角对象和参考之间转换所选边等。

图5-59 右键菜单

★ 对象控制区：该区域用于显示所有已选的倒圆角对象。通过单击鼠标右键，在弹出的菜单中选择需要的选项，可以添加和删除倒圆角对象，如图5-59所示。

★ 倒圆角类型选择区：该区域用于选择倒圆角面的截面形状、生成方法，以及倒圆角种类。其截面形状分为圆形、圆锥和D1×D2圆锥；生成方法分为滚球和垂直于骨架；倒圆角种类分为恒定、可变、曲线驱动和完全倒圆角4种类型。

★ 参考：该区域用于显示所选倒圆角对象的具体类型，可利用右键快捷菜单移除对象或打开【信息窗口】对话框，查看参考对象的参考、特征、截面，以及尺寸等信息。单击【细节】按钮，系统弹出【链】对话框，可在该对话框中添加或移除参考、详细地编辑参考的选取规则，如图5-60所示。

图5-60 【链】对话框

★ 参数设置区：该区域用于设置所选倒圆角对象的圆角参数，并且可以通过单击右键快捷菜单来添加圆角半径，从而创建多种圆角特征。

3.【段】选项卡

单击【倒圆角】操控板中的【段】按钮，系统弹出【段】选项卡。该选项卡用于查看并显示所有已选的倒圆角对象，以及倒圆角对象所包括的曲线，如图5-61所示。

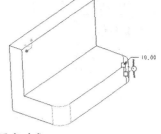

图5-61　倒圆角对象

4.【选项】选项卡

单击【倒圆角】操控板中的【选项】按钮，系统弹出【选项】选项卡。在该选项卡选择【实体】选项，所创建的倒圆角特征为实体，如图5-62所示；选择【曲面】选项，所创建的倒圆角特征为曲面，如图5-63所示。

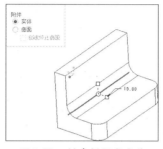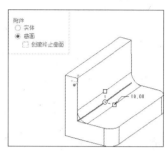

图5-62　创建倒圆角实体　　　图5-63　创建倒圆角曲面

5.5.2　创建倒圆角特征

使用【倒圆角】命令可以创建曲面间的圆角特征，或中间曲面位置的圆角特征。曲面可以是零厚度的面组及曲面，也可以是实体模型曲面。倒圆角创建的圆角类型主要有以下4种。

★ 恒定：倒圆角段具有恒定半径。

★ 可变：圆角的半径为变量，需要在【设置】选项卡中输入多个半径。

★ 完全：完全倒圆角会替换选定的面。使用该选项产生圆角时，不需要输入半径尺寸，而是根据选取零件的边线，自动生成全圆角。

★ 曲线驱动：利用曲线来定义圆角的半径，需要事先存在一条曲线来定义圆角。

1.恒定倒圆角

恒定倒圆角是指用固定的半径值来创建圆角特征。下面通过实例讲解创建恒定倒圆角特征的基本方法。

【案例5-7】：恒定倒圆角

01 单击【快速访问】工具栏中的【打开】按钮 ，打开"第5课\5-7倒圆角.prt.1"文件，如图5-64所示。

02 单击【工程】命令组中的【倒圆角】按钮 ，系统弹出【倒圆角】操控板，单击【集】按钮，系统弹出【集】选项卡。

03 在【集】选项卡中，单击激活【参考】收集器，然后在绘图区内选取如图5-65所示的曲面作为倒圆角对象。

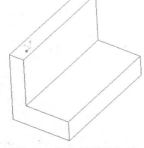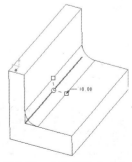

图5-64　恒定倒圆角示例　　　图5-65　选取倒圆角对象

04 在操控板中的【半径】文本框内输入10，并按Enter键。单击【集】选项卡中的【新建集】按钮，按住Ctrl键选取如图5-66所示的边作为倒圆角对象。

05 在操控板中的【半径】文本框内输入5，按Enter键，单击【确定】按钮☑，完成恒定倒圆角创建操作，如图5-67所示。

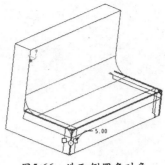
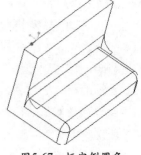

图5-66　选取倒圆角对象　　　　图5-67　恒定倒圆角

2.可变倒圆角

【案例5-8】：可变倒圆角

01 单击【快速访问】工具栏中的【打开】按钮☞，打开"第5课\5-8倒圆角.prt.1"文件，如图5-68所示。

02 单击【工程】命令组中的【倒圆角】按钮◑，系统弹出【倒圆角】操控板，单击【集】按钮，系统弹出【集】选项卡。

03 在【集】选项卡中，单击激活【参考】收集器，按住Ctrl键选取如图5-69所示的边作为倒圆角对象。

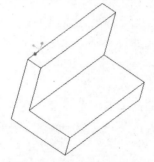

图5-68　可变倒圆角实例　　　　图5-69　选取倒圆角对象

04 在操控板中的【半径】文本框内输入5，按Enter键。在【集】选项卡中的【半径】选项框中单击鼠标右键，在弹出的快捷菜单中选择【添加半径】选项，如图5-70所示，系统将会复制此半径值。

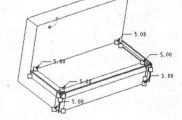

图5-70　添加半径

05 在【半径】选项的1、2、3半径文本框内输入10、5、5，结果如图5-71所示。

06 设定完圆角半径后，单击操控板中的【确定】按钮☑，完成可变倒圆角操作，结果如图5-72所示。

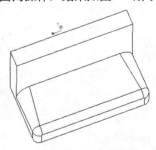

图5-71　输入半径值　　　　　　图5-72　可变倒圆角

3.完全倒圆角

【案例5-9】：完全倒圆角

01 单击【快速访问】工具栏中的【打开】按钮，打开“第5课\5-9完全倒圆角.prt.1”文件，如图5-73所示。

02 单击【工程】命令组中的【倒圆角】按钮，系统弹出【倒圆角】操控板，单击【集】按钮，系统弹出【集】选项卡。

03 在【集】选项卡中，单击激活【参考】收集器，按住Ctrl键选取如图5-74所示的曲面作为倒圆角对象。

04 在【集】选项卡中，单击激活【驱动曲面】收集器，选取如图5-75所示的曲面作为倒圆角驱动曲面。

05 单击【完全倒圆角】按钮，并单击【确定】按钮，倒角结果如图5-76所示。

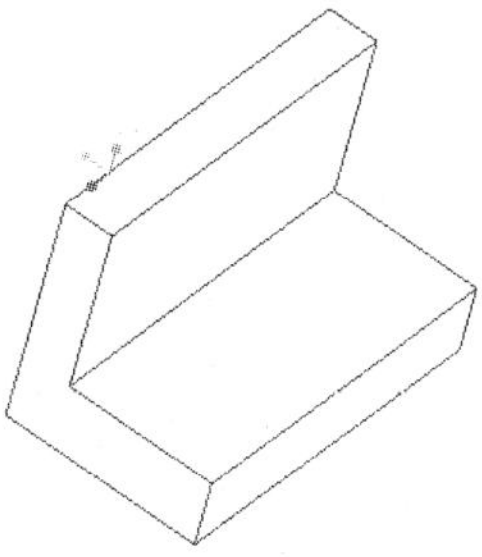

图5-73 完全倒圆角实例

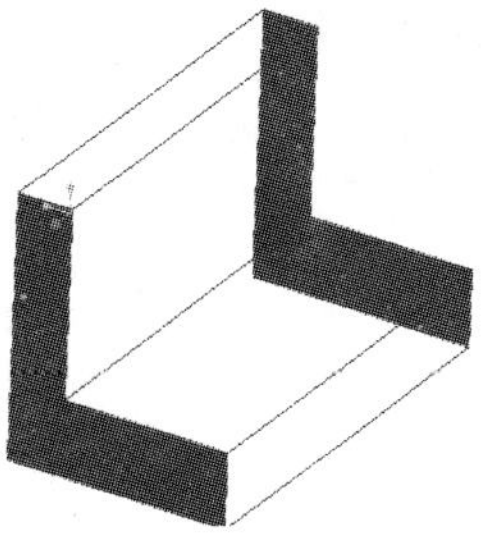

图5-74 选取倒圆角对象

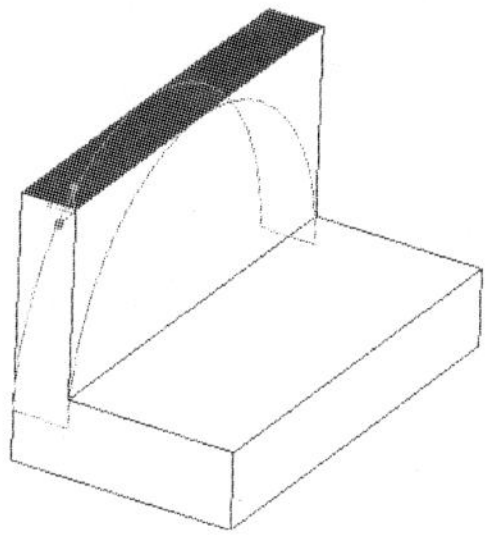

图5-75 选取驱动曲面

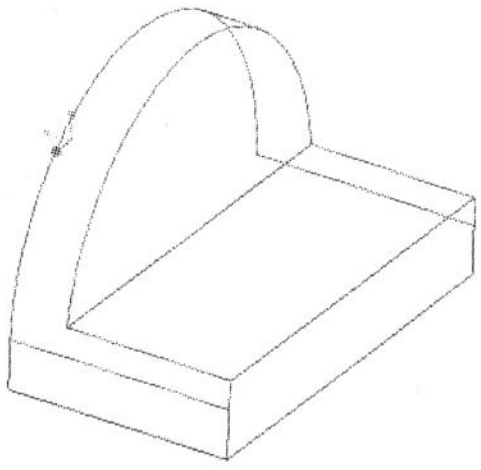

图5-76 完全倒角

5.5.3 通过曲线倒圆角

【案例5-10】：通过曲线倒圆角

01 单击【快速访问】工具栏中的【打开】按钮，打开“第5课\5-10通过曲线倒圆角.prt.1”文件，如图5-77所示。

02 单击【工程】命令组中的【倒圆角】按钮，系统弹出【倒圆角】操控板，单击【集】按钮，系统弹出【集】选项卡。

03 在【集】选项卡中，单击激活【参考】收集器，选取如图5-78所示的曲面作为倒圆角对象。

04 单击【通过曲线】按钮，然后单击【驱动曲线】收集器，选取绘图区内的曲线，如图5-79所示。

05 单击操控板中【确定】按钮，完成通过曲线倒圆角的操作，如图5-80所示。

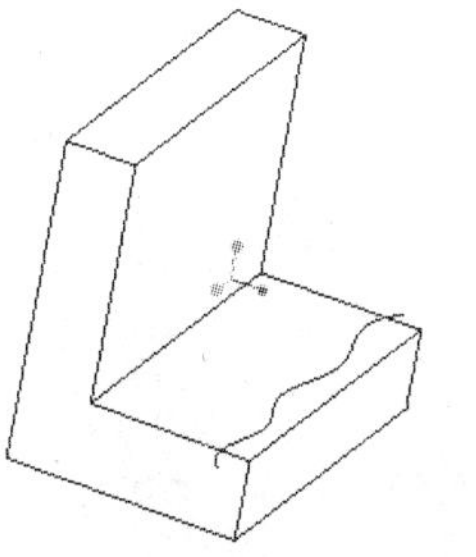

图5-77 通过曲线倒圆角示例

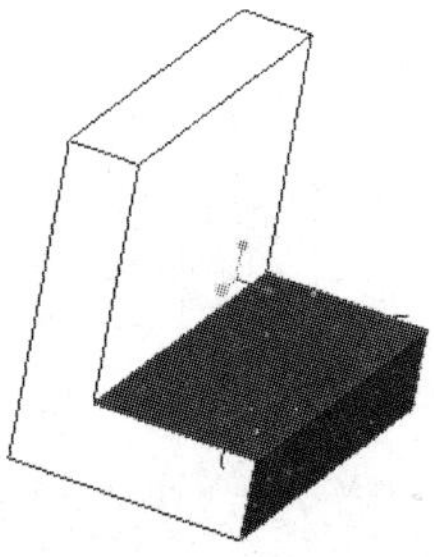

图5-78 选取倒圆角对象

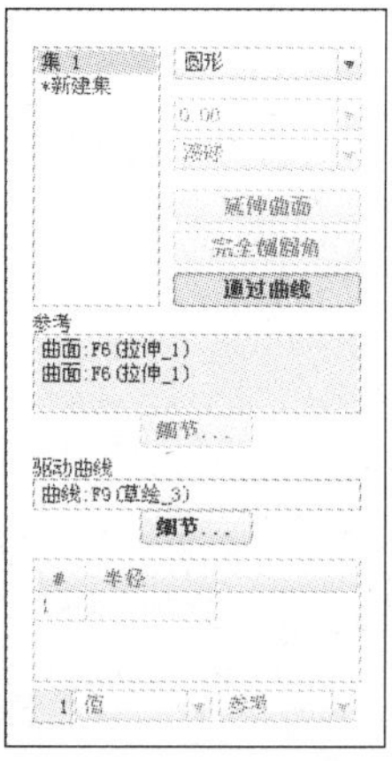

图5-79 【集】选项卡

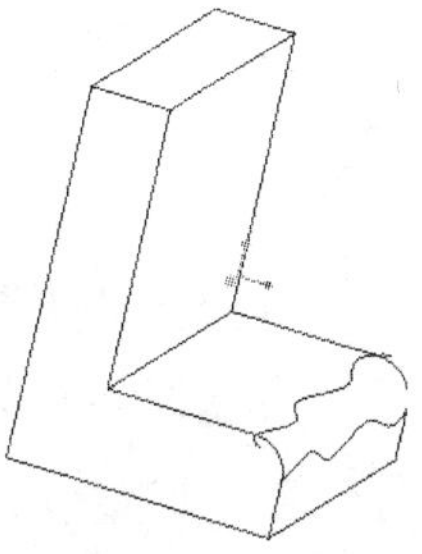

图5-80 通过曲线倒圆角

5.5.4　自动倒圆角特征

【自动倒圆角】命令自动选取模型上所有边创建倒圆角特征，同时可以选择一些要排除的边，选取的排除边线则保持原样不变。

1.自动倒圆角操控面板

利用【自动倒圆角】操控面板，可以定义倒圆角排除的边线、倒圆角半径、倒圆角范围，以及倒圆角形式等参数。在【工程】命令组中，单击【倒圆角】右侧的展开▼按钮，在下拉列表中选择【自动倒圆角】选项，系统弹出【自动倒圆角】操控面板，如图5-81所示。

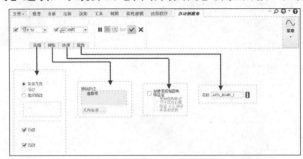

图5-81　【自动倒圆角】操控面板

该面板的主要选项说明如下。

◆　范围

打开【范围】选项卡，可以定义自动倒圆角的范围，包括参考选项区和参考限制区两个选择区域，它们的主要功能说明如下。

参考选项区：该选项区除了用于定义自动倒圆角的倒角参考或排除参考外，还可以利用3种方式缩小选取参考的范围。

选择【实体几何】单选按钮，则仅对几何上的边自动倒圆角。

选择【面组】单选按钮，仅对选取面组的面自动倒圆角。

选择【选定的边】单选按钮，则仅对选取的边或目的链倒圆角。

参考限制区：该选项区主要用于限制选取的倒圆角参考或排除参考对象范围。启用【凸边】复选框，则仅对实体几何上或选取的凸边自动倒圆角；启用【凹边】复选框，则仅对实体几何上或选取的凹边自动倒圆角。

◆　排除

打开此选项卡，单击激活【排除的边】收集器，可以定义自动倒圆角所排除的倒圆角参考，按住Ctrl键可以选取多个要排除的参考。利用右键快捷菜单可以移除或全部移除所选的排除对象。

◆　选项

打开此选项卡，若启用【创建常规倒圆角特征组】复选框，则创建的自动倒圆角转换为一般倒圆角，并在模型树中以组特征显示，但倒圆角效果不变。

◆　属性

打开此选项卡，可以查看自动倒圆角的名称，以及修改倒圆角的名称。

2.创建自动倒圆角特征

【案例5-11】：创建自动倒圆角特征

01 单击【快速访问】工具栏中的【打开】按钮 🖼️，打开"第5课\5-11自动倒圆角.prt.1"文件，如图5-82所示。

02 单击【工程】命令组中的【自动倒圆角】按钮，系统弹出【自动倒圆角】操控板，在【范围】
选项卡中，选择【实体几何】单选项，启用【凸边】复选框，如图5-83所示。在【自动倒圆
角】操控面板上设置圆角半径为10。

03 单击操控板中的【确定】按钮☑，完成【自动倒圆角】操作，结果如图5-84所示。

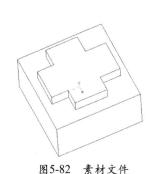

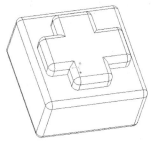

图5-82　素材文件　　　　图5-83　【范围】选项卡　　　　图5-84　创建自动倒圆角特征

5.6 倒角特征

倒角特征的功能与倒圆角的功能相似，它也是处理模型周围棱角的方
法之一。当产品的周围存在尖锐棱角时，应适当地修剪棱角，即添加倒角特征。

在创建倒角特征时，需要指定的特征参数包括：倒角所在的边、倒角规格、倒角尺寸。
Creo parametric 2.0中提供了两种类型的倒角，分别是边倒角和拐角倒角。

5.6.1 边倒角

利用【边倒角】修饰零件的边缘时，需要先选择零件的边，这条边在两个表面之间，可以
是矩形的边缘，也可以是圆柱的圆周线。

1.【边倒角】操控板

在零件模型窗口中，单击【工程】命令组中的【边倒角】按钮➘，系统弹出【边倒角】操
控板，如图5-85所示。该操控板中各选项的含义如下。

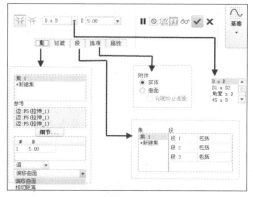

图5-85　【边倒角】操控板

◆　倒角过渡模式

在实际操作过程中，如果有多组倒角相接时，在相接处常常会发生故障，或者需要修改过
渡类型，可以通过单击操控板中的【过渡模式】按钮🖼，将其切换为过渡显示模式，如图5-86

所示。根据系统提示，在绘
图区内选取过渡区，此时，
【倒角】操控板将发生变
化，如图5-87所示，其中各选
项的含义如下。

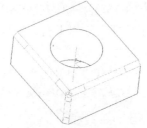

图5-86 倒角过渡模式　　　图5-87 操控板变化

★ 默认（相交）：该选项为系统默认选项，选择该选项时，倒角过渡区将按照系统默认的类
型进行处理，结果如图5-88所示。

★ 曲面片：选择该选项，可以在3或4个倒角的交点之间创建一个曲面片曲面。在3个倒角相
交处形成过渡区时，可以设置曲面片相对于参考曲面的圆角参考；4个倒角相交时，只能
创建系统默认的曲面片，结果如图5-89所示。

★ 拐角平面：该选项只有在存在拐角的情况下才能使用。选择该选项可以对由3个倒角相交
处形成的拐角进行倒角处理，结果如图5-90所示。

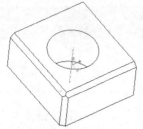

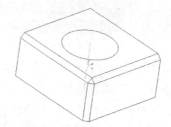

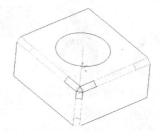

图5-88 缺省过渡倒角　　　　图5-89 曲面片过渡倒角　　　　图5-90 拐角平面过渡倒角

◆ 【集】选项卡

单击【边倒角】操控板中的【集】按钮，系统弹出【集】选项卡。该选项卡用于定义倒角
的参数、添加或删除倒角参考，以及倒角生成方式等。

★ 参考选择区：在该区域中单击【新建集】按钮，可以选取模型的边来添加新的倒角参考，
按住Ctrl键可以选取多个参考。利用【设置】选项的右键快捷菜单，可以添加或删除倒角
参考。单击【细节】按钮，可以在【键】对话框中添加或移除倒角参考。

★ 参数设置区：该区域用于详细设置所选倒角参考对象的倒角尺寸，其中的参数选项随倒角类型
的不同而变化。在其下方的下拉列表中可以设置【值】和【参考】两个倒角距离的驱动方式。

★ 生成方式：该选项区用于指定倒角的生成方式。在其下拉列表中选择【偏移曲面】选项，表
示通过偏移相邻曲面确定倒角距离；选择【相切距离】选项，表示通过以相邻曲面相切线的
交点为起点测量的倒角距离。

◆ 边倒角类型

在Creo parametric 2.0中，边倒角可分为多种类
型。其各类型的含义如下。

★ 45×D：创建倒角的边和两个表面都呈45°
角，并且与每个表面的距离都为D。尺寸显示为45×D，在系统信息栏
中可以修改距离D，而且只能修改D。这里要注意的是，只
有在两个正交表面的交线所形成的边上才能创建45×D倒
角，如图5-91所示。

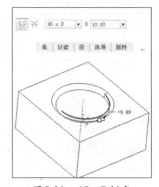

图5-91 45×D倒角

★ D×D：创建倒角的边与每个表面的距离都为D。如果要修改倒角，则系统在信息栏中只能提示D尺寸作为唯一的距离尺寸修改。

★ D1×D2：创建倒圆角的边与一个表面的距离为D1，与另一个表面的距离为D2。当修改倒角时，系统将在信息栏中提示输入边到各自表面的距离。

★ 角度×D：创建的倒角与一邻接曲面的距离为D，并且与该边成一指定夹角。当修改倒角时，系统显示这两项作为尺寸值。只能在两个平面之间创建倒角时使用该选项。

2.创建边倒角特征实例

【案例5-12】：创建边倒角特征

01 单击【快速访问】工具栏中的【打开】按钮 ，打开"第5课\5-12边倒角.prt.1"文件，如图5-92所示。

02 单击【工程】命令组中的【边倒角】按钮 ，系统弹出【边倒角】操控板，在操控板中选择边倒角类型为D×D选项，并在【倒角距离】文本框中输入10，如图5-93所示。

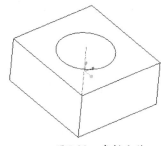

图5-92　素材文件

图5-93　【边倒角】操控板

03 根据系统提示，选取如图5-94所示的边作为倒角参考对象。单击操控板中的【集】按钮，系统弹出【集】选项卡。在【集】选项卡中的【参考选择区】内单击【新建集】按钮，根据系统提示，按住Ctrl键选取如图5-95所示的边，作为倒角参考对象。

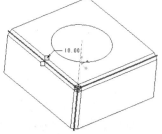

图5-94　选取倒角参考

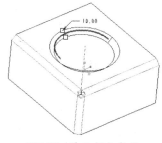

图5-95　选取倒角参考

04 单击操控板中的【过渡模式】按钮 ，选取如图5-96所示的过渡区，过渡形式为"拐角平面"，单击【确定】按钮，结果如图5-97所示。

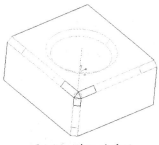

图5-96　选取过渡区

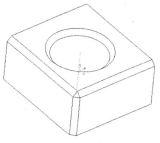

图5-97　过渡模式

5.6.2　拐角倒角

　　拐角倒角是以模型上的拐角为参考，用三条边线交汇顶点来创建倒角，通过移除材料的方式产生一个斜面。

　　下面通过实例讲解创建边倒角特征的基本方法。

【案例5-13】：拐角倒角

01 单击【快速访问】工具栏中的【打开】按钮 📂，打开"第5课\5-13拐角倒角.prt.1"文件，如图5-98所示。

02 单击【工程】命令组中的【倒角】右侧的▼按钮，在弹出的下拉列表中选择【拐角倒角】选项，系统弹出【拐角倒角】操控板，如图5-99所示。

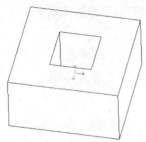

图5-98　创建拐角倒角特征　　　　　　　　　　图5-99　【拐角倒角】操控板

03 在【放置】选项卡中，单击激活【拐角】收集器，如图5-100所示，然后在图形区选择如图5-101所示的角。

04 在【拐角倒角】对话框中分别输入D1：30、D2：15、D3：40。单击对话框中的【确定】按钮 ✔，完成后如图5-102所示。

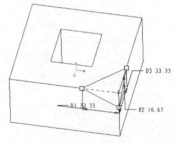

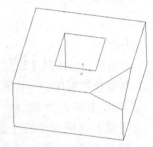

图5-100　选取角　　　　　图5-101　选择角　　　　　图5-102　创建的拐角倒角

5.7 实例应用

5.7.1 创建底座

本实例综合运用本课所学的工程特征，创建如图5-103所示的底座模型。

图5-103　基座

01 运行Creo，单击【文件】选项卡中的【新建】按钮，在【新建】对话框中的【类型】中选中【零件】选项，在【子类型】中选中【实体】选项，在【名称】文本框内输入5-14chuangjiandizuo，最后单击【确定】按钮。

02 单击【模型】选项卡中的【旋转】按钮，系统提示选取一个草绘平面，在绘图区内单击右键，在弹出的菜单中选中【定义内部草绘】选项，或单击选项卡中的【草绘】按钮，系统将会弹出【草绘】对话框。选择基准平面FRONT作为草绘平面，参考平面为RIGHT，单击【草绘】对话框中的【草绘】按钮，结束草绘平面的选取，如图5-104所示。

03 绘制旋转截面。分别单击草绘选项卡中的【直线】按钮和【中心线】，绘制如图5-105所示的草绘截面，再单击绘图工具栏中的【完成】按钮。生成旋转实体显示，如图5-106所示。

图5-104 草绘放置平面

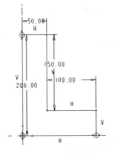
图5-105 草绘截面

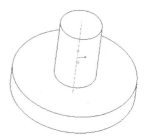
图5-106 创建旋转体

04 单击【工程】命令组中的【孔】按钮，系统弹出【孔】操控板，选择要放置孔的面，如图5-107所示。

05 单击操控板中的【放置】按钮，系统弹出【放置】选项卡，如图5-108所示，单击操控面板中的【草绘孔】按钮，再单击【草绘】按钮系统进入草绘工作环境，单击【草绘】选项卡中的【中心线】按钮，绘制一条竖直中心线。单击【线】按钮，绘制草绘孔旋转截面，如图5-109所示。

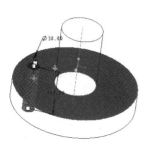
图5-107 放置孔

图5-108 【放置】选项卡

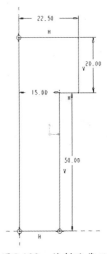
图5-109 绘制孔截面

06 绘制完草绘孔截面后，单击【草绘】选项卡中的【确定】按钮，再单击操控板中的【确定】按钮，完成草绘孔的创建操作，如图5-110所示。

07 选择孔特征，单击【编辑】命令组中的【阵列】按钮，系统弹出【阵列】操控板，选择中心轴为阵列轴，项目数为4，角度为90°，阵列效果如图5-111所示。

08 单击【模型】选项卡【基准】命令组中的【基准面】按钮，选择中心轴和FRONT基准面为参考面，设置角度为45º，创建基准面如图5-112所示。

图5-110 孔特征

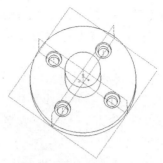
图5-111 圆周阵列

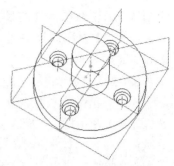
图5-112 创建基准面

09 单击【工程】命令组中【筋】按钮右侧的▼按钮，在弹出下拉列表中单击【轮廓筋】按钮，系统弹出【轮廓筋】操控板。

10 单击【轮廓筋】操控板中的【参考】按钮，系统弹出【参考】选项卡，单击其中的【定义】按钮，系统弹出【草绘】对话框。

11 根据系统提示选取一个平面或曲面以定义草绘平面，选择基准平面DTM1作为草绘平面，接受默认的草绘参考和视图方向，如图5-113所示，再单击对话框中的【草绘】按钮，系统进入草绘工作环境。单击【草绘】选项卡中的【线】按钮，绘制直筋的草绘截面，如图5-114所示。

图5-113 【放置】选项卡

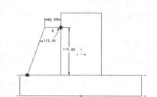
图5-114 绘制筋截面

12 单击工具栏中的【确定】按钮，返回到【筋】操控板。在操控板中的厚度文本框内输入15，设置厚度方向为【对称】。单击【确定】按钮，即可完成旋转筋的创建，结果如图5-115所示。

13 选择孔特征，单击【编辑】命令组中的【阵列】按钮，系统弹出【阵列】操控板，选择中心轴为阵列轴，项目数为4，角度为90°，阵列效果如图5-116所示。

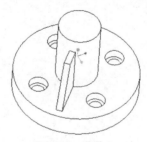
图5-115 筋特征

图5-116 圆周阵列

14 单击【工程】命令组中的【孔】按钮，系统弹出【孔】操控板，选择要放置孔的面，如图5-117所示。设置直径为30，深度为80，单击【放置】选项卡，放置孔为中心轴位置，单击【草绘】选项卡中的【确定】按钮，再单击操控板中的【确定】按钮，完成草绘孔的创建操作，如图5-118所示。

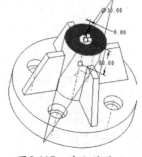
图5-117 选取放置面

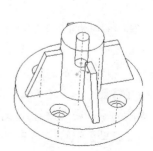
图5-118 生成孔特征

15 单击【工程】选项卡中的
【修饰螺纹】按钮修饰螺纹，
系统弹出对话框，设置深
度为60，选择曲面，如图
5-119所示。

图5-119 【修饰螺纹】对话框

16 单击对话框中的【确定】按钮✓，结果显示如图5-120所示。

17 单击【工程】命令组中的【倒圆角】按钮，系统弹出【倒圆角】操控板，按住Ctrl键选择如图
5-121所示要倒圆角的对象，设置倒角半径为5，结果如图5-122所示。

图5-120 结果显示

图5-121 选取需倒圆角的边

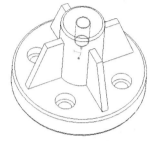

图5-122 倒圆角

5.7.2 创建台灯罩

下面创建如图5-123所示的台灯罩实例来运用所学的工程特征建模。

图5-123 台灯罩

01 运行Creo，单击【文件】选项卡中的【新建】按钮，在【新建】对话框中的【类型】选项组
中选择【零件】选项，在【子类型】选项组中选择【实体】选项，在【名称】文本框内输入
5-15taidengzhao，最后单击【确定】按钮。

02 在【模型】选项卡内，单击【形状】命令组中的【拉伸】按钮，在弹出的【拉伸】操控板中
单击【放置】按钮，在弹出的【放置】选项卡中单击定义按钮，系统弹出【草绘】对话框，选
择基准平面FRONT作为草绘平面。

03 系统进入草绘环境。单击【草
绘】选项卡中的【圆】按钮，
绘制拉伸截面，如图5-124所
示。单击【草绘】选项卡中的
【确定】按钮✓，结束拉伸
截面的创建。设置拉伸深度为
300，单击【确定】按钮✓，
结果如图5-125所示。

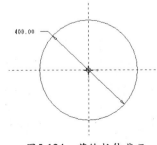

图5-124 草绘拉伸截面

图5-125 拉伸体

04 单击【工程】命令组中的【拔模】按钮，系统弹出【拔模】操控板，单击【参考】按钮，系统弹出【参考】选项卡。单击激活【拔模曲面】收集器，按住Ctrl键在图形区选取如图5-126所示的曲面作为拔模曲面。

05 在【参考】选项卡中，单击激活【拔模枢轴】收集器，然后选取同样的底面作为拔模枢轴曲面。

06 在操控板中的【角度】文本框内输入拔模角度为10，单击【反向】按钮，调整拔模方向，如图5-127所示。

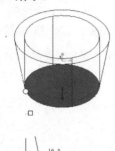

图5-126 选取拔模曲面

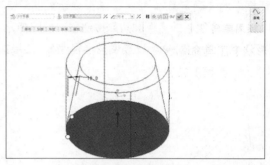

图5-127 拔模预览

07 单击【确定】按钮，拔模结果如图5-128所示，单击【工程】命令组中的【壳】按钮，系统弹出【壳】操控板，设置厚度为8，按住Ctrl键选择要移除的曲面，如图5-129所示。

图5-128 拔模体

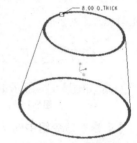

图5-129 选取去除的面

08 选择上表面作为草绘平面，单击【草绘】选项卡中的【线】按钮，绘制扫描路径的草绘轮廓，如图5-130所示。

09 单击【形状】命令组中的【扫描】按钮，选择绘制的曲线为路径，单击【扫描】对话框中的【绘制截面】按钮，绘制截面如图5-131所示。单击【确定】按钮，扫描预览结果如图5-132所示。

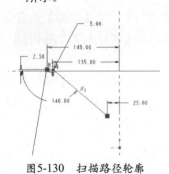

图5-130 扫描路径轮廓

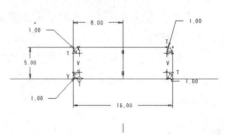

图5-131 绘制截面

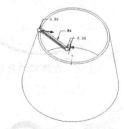

图5-132 扫描预览

10 选择扫描特征，单击【编辑】命令组中的【阵列】按钮，系统弹出【阵列】操控板，选择中心轴为阵列轴，项目数为6，角度为60°，阵列效果如图5-133所示。

11 单击【模型】选项卡的【基准】命令组中的【平面】按钮，选择TOP基准平面为参考面，设置距离为83，创建DTM1基准面预览效果，如图5-134所示。

12 选择DTM1为草绘平面，单击【草绘】选项卡中的【圆】按钮，绘制一个直径为55的圆作为扫描的路径，如图5-135所示。

图5-133　圆周阵列

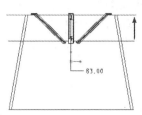

图5-134　创建基准面

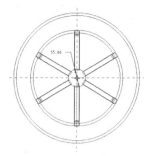

图5-135　扫描路径轮廓

13 单击【形状】工具命令组中的 【扫描】按钮，选择绘制的曲线为路径，单击【扫描】对话框中的 【绘制截面】按钮，绘制截面如图5-136所示。单击【确定】按钮，扫描预览结果，如图5-137所示。

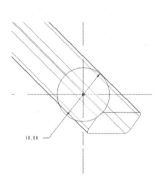

图5-136　绘制截面

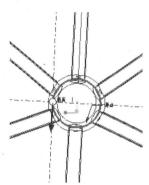

图5-137　扫描预览

14 单击【工程】命令组中的【倒圆角】按钮 ，系统弹出【倒圆角】操控板，按住Ctrl键选择如图5-138所示要倒圆角的对象，进入【集】选项卡，单击【完全倒圆角】按钮，再选择驱动曲面，单击【确定】按钮，结果如图5-139所示。

15 再次执行【圆角】命令，选择上圆边缘，倒角半径为1，结果如图5-140所示。

图5-138　选取需倒角的边

图5-139　倒圆角

图5-140　结果显示

5.8 课后练习

本节通过两个操作练习帮助读者加深对本课知识、要点的理解。

5.8.1　创建基座模型

创建如图5-141所示的基座。

图5-141　基座

操作提示：

01 创建拉伸体。单击【模型】选项卡的【形状】命令组中的【拉伸】按钮🗔，绘制拉伸截面，拉伸高度为160。

02 创建基准面。单击【基准】命令组中的【平面】按钮▱，选择拉伸体表面，设置距离为160。

03 创建拉伸体。单击【模型】选项卡的【形状】命令组中的【拉伸】按钮🗔，绘制拉伸截面，拉伸高度为30。

04 创建拉伸体。单击【模型】选项卡的【形状】命令组中的【拉伸】按钮🗔，绘制拉伸截面，拉伸高度为15。

05 创建筋。单击【工程】命令组中【筋】按钮▱右侧的▼按钮，绘制筋轮廓，对称创建，厚度为10。

06 倒圆角。单击【工程】命令组中的【倒圆角】按钮🗔，对基座倒圆角。

07 创建孔。单击【工程】命令组中的【孔】按钮🗔，创建孔。

08 创建基准面。单击【基准】命令组中的【平面】按钮▱，选择FRONT基准面为参考面，设置距离为40。

09 创建旋转体。单击【模型】选项卡的【形状】命令组中的【旋转】按钮❖ 旋转，绘制旋转体截面，创建旋转切除。其流程图如图5-142所示。

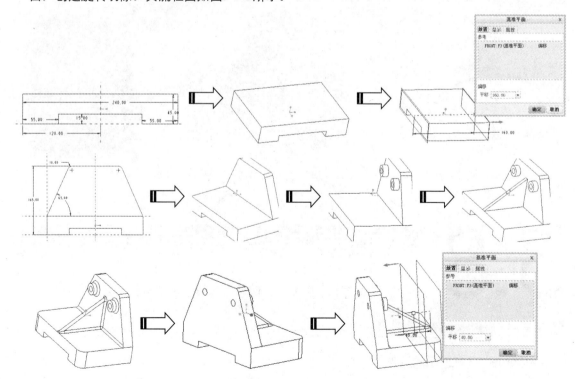

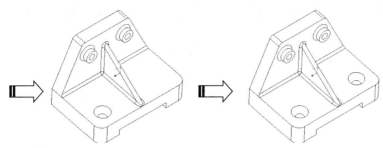

图5-142 流程图

5.8.2 创建电视机外壳模型

创建如图5-143所示的电视机外壳模型。

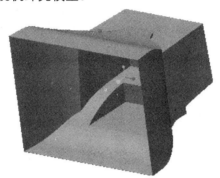

图5-143 电视机外壳

操作提示：

01 创建拉伸体。单击【模型】选项卡的【形状】命令组中的【拉伸】按钮，绘制拉伸截面，拉伸高度为320。

02 创建拉伸体。单击【模型】选项卡的【形状】命令组中的【拉伸】按钮，绘制拉伸截面，拉伸高度为250。

03 创建拉伸体。单击【模型】选项卡的【形状】命令组中的【拉伸】按钮，绘制拉伸截面，对称拉伸切除。

04 拔模。单击【工程】命令组中的【拔模】按钮，拔模角度为3°。

05 创建拉伸体。单击【模型】选项卡的【形状】命令组中的【拉伸】按钮，绘制拉伸截面，拉伸高度为200。

06 抽壳。单击【工程】命令组中的【抽壳】按钮，抽壳厚度为1。其流程图如图5-144所示。

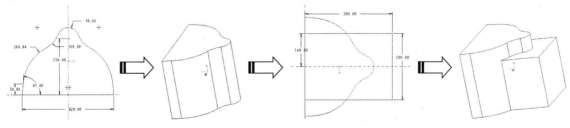

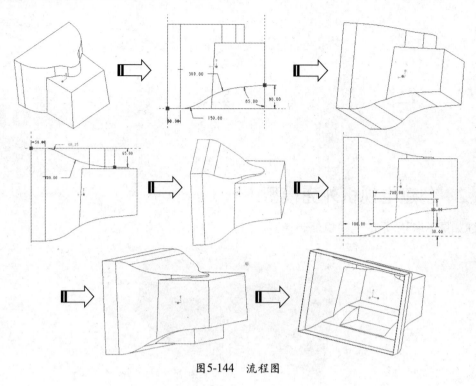

图5-144　流程图

第6课
重复和编辑特征

在Creo Parametric 2.0建模时，为了灵活地修改模型，创建的特征除了可以编辑参数，还可以调整特征之间的先后顺序。另外，生成多个相同实体时，无须逐一创建，可以使用复制、镜像、阵列等，快速地创建出多个相同的特征。本课主要介绍特征的复制、镜像、阵列、特征修改，以及图层的操作等内容。

【本课知识】

- 特征复制
- 特征阵列
- 特征镜像
- 特征的编辑
- 层的操作

6.1 特征复制

当创建完全相同的特征时，如果重复每一步操作来创建这个特征，费时费力。在Creo Parametric 2.0中，可以把一个或多个位置上的特征复制到另一个位置，简单而快捷地创建与原特征相同或相似的新特征。

6.1.1 特征复制概述

特征复制就是将已有特征重复生成，主要用于创建某个特征的副本。特征复制可分为相同参考复制、镜像复制、平移复制和新参考复制等。

执行【模型】|【操作】|【特征操作】命令，系统弹出【特征】菜单，如图6-1所示，选择【复制】选项。系统弹出【复制】菜单，如图6-2所示，该菜单用于设置复制特征的来源和方式等参数。

图6-1 【特征】菜单   图6-2 【复制特征】菜单

以下4个选项用于指定特征的复制方式。

★ 新参考：选择该选项，表示重新设定复制特征的所有参考，如放置位置、放置参考、尺寸标注参考等。

★ 相同参考：选择该选项，表示复制生成的新特征使用原特征的所有参考。

★ 镜像：选择该选项，表示产生与原特征关于选定参考完全对称的新特征。

★ 移动：选择该选项，表示将原特征按照指定方式进行位移和旋转以产生新的特征。

以下5个选项用于指定特征的来源。

★ 选取：选择该选项，表示从模型上直接选取特征。

★ 所有特征：选择该选项，表示选取整个模型上的所有特征进行复制。该选项只有在选择【镜像】和【移动】选项时，才会被激活。

★ 不同模型：选择该选项，表示从不同模型上选取特征进行复制。该选项只有在选择【新参考】选项时，才会被激活。

★ 不同版本：选择该选项，表示从模型的不同版本中选取特征进行复制。该选项只有在选择【新参考】和【相同参考】选项时，才会被激活。

★ 自继承：选择该选项，表示可以从继承特征中复制特征，其中继承特征可以是曲面或实体模型中的任何特征。该选项只有在选择【新参考】选项时，才会被激活。

以下2个选项用于指定复制后新特征与原特征之间的关系。

★ 独立：选择该选项，表示复制后的新特征与原特征之间没有联系。因此，对原特征的操作不会影响到新特征。

★ 从属：选择该选项，表示复制后的新特征与原特征之间存在父子关系。因此，对原特征的修改等操作都会反映到复制后的新特征上。

6.1.2 创建相同参考复制特征

下面通过实例讲解创建相同参考复制特征的基本方法。

【案例6-1】：创建相同参考复制特征

01 单击【快速访问】工具栏中的【打开】按钮 ，打开"第6课\6-1相同参考复制特征.prt.1"文件，如图6-3所示。

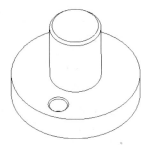

图6-3 创建相同参考复制特征示例

02 执行【模型】选项卡中【操作】命令组下的【特征操作】命令，系统弹出【特征】菜单。选择【复制】选项，接着系统弹出【复制特征】菜单，在其中执行【相同参考】|【选择】|【独立】|【完成】命令。

03 系统弹出【选择特征】菜单，如图6-4所示。根据系统提示，在绘图区内选择实体模型上创建圆孔特征。选择【完成】选项，系统弹出如图6-5所示的【组可变尺寸】菜单和如图6-6所示的【组元素】对话框。

04 在【组可变尺寸】菜单中选中Dim5和Dim6复选框，如图6-7所示，再选择【完成】选项。

图6-4 【选取特征】菜单　图6-5 【组可变尺寸】菜单　图6-6 【组元素】对话框　图6-7 选取参考尺寸

05 系统弹出【输入Dim5】信息提示文本框，输入-18，如图6-8所示，再按Enter键。接着系统弹出【输入Dim6】信息提示文本框，输入0，并按Enter键。

图6-8 【输入Dim5】信息提示文本框

06 设置完参考尺寸后，在如图6-9所示的【组元素】对话框中，单击【确定】按钮，即可创建相同参考复制特征，结果如图6-10所示。

 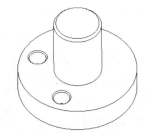

图6-9 【组元素】对话框　　图6-10 创建相同参考复制特征

135

6.1.3 创建镜像复制特征

通过镜像方式复制特征，就是将原特征相对于一个平面进行对称复制，从而得到与原特征相同的新特征。

下面通过实例讲解创建镜像复制特征的基本方法。

【案例6-2】：创建镜像复制特征

01 单击【快速访问】工具栏中的【打开】按钮 🖼 ，打开"第6课\6-2镜像复制特征.prt.1"文件，如图6-11所示的图形。

02 执行【模型】选项卡中【操作】命令组下【特征操作】命令，系统弹出【特征】菜单，选择【复制】选项。接着系统弹出【复制特征】菜单，在其中执行【镜像】|【选择】|【独立】|【完成】命令，如图6-12所示。

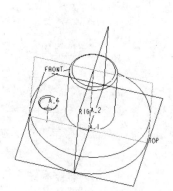

图6-11　创建镜像复制特征示例　　图6-12　【复制特征】菜单

03 系统弹出【选择特征】菜单，如图6-13所示。根据系统提示，在绘图区内选择实体模型上的圆孔特征，再选择【完成】选项。

04 系统弹出【设置平面】菜单，如图6-14所示。选择【平面】选项，根据系统提示选择一个平面或创建一个基准以其作镜像，选择基准平面RIGHT作为镜像参考面，即可创建镜像复制特征，结果如图6-15所示。

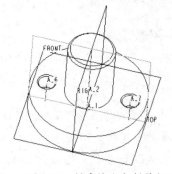

图6-13　【选取特征】菜单　　图6-14　【设置平面】菜单　　图6-15　创建镜像复制特征

6.1.4 创建移动复制特征

移动复制特征与镜像复制特征的操作方法相似，都是在【复制】菜单中选择指定的选项进行设置。移动复制又分平移复制和旋转复制两种，其中旋转复制与平移复制的操作方法相同。

在选择复制原特征后，系统弹出【移动特征】菜单，如图6-16所示，执行【旋转或平移】|【完成】命令，系统弹出【选择方向】菜单，如图6-17所示，这两个菜单中各选项的含义如下。

★ 平移：选择该选项，表示以指定平移方向来移动复制原特征，此选项需要输入偏距距离值。

★ 旋转：选择该选项，表示以指定旋转方向来旋转复制原特征，此选项需要输入旋转角度。

图6-16 【移动特征】菜单　　　　图6-17 【选择方向】菜单

★ 平面：选择该选项，表示通过选择一个平面，或绘制与该方向垂直的新基准平面。

★ 曲线/边/轴：选择该选项，表示通过选择曲线、边或轴作为旋转方向。如果选择非线性边或曲线，则系统提示选择该边或曲线上的一个现有基准点来指定方向。

★ 坐标系：选择该选项，表示通过选择坐标系的一个轴作为方向，然后输入这种坐标系类型的平移值。

下面通过实例讲解创建移动、旋转复制特征的基本方法。

【案例6-3】：创建移动复制特征

01 单击【快速访问】工具栏中的【打开】按钮 ☞，打开"第6课\6-3移动复制特征.prt.1"文件，如图6-18所示。

02 执行【模型】选项卡中【操作】命令组下【特征操作】命令，系统弹出【特征】菜单，选择【复制】选项。系统弹出【复制特征】菜单，执行【移动】|【选择】|【独立】|【完成】命令，如图6-19所示。

03 系统弹出【选择特征】菜单，如图6-20所示。根据系统提示，在图形区内选择实体模型上的圆孔特征，再选择【完成】选项。

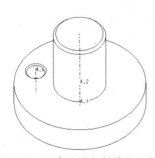

图6-18 创建移动复制特征示例　　　图6-19 【复制特征】菜单　　　图6-20 【选取特征】菜单

04 系统弹出【移动特征】菜单，选择【旋转】选项。系统弹出【选取方向】菜单，选择【曲线/边/轴】选项。

05 根据系统提示选择一边或轴作为所需的方向，在绘图区内选择A_2轴作为旋转轴。系统弹出【方向】菜单，如图6-21所示，且绘图内的实体模型上显示出一个红色的箭头，如图6-22所示。

06 选择【确定】选项，系统弹出【输入旋转角度】信息提示文本框，输入120，如图6-23所示，再按Enter键。

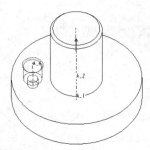

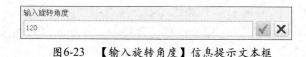

图6-21　【方向】菜单　　　图6-22　绘图区变化　　　图6-23　【输入旋转角度】信息提示文本框

07 设置完旋转角度后，选择【移动特征】菜单中的【完成移动】选项，系统显示圆孔特征的所有尺寸，如图6-24所示，并弹出【组可变尺寸】菜单，如图6-25所示。

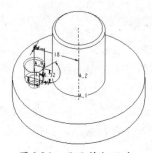

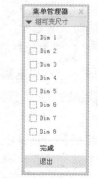

图6-24　显示特征尺寸　　　图6-25　【组可变尺寸】菜单

08 在这里不需要修改任何参数，直接选择【完成】选项即可。在如图6-26所示的【组元素】对话框中，单击【确定】按钮，即可创建移动旋转复制特征，结果如图6-27所示。

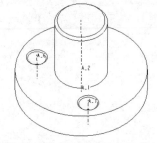

图6-26　【组元素】对话框　　　图6-27　创建移动旋转复制特征

6.1.5　创建新参考复制特征

新参考复制是通过重新定义特征的参考来复制原特征，其中定义的新放置和位置参考主要依据可编辑或定义的尺寸参数和参考对象来实现。

在复制完原特征和编辑完相应的可变尺寸参数后，系统弹出【参考】菜单，如图6-28所示，该选菜单中各选项的含义如下。

★ 替代：选择该选项，表示可以使用新的参考替代原来的参考。

★ 相同：选择该选项，表示新特征参考与原特征参考相同。

★ 跳过：选择该选项，表示可以跳过当前参考，但以后可重定义参考。

图6-28　【参考】菜单

★ 参考信息：选择该选项，可以提供解释放置参考的信息。

下面通过实例讲解创建新参考复制特征的基本方法。

【案例6-4】：创建新参考复制特征

01 单击【快速访问】工具栏中的【打开】按钮 📂，打开"第6课\6-4创建新参考复制特征.prt.1"文件，如图6-29所示。

03 执行【模型】选项卡中【操作】命令组下的【特征操作】命令，系统弹出【特征】菜单，选择【复制】选项。系统弹出【复制特征】菜单，执行【新参考】|【选择】|【独立】|【完成】命令，如图6-30所示。

03 系统弹出【选择特征】菜单，如图6-31所示，根据系统提示，在图形区内选择实体模型上的圆孔特征，再选择【完成】选项。

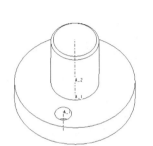

图6-29 创建新参考复制特征实例　图6-30 【复制特征】菜单　图6-31 【选择特征】菜单

04 系统显示了圆孔特征的所有尺寸，如图6-32所示，并弹出【组可变尺寸】菜单。选中其中的Dim1、Dim2、Dim3、Dim4、Dim5和Dim6复选框，如图6-33所示，再选择【完成】选项。

05 系统弹出【输入Dim1】信息提示文本框，输入7，并按Enter键；输入Dim2的尺寸值为10，并按Enter键；输入Dim3的尺寸值为2.5，并按Enter键；输入Dim4的尺寸值为25，并按Enter键；输入Dim5的尺寸值为0，并按Enter键；输入Dim6的尺寸值为0，并按Enter键。

06 系统弹出【参考】菜单，选择【替代】选项。根据系统提示【选取圆孔特征】放置参考，选择如图6-34所示的实体模型表面，再执行【相同】|【相同】命令。

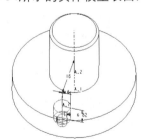

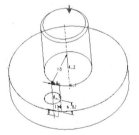

图6-32 显示特征尺寸　图6-33 【组可变尺寸】菜单　图6-34 替换参考

07 系统提示给孔选取位置，单击实体模型表面，系统弹出【组放置】菜单，如图6-35所示。选择其中的【完成】选项，即可创建新参考复制特征，结果如图6-36所示。

图6-35 【组放置】菜单　图6-36 创建新参考复制特征

139

6.2 特征阵列

所谓"阵列"就是将一定数量的几何元素或实体，按照一定的方式进行规则有序的排列。在Creo Parametric 2.0中进行特征阵列时，不必先创建多个特征，只需创建一个父特征。然后选取一种阵列方式，系统按照该排列方式，生成一系列的与父特征相同，或相似的子特征排列。

6.2.1 【阵列】操控板

在零件模型窗口中，选择所需阵列的特征，单击【编辑】命令组中的【阵列】按钮，系统弹出【阵列】操控板，如图6-37所示。该操控板中各选项的含义如下。

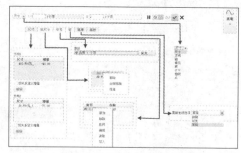

图6-37 【阵列】操控板

1. 阵列方式

在操控板【尺寸】选项右侧的下拉列表中，可以选择生成阵列的方式。该下拉列表中各选项的含义如下。

★ 尺寸：该方式是通过选择阵列特征的定位尺寸，决定阵列方向和阵列参数，其中阵列特征必须有清晰的定位和尺寸。

★ 方向：该方式是通过在一个或两个选取的方向参考上添加阵列成员来创建阵列特征。

★ 轴：该方式是通过围绕一条选定的旋转轴来创建阵列特征。

★ 填充：该方式是在指定的实体模型表面，或表面的部分区域生成均匀的阵列特征。

★ 表：该方式是以表格的方式设定阵列特征的空间位置和尺寸，从而创建出阵列特征。

★ 参考：该方式是指借助已有的特征创建新的阵列特征。其中，参考阵列的特征必须与已有阵列的原实体之间具有定位的尺寸关系。

★ 曲线：该方式是通过指定阵列特征之间的距离或特征数量，并沿草绘的曲线来创建阵列特征。

2. 【尺寸】选项卡

单击【阵列】操控板中的【尺寸】按钮，系统弹出【尺寸】选项卡。单击激活【方向1】和【方向2】收集器，然后再通过【尺寸】或【方向】方式定义第1方向、第2方向的尺寸和增量值。

3. 【表尺寸】选项卡

该选项卡只有在选择的阵列方式为【表】选项时，才会被激活。单击【阵列】操控板中的【表尺寸】按钮，系统弹出【表尺寸】选项卡。在该选项卡中单击激活收集器，执行移除操作。

4. 【参考】选项卡

该选项卡只有在选择的阵列方式为【填充】或【曲线】选项时，才会被激活。单击【阵列】操控板中的【参考】按钮，系统弹出【参考】选项卡。在该选项卡中单击【定义】按钮，进入草绘工作环境。

5.【表】选项卡

该选项卡只有在选择的阵列方式为【表】选项时，才会被激活。单击【阵列】操控板中的【表】按钮，系统弹出【表】选项卡。在该选项卡中单击鼠标右键，在弹出的右键快捷菜单中添加、删除或编辑表格。

6.【选项】选项卡

单击【阵列】操控板中的【选项】按钮，系统弹出【选项】选项卡。在该选项卡中可以通过下列3种方式来实现特征阵列的再生。

★ 相同：该方式是阵列形式中最简单的一种再生方式，能以最快的速度生成特征阵列。在生成过程中，所有阵列特征都放置在同一个曲面上，且不能与所在表面的边界相交。阵列中各个特征的形状尺寸都相同，且彼此之间互不相交。

★ 可变：该方式是阵列形式中较复杂的一种再生方式，生成速度一般。生成过程中，可以改变阵列的特征尺寸，且特征可在不同的表面上，但特征之间也不能相交。

★ 常规：该方式是阵列形式中最复杂的一种再生方式，生成速度最慢，但适应性最好。系统对阵列的实体和结果不作要求，但是将计算每一个实体的几何形状和每一个特征的相交情况。

6.2.2 尺寸阵列

尺寸阵列是通过选择特征的定位尺寸，决定阵列方向和阵列参数，其中的对象具有确定的定位尺寸。

下面通过实例讲解创建尺寸特征阵列的基本方法。

【案例6-5】：尺寸阵列

01 单击【快速访问】工具栏中的【打开】按钮 ☑，打开"第6课\6-5尺寸阵列.prt.1"文件，如图6-38所示。

02 在图形区内选取所需阵列的圆孔特征，单击【编辑】命令组中的【阵列】按钮 ⊞，系统弹出如图6-39所示的【阵列】操控板，并提示选择要在第一方向上改变的尺寸。

图6-38 尺寸特征阵列实例 　　　　图6-39 【阵列】操控板

03 单击【阵列】操控板中的【尺寸】按钮，系统弹出【尺寸】选项卡。在选项卡中单击激活【方向1】收集器。根据系统提示，选择尺寸值为70的作为第一方向上所需改变的尺寸，并在【增量】文本框中输入-140，按Enter键，如图6-40所示。

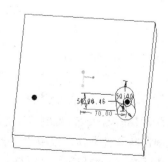

图6-40 选取第一方向尺寸

04 在选项卡中单击激活【方向2】收集器，选择尺寸值为50的作为第二方向上所需改变的尺寸。在【增量】文本框中输入-100，再按Enter键，如图6-41所示。

05 在操控板中输入方向1的阵列数量为2，方向2的阵列数量为2。单击操控面板中的【确定】按钮 ✓，结果如图6-42所示。

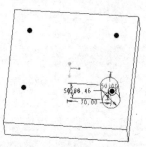

图6-41 选取要在第二方向上改变尺寸　　　　　　　　　图6-42 尺寸阵列

6.2.3 可变尺寸轴阵列

可通过改变实例之间的间距，以及实例的大小生成阵列。在可变尺寸阵列中，须指定多个尺寸。其中，增量的正值或负值决定了实例增加的方向。

下面通过实例讲解创建可变尺寸轴阵列的基本方法。

【案例6-6】：可变尺寸轴阵列

01 单击【快速访问】工具栏中的【打开】按钮 ☞，打开"第6课\6-6可变尺寸轴阵列.prt.1"文件，如图6-43所示。

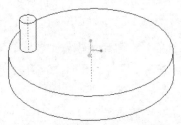

图6-43 可变尺寸轴阵列实例

02 在图形区选取所需阵列的圆柱特征，单击【编辑】命令组中的【阵列】按钮 ⊞，系统弹出【阵列】操控板。单击【尺寸】选项右侧的下拉按钮，弹出下拉列表，选择其中的【轴】选项，如图6-44所示。

03 根据系统提示选择基准轴来定义阵列中心，在绘图区内选择基准轴A_1作为阵列中心。在操控板中输入方向1的阵列数量为6，阵列角度为60，方向2的阵列数量为3，阵列距离为40，如图6-45所示。

图6-44 【阵列】操控板　　　　　　　　　　　图6-45 设置阵列参数

04 单击【阵列】操控板中的【尺寸】按钮，系统弹出【尺寸】选项卡。在选项卡单击激活【方向2】收集器，再根据系统提示，选择尺寸值为φ30作为第二方向上所需改变的尺寸。在【增量】文本框中输入-5，如图6-46所示，再按Enter键。

05 单击【阵列】操控板中的【选项】按钮，在弹出的【选项】选项卡中单击【可变】单选框。单击【阵列】操控板中的【确定】按钮 ✓，完成【阵列】操作，结果如图6-47所示。

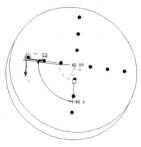
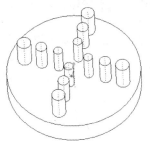

图6-46　设置可变尺寸　　　　　　　　　　　图6-47　轴阵列特征

6.2.4　方向阵列

　　方向阵列是通过在一个或两个选取的方向参考上，添加阵列成员来创建阵列特征。其中，方向参考可是基准平面、实体边、实体面、坐标系或轴等。在方向阵列中，可以通过拖动每个方向的放置手柄，调整阵列成员之间的距离。

　　下面通过实例讲解方向阵列特征的创建方法。

　　【案例6-7】：方向阵列

01 单击【快速访问】工具栏中的【打开】按钮 ☞，打开"第6课\6-7方向阵列.prt.1"文件，如图6-48所示。

02 在图形区选取所需阵列的圆柱特征，单击【编辑】命令组中的【阵列】按钮，系统弹出【阵列】操控板。单击【尺寸】选项右侧的三角按钮，在弹出的下拉列表中，选择【方向】选项，如图6-49所示。

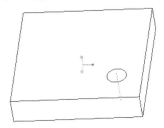

图6-48　方向阵列特征实例

图6-49　【阵列】操控板

03 根据系统提示选择平面、平整面、直边、坐标系或轴定义第一方向，选择基准平面RIGHT作为第一方向参考，单击【反向第一方向】按钮，然后输入第一方向的阵列数量为4，阵列距离为40，如图6-50所示。

04 在操控板中单击激活【第二方向参考】收集器。根据系统提示，选择基准平面FRONT作为第二方向参考，单击【反向第二方向】按钮，输入第二方向的阵列数量为3，阵列距离为60，如图6-51所示。

05 设置完阵列参数后，单击【阵列】操控板中的【确定】按钮，完成【阵列】操作，结果如图6-52所示。

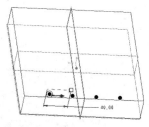
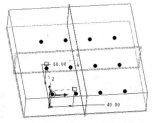
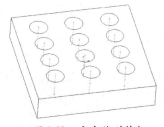

图6-50　设置第一方向阵列参数　　　图6-51　设置第二方向阵列参数　　　图6-52　方向阵列特征

6.2.5 填充阵列

填充阵列是在指定的实体模型表面，或表面的部分区域生成均匀的阵列特征。一般用于工程领域的修饰性操作，如防滑纹理等。

下面通过实例讲解填充阵列特征的创建方法。

【案例6-8】：填充阵列

01 单击【快速访问】工具栏中的【打开】按钮 🖝，打开"第6课\6-8填充阵列.prt.1"文件，如图6-53所示。

02 在图形区内选取所需阵列的三角孔特征，单击【编辑】命令组中的【阵列】按钮 ⊞，系统弹出【阵列】操控板。单击【尺寸】选项右侧的三角按钮，弹出下拉列表，选择其中的【填充】选项，如图6-54所示。

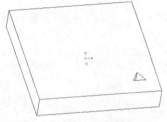

图6-53 填充阵列特征实例

图6-54 【阵列】操控板

03 单击操控板中的【参考】按钮，在弹出的【参考】选项卡中单击【定义】按钮，选择如图6-55所示的表面作为草绘平面。草绘参考和方向均按系统默认，如图6-56所示，单击【草绘】按钮。

图6-55 选取草绘平面

图6-56 【草绘】对话框

04 系统进入草绘工作环境，单击【草绘】选项卡中的【直线】按钮 ⋀，绘制出如图6-57所示的草绘截面，单击【确定】按钮 ✔。

05 完成曲线绘制后，返回【阵列】操控板，在阵列距离文本框中输入35，单击【确定】按钮 ✔，即可完成创建，结果如图6-58所示。

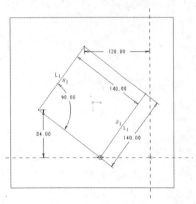

图6-57 绘制草绘截面

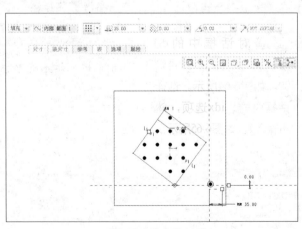

图6-58 填充阵列特征

6.2.6 表阵列

表阵列是以表格的方式设定阵列特征的空间位置和尺寸，创建出阵列特征。相对于尺寸阵列而言，表阵列更为灵活，而且表阵列中的实体大小可以不同。

下面通过实例讲解表阵列特征的创建方法。

【案例6-9】：表阵列

01 单击【快速访问】工具栏中的【打开】按钮 ，打开"第6课\6-9表阵列.prt.1"文件，如图6-59所示。

02 在图形区内选取所需阵列的圆柱特征，单击【编辑】命令组中【阵列】按钮 ，系统弹出【阵列】操控板。单击【尺寸】选项右侧的三角按钮，弹出下拉列表，选择其中的【表】选项，如图6-60所示。

03 根据系统提示选择要添加到阵列表的尺寸，再按住Ctrl键依次选取尺寸值为20和20作为阵列的控制尺寸，如图6-61所示。

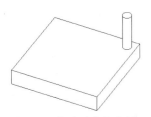

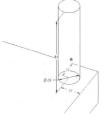

图6-59 表阵列特征实例　　　　　　图6-60 【阵列】操控板　　　　　图6-61 选取阵列控制尺寸

04 单击操控板中的【编辑】按钮，系统弹出如图6-62所示的Pro/TABLE对话框，选择其中的d20（20.00）选项，然后再输入80，如图6-63所示。

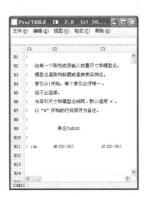

图6-62 Pro/TABLE对话框　　　　图6-63 设置参考尺寸

05 选择对话框中的d19（20.00）选项，然后再输入80，如图6-64所示。选择对话框中的！idx选项，然后再输入1，如图6-65所示。

图6-64 设置参考尺寸　　　　图6-65 阵列成员编号

06 在Pro/TABLE对话框中输入
实例参数（每一行代表一
个阵列成员），如图6-66所
示。关闭对话框，单击操控
板中的【确定】按钮 ✓，结
果如图6-67所示。

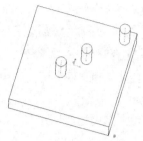

图6-66　Pro/TABLE对话框　　　　　　图6-67　表阵列特征

6.2.7　参考阵列

参考阵列是指借助已有的特征创建新的阵列特征，其中参考阵列的特征，必须与已有阵列
的原实体之间具有定位的尺寸关系。

下面通过实例讲解参考阵列特征的创建方法。

【案例6-10】：参考阵列

01 单击【快速访问】工具栏中的【打开】按钮 ☞ ，打开"第6课\6-10参考阵列.prt.1"文件，如图
6-68所示。

02 在图形区内选取所需阵列的拉伸与倒圆角特征（两个特征创建成组），单击【编辑】命令组中的【阵
列】按钮 ，系统弹出【阵列】操控板。操控板参数设置，如图6-69所示。

03 单击【阵列】操控板中的【确定】按钮 ✓ ，即可完成参考阵列特征的创建，结果如图6-70所示。

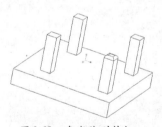

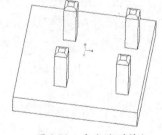

图6-68　参考阵列特征　　　　　　图6-69　【阵列】操控板　　　　　　图6-70　参考阵列特征

6.2.8　曲线阵列

曲线阵列是通过指定阵列特征之间的距离或特征数量，并沿草绘的曲线来创建阵列特征。
与填充阵列类似，都需要通过草绘图形来限制阵列的范围。

下面通过实例讲解曲线阵列特征的创建方法。

【案例6-11】：曲线阵列

01 单击【快速访问】工具栏中的【打开】按钮 ☞ ，打开"第6课\6-11曲线阵列.prt.1"文件，如图
6-71所示。

02 在图形区选取所需阵列的圆柱特征，单击【编辑】命令组中的【阵列】按钮 ，系统弹出【阵
列】操控板。单击【尺寸】选项右侧的三角按钮，弹出下拉列表，选择其中的【曲线】选项，
如图6-72所示。

图6-71 曲线阵列特征

图6-72 【阵列】操控板

03 单击操控板中的【参考】按钮，在弹出的【参考】选项卡中单击【定义】按钮，选择如图6-73所示的表面作为草绘平面。草绘参考和方向均按系统默认，如图6-74所示，单击【草绘】按钮。

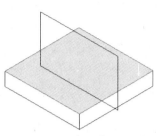

图6-73 选取草绘平面

图6-74 【草绘】对话框

04 系统进入草绘工作环境，单击【草绘】选项卡中的【样条】按钮 ∿，绘制出如图6-75所示的草绘截面，再单击【确定】按钮 ✔。曲线阵列时，为方便控制，可先画好阵列的曲线，然后再画出所需阵列的特征。

05 完成曲线绘制后，返回【阵列】操控板，在阵列距离文本框中输入40。单击【确定】按钮 ✔，即可完成创建，结果如图6-76所示。

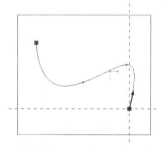

图6-75 绘制草绘截面

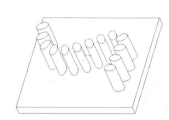

图6-76 曲线阵列特征

6.3 镜像特征

镜像特征实际上就是复制特征中的镜像复制，也是以参考面或者对称中心线作为参考，复制出原对象的副本。

镜像后的两部分实际之间具有关联关系，如果改变镜像操作的源对象，镜像生成的对象也会发生相应的改变。但镜像后的特征之间的关联性，仅针对将源特征进行编辑或编辑定义等操作而言，对于在源特征上添加新的特征，镜像后的副本并不会相应的改变，例如对源特征进行倒圆角、倒角及打孔等操作时，这些特征不会影响到副本。除了镜像特征几何体，镜像操作还允许复制镜像平面周围的曲面、曲线和基准特征等。

下面通过实例讲解镜像特征的创建方法。

【案例6-12】：镜像特征

01 单击【快速访问】工具栏中的【打开】按钮 📂，打开"第6课\6-12镜像特征.prt.1"文件，如图6-77所示。

02 在图形区内选择圆柱特征，单击【编辑】命令组中的【镜像】按钮，系统弹出【镜像】面板，如图6-78所示。

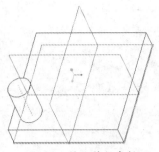

图6-77　镜像特征素材　　　　　　　　　　　图6-78　【镜像】操控面板

03 根据系统提示选择要相对于其进行镜像的平面，然后在绘图区内选择基准平面FRONT作为镜像平面，如图6-79所示。

04 选择完镜像平面后，单击【镜像】操控板中的【确定】按钮，即可完成镜像操作，结果如图6-80所示。

05 选取两圆柱特征，再按同样的方法选择基准平面RIGHT作为镜像参考进行镜像，结果如图6-81所示。

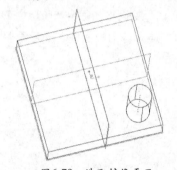
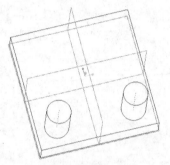
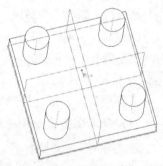

图6-79　选取镜像平面　　　　　　图6-80　镜像特征　　　　　　图6-81　镜像特征

06 如果修改原特征，镜像特征的尺寸与原特征将保持一致。在模型树上选中镜像原特征并单击鼠标右键，在弹出的右键快捷菜单中选择【编辑】选项，如图6-82所示。

07 此时，在绘制区内将显示出原特征的所有尺寸，如图6-83所示。双击φ50的尺寸值，并输入60，按Enter键。在图形空白处区双击，即可再生实体模型，结果如图6-84所示。

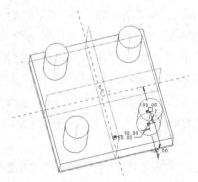
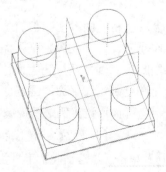

图6-82　右键菜单　　　　　　図6-83　绘图区变化　　　　　　图6-84　修改原特征效果

6.4 特征修改

在Creo Parametric 2.0中，特征是模型建立或存取的单元，因此可以根据需要调整特征的顺序。另外，还可以对已有的特征进行尺寸、截面修改等操作。.

6.4.1 调整特征顺序

调整特征顺序，就是指将插入的新特征或其他特征拖至新位置，从而改变特征在实体建模过程中的次序。在调整特征顺序时，需要注意的是，在特征之间存在父子关系时，不能将子特征拖至其父特征的前面。

1.通过使用【重新排序】命令排序

利用【重新排序】命令进行排序，避免了在模型树中重复的移动操作。它可以直接将特征调整到合适的位置，尤其是对于特征比较多的模型，能够快速地查看特征信息，同时提高了建模型的效率。

2.通过模型树进行排序

在模型树中拖动特征节点到新的位置，即可改变该特征节点在特征序列中的位置。但特征节点的移动必须满足一个条件，即两个特征之间不存在父子关系。

下面我们通过实例讲解调整特征顺序的方法。

【案例6-13】：调整特征顺序

01 单击【快速访问】工具栏中的【打开】按钮 ，打开"第6课\6-13特征编辑.prt.1"文件，如图6-85所示。

02 选择【模型】选项卡的【操作】命令组下的【特征操作】命令，系统弹出【特征】菜单，如图6-86所示。选择其中的【重新排序】选项，系统弹出【选择特征】菜单，如图6-87所示。

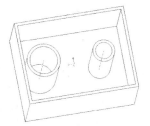
图6-85　特征编辑素材

图6-86　【特征】菜单

图6-87　【选择特征】菜单

03 根据系统提示选择要重新排序的特征，在【模型树】窗口中选择【壳1】选项，如图6-88所示。在【选择特征】菜单中选择【完成】选项，系统弹出【顺序】菜单管理器，选择选项如图6-89所示，选中【草绘3】选项，选择其中的【完成】选项，即可调整特征的排序，结果如图6-90所示。

图6-88　【模型树】窗口

图6-89　【顺序】菜单管理器

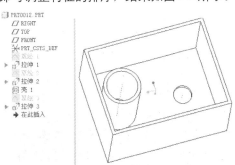
图6-90　调整特征的排序

04 也可以直接在【模型树】窗口中选择壳特征，按住鼠标左键并拖曳，如图6-91所示。拖至拉伸2特征前，再释放鼠标左键，结果如图6-92所示。

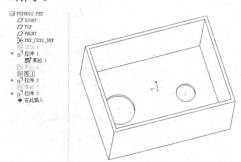

图6-91 选取排序特征　　　　　　　　图6-92 在模型树中重新排序

6.4.2 插入特征

　　插入特征是在模型树中插入一个新特征，或者在原有特征上插入一个子特征。插入特征不是严格按照模型树的次序新建特征，而是由于先前设计时考虑不全面，后期需要在模型树中某个位置补充一个新特征。

　　下面通过实例讲解插入特征的创建方法。

【案例6-14】：插入特征

01 单击【快速访问】工具栏中的【打开】按钮 ，打开"第6课\6-13特征编辑.prt.1"文件，如图6-93所示。

02 执行【模型】|【操作】|【特征操作】命令，系统弹出【特征】菜单，选择【插入模式】选项。系统弹出【插入模式】菜单，如图6-94所示，选择【激活】选项。

03 根据系统提示选择在其后插入的特征，在【模型树】窗口中选择【拉伸1】选项，如图6-95所示。

图6-93 特征编辑素材　　　图6-94 【插入模式】菜单　　　图6-95 插入特征

04 单击【工程】命令组中的【倒圆角】按钮 ，选择如图6-96所示的边作为倒圆参考边。在【倒圆角】操控板中输入倒圆角半径值为20，单击【确定】按钮 ，结果如图6-97所示。

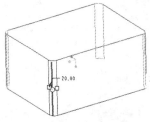

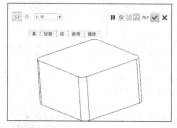

图6-96 选取倒圆角边　　　　　　　　图6-97 倒圆角

05 在【模型树】窗口中选择【在此插入】选项，并单击鼠标右键，如图6-98所示。在弹出的右键快捷菜单中选择【取消】选项，系统弹出【是否在激活插入模式时恢复隐藏的特征】信息提示

文本框，单击【是】按
钮，结果如图6-99所示。

图6-98 选取在此插入选项　　　　　图6-99 插入特征

6.4.3 修改特征

在Creo 中，特征都具有参数化的特性，可以随时进行修改，灵活地改变特征的位置、尺寸等特性。

在模型树中，选择某个特征，然后单击鼠标右键，系统弹出快捷菜单，如图6-100所示，其中包括了各种特征修改方式，不同的修改操作，对特征影响也不相同。下面分别介绍了各种修改命令的作用。

图6-100 右键快捷菜单

★ 删除：将选取的特征永久删除，包括该特征的保存文件。
★ 隐含：将选取的几何特征从模型树中暂时删除，但仍存在该特征文件。
★ 重命名：对当前窗口中的活动特征进行重命名，以便另存该文件。
★ 编辑：在三维环境中修改尺寸参数，从而改变特征形状。
★ 编辑定义：对特征的生成截面、生成方向，以及各种其他参数重定义。
★ 编辑参考：对待特征生成的草绘平面、视图方向和视角参考重定义。
★ 阵列：以矩形布置或环行布置的方式阵列复制选取的特征。
★ 设置注解：对创建的特征进行文本性注释说明。
★ 信息：查看生成特征的一些技术性参数、精度、材料，以及其他属性。
★ 隐藏：将选取的特征从活动窗口隐藏，但仍保留在模型树中。
★ 编辑参数：对选取特征的关键性参数进行属性编辑。

下面通过实例讲解在右键快捷菜单选择【编辑】选项来修改特征的方法。

【案例6-15】：修改特征

01 单击【快速访问】工具栏中的【打开】按钮 ，打开"第6课\6-13特征编辑.prt.1"文件，如图6-101所示。

02 在模型树窗口中选择【拉伸2】选项，再单击鼠标右键，在弹出的右键快捷菜单中选择【编辑】选项。此时，绘图内将显示出拉伸2特征的所有尺寸，如图6-101所示。

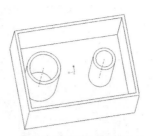
图6-101　特征编辑素材

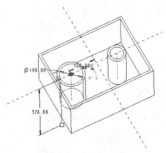
图6-102　绘图区变化

03 在图形区内双击φ100的尺寸值，在弹出的尺寸文本框中输入150，并按Enter键，如图6-103所示。在图形区空白处双击即可结束修改，如图6-104所示。

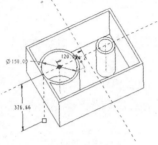
图6-103　修改尺寸

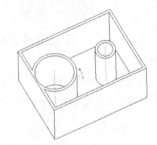
图6-104　结果显示

6.5　层的操作

层是一种有效的管理工具，可以对模型的基准点、基准线、基准面，以及零件等要素进行一体化管理，对某个层中的要素进行显示、遮蔽、选择和隐含等操作。通过组织模型要素并用层来归类，可以使很多任务简化，提高可视化程度，从而提高工作效率。

6.5.1　层的基础知识

层就是一组对象的归类，包括：模型项目、参考平面、绘制实体、绘制的尺寸等元素。层主要功能是隐藏或显示某一特定类型的对象，使观察的对象清晰、明了。

1.进入层窗口的方式

进入层窗口是进行层操作的基础。在Creo Parametric 2.0中，有两种方式可以进入层的操作窗口。

利用导航卡进入：单击【模型树】右侧的按钮，系统弹出如图6-105所示的下级菜单，选择【层树】选项，即可进入层的操作窗口，如图6-106所示。

图6-105　下级菜单

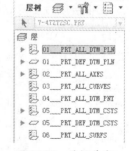
图6-106　层操作窗口

选择【视图】选项卡，单击【可见性】命令组中的【层】按钮，进入层操作窗口。

2.选取活动对象

在一个总的组件中，总组件和其他各级组件有各自的层树。所以在组件模式下，在进行层操作前，要明确是在哪一级的模型中进行层操作。要进行层操作的模型称为"活动对象"。因此，在进行层的新建、删除等操作之前，必须先选取活动对象。

6.5.2 层操作

正确、有效地进行层操作，可以提高可视化程度和建模效率。层操作主要有创建层、修改层、编辑层规则、添加注释等。

1. 创建新层

在建模过程中，有时需要隐藏某些内容，但又需要保留诸如特征、尺寸、注释和几何公差等要素。此时可以新建一个层，将要隐藏的对象添加到新层中，然后将层隐藏。

在层树的空白处单击鼠标右键，在弹出的快捷菜单中选择【新建层】选项，系统弹出【层属性】对话框。在该对话框中设置层的名称，单击【确定】按钮，即可创建新层，如图6-107所示。

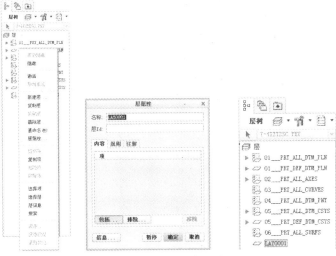

图6-107　创建新层

2. 添加与修改层

对于新建的层，可以通过【层属性】对话框添加特征及零件对象、改变图层显示状态，以及忽略模型中层的状态。下面以添加对象为例介绍修改层的操作方法。

选择新建的层，单击【层】按钮，在弹出的菜单中选择【层属性】选项，系统弹出【层属性】对话框。选择相应的层，单击【包括】或【排除】按钮来决定是否添加该层，如图6-108所示。在【层属性】对话框中选取某个对象，单击【移除】按钮，则该选项被删除。

图6-108　层的添加与修改

3.编辑层规则

如果用户希望添加多个具有相同特性的项目，可以切换到【规则】选项卡，单击其中的【选项】按钮，在弹出的菜单中选择【独立】选项，激活【编辑规则】按钮。单击该按钮，即可打开【规则编辑器】对话框，如图6-109所示。

图6-109　打开【规则编辑器】对话框

在【规则编辑器】对话框中，用户可以设置限制条件，如对象的名称、类型、选取表达式及比较值等，从而查找对象。单击【预览结果】按钮，即可进行搜索。

4.添加注释

如图6-110所示，在【注释】选项卡中为层添加文本注释。这些注释可以在对话框的文本框中手动输入，如图6-111所示，也可以单击【插入】按钮，导入外部文件。另外，单击【拭除】按钮，可删除文本框中的文本；单击【保存】按钮可以将其保存。

图6-110　【注释】选项卡　　　　图6-111　输入注释

5.层的设置

层状态文件是控制模型的层和层显示状态的文件，用户可以将它保存起来，便于检索和用于其他对象的模型。

单击【层】操作窗口中的【设置】按钮，系统弹出如图6-112所示的菜单，该菜单中各选项的含义如下。

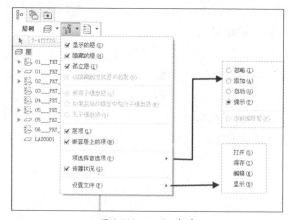

图6-112　下级菜单

★　显示层：在层树中列出显示层。

★　隐藏层：在层树中列出隐藏层。

★　孤立层：在层树中列出隔离层。

★　以隐藏线的方式显示的层：在层树中列出以隐藏线的方式显示的层。

★　所有子模型层：显示活动对象及所有相关子模型的各层。

★　如果在活动模型中则为子模型层：显示所有相关子模型中的活动对象层。

★ 无子模型层：仅显示活动对象的各层。
★ 层项目：在树中列出的层项目。
★ 嵌套层上的项目。
　　忽略：忽略非本地项目选项。
　　添加：如果相同名称的子模型层已存在，则进行添加。
　　自动：需要时自动创建相同名称的子模型层并进行添加。
　　提示：提示创建或选择要添加到的子模型层。
　　传播：将对用户定义层的可视性更改应用到子层。
★ 设置文件：
　　打开：从文件检索活动对象的层信息。
　　保存：将活动对象的层信息保存到文件。
　　编辑：修改活动对象的层信息。
　　显示：显示活动对象的层信息。

6.5.3 关于层的编辑

单击层操作界面中的【编辑】按钮，在弹出的菜单中可对层进行删除、改名等操作。其中各选项的功能如下。

★ 隐藏：隐藏所选的层。
★ 激活：显示所选的层。
★ 取消激活：设置孤立、隐藏线等高级显示方式。
★ 新建层：创建新层。
★ 剪切项目：将层项目放到剪贴板上。
★ 层属性：修改所选层的属性。
★ 粘贴项目：将剪贴板中的层项目放到层中。
★ 删除层：删除所选层。
★ 重命名：在所有模型中重命名选定层。
★ 选取层：选取列出的层。
★ 层信息：显示选取层项目的信息。
★ 搜索：搜寻所需项目的层以进行添加。
★ 移除项目：从层中移除项目。
★ 选取项目：选取层中的项目。
★ 保存状态：使活动对象及相关对象中的所有层状态更改长期有效。
★ 重置状态：将状态重置为上次保存的状态。

6.6 实例应用

6.6.1 创建四通接头

下面我们介绍创建如图6-113所示的四通接头。

图6-113　四通接头

01 单击【快速访问】工具栏中的【新建】按钮，系统弹出如图6-114所示的【新建】对话框。

02 【新建】对话框中，选择【类型】选项组中的【零件】选项，在【子类型】选项组中选中【实体】选项，在【名称】文本框内输入6-16sitongjietou。取消使用默认模板，选择模板类型为mmns_part_solid，单击【确定】按钮。

03 单击【形状】命令组中的【拉伸】按钮，系统提示选择一个草绘平面。单击【拉伸】操控板中的【放置】按钮，在弹出的选项卡中单击【定义】按钮，系统将会弹出【草绘】对话框。选择基准平面TOP作为草绘平面，参考平面为RIGHT，如图6-115所示。单击【草绘】按钮，结束草绘平面的选取。

图6-114　【新建】对话框

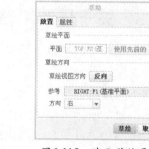

图6-115　选取草绘平面

04 单击【草绘】选项卡中的【圆】按钮，绘制如图6-116所示的草绘截面，再单击【草绘】选项卡中的【确定】按钮。

05 在【拉伸】操控板中的【拉伸深度】文本框内输入80，设置拉伸方向对称，其余均按系统默认值。单击操控板中的【确定】按钮，如图6-117所示。

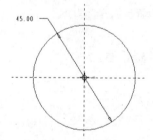

图6-116　绘制拉伸截面

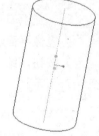

图6-117　拉伸体

06 同样执行【拉伸】命令，单击【拉伸】操控板中的【放置】按钮，在弹出的选项卡中单击【定义】按钮，系统弹出【草绘】对话框。选择上表面作为草绘平面，参考平面为RIGHT，单击【草绘】按钮，结束草绘平面的选取。

07 单击【草绘】选项卡中的【圆】按钮，绘制如图6-118所示的草绘截面，在【拉伸】操控板中的【拉伸深度】文本框内输入80，设置拉伸方向对称，其余均按系统默认值。单击操控板中的【确定】按钮，如图6-119所示。

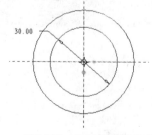

图6-118　绘制拉伸截面

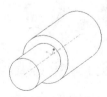

图6-119　拉伸体

08 单击【基准】命令组中的【轴】按钮 ，系统弹出【基准轴】操控板，按住Ctrl键选择RIGHT、TOP基准平面，作为参考，如图6-120所示，单击【确定】按钮，创建基准轴A_3，如图6-121所示。

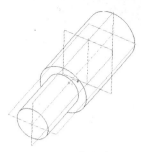

图6-120　参考平面　　　　　　图6-121　创建基准轴

09 单击【基准】命令组中的【平面】按钮 ，系统弹出【基准平面】操控板，按住Ctrl键选择基准轴A_3、TOP基准平面作为参考，设置角度为45°，如图6-122所示，单击【确定】按钮创建基准面DTM1，如图6-123所示。按照同样的方法创建角度为135°的基准面DTM2，如图6-124所示。

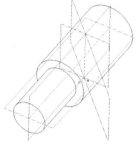

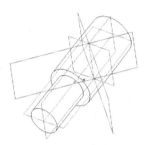

图6-122　参考轴、平面　　　　图6-123　创建基准面　　　　图6-124　创建基准面

10 左键选择大圆柱体，单击【编辑】命令组中的【镜像】按钮 ，选择DTM1基准面作为镜像平面，单击【确定】按钮，结果显示如图6-125所示。

11 左键选择小圆柱体，单击【编辑】命令组中的【镜像】按钮 ，选择DTM1基准面作为镜像平面，单击【确定】按钮，结果显示如图6-126所示。

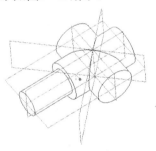

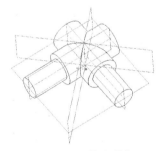

图6-125　镜像特征　　　　　　图6-126　镜像特征

12 再次按住Ctrl键，选择小圆柱体和镜像的小圆柱体，单击【编辑】命令组中的【镜像】按钮 ，进入【参考】选项卡，选择DTM2基准面作为镜像平面，单击【确定】按钮，结果显示如图6-127所示。

13 单击【工程】命令组中的【壳】按钮 ，系统弹出【壳】操控板，设置抽壳厚度为5，选择如图6-128所示的实体模型表面作为删除面。单击操控板中的【确定】按钮 ，即可完成创建壳特征的操作，如图6-129所示。

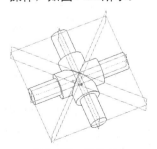

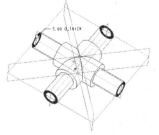

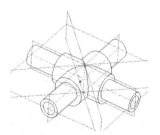

图6-127　镜像特征　　　　　图6-128　选取移除面　　　　图6-129　抽壳

14 单击【工程】命令组中的
【倒角】按钮，设置距
离为2，按住Ctrl键选择如
图6-130所示的边线，单击
【确定】按钮，结果如
图6-131所示。

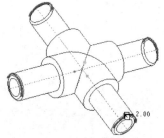
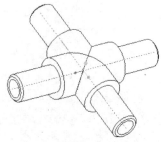

图6-130　选取边线　　　　　图6-131　倒角

15 单击【模型】选项卡中的【扫描】按钮右侧的三角按钮，在弹出的下拉列表中执行【螺旋扫
描】 螺旋扫描命令，系统弹出【螺旋扫描】操控板，选择其中的【右手定则】选项，并
选择【选项】选项卡中的【改变截面】选项。

16 单击【参考】选项卡中的【定义】按钮 定义... ，系统弹出【草绘】对话框，选择基准平面
FRONT作为草绘平面。

17 系统进入草绘工作环境。单击【草绘】选项卡中的【中心线】按钮 中心线和【线】按钮 线，
绘制一条直线和一条水平中心线。单击【草绘】选项卡中的【确定】按钮，如图6-132所示。

18 在操控板中的【输入节距值】文本框中 5.00 输入节距为5。选中 【移除材料】按钮，单
击操控板中的【创建或编辑扫描截面】按钮，系统进入螺旋扫描截面草绘环境，在扫描轨迹
的起始处绘制如图6-133所示的截面。单击【确定】按钮，结束螺旋扫描截面的创建，结果
如图6-134所示。

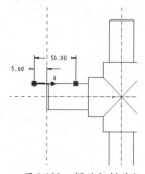
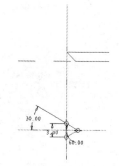
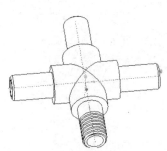

图6-132　螺旋扫描路径　　　图6-133　螺旋扫描截面　　　图6-134　螺旋扫描

19 选择螺纹扫描1，单击【编辑】命令组中的【镜像】按钮，选择DTM1基准面作为镜像平面，
单击【确定】按钮，结果显示如图6-135所示。

20 再次按住Ctrl键，选择螺
纹扫描1和镜像的螺纹扫
描，单击【编辑】命令组
中的【镜像】按钮，选
择DTM2基准面作为镜像平
面，单击【确定】按钮，
结果显示如图6-136所示。

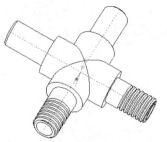
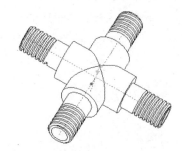

图6-135　镜像特征　　图6-136　镜像特征

21 单击【工程】命令组中的【倒圆角】按钮，设置半径为2，按住Ctrl键选择如图6-137所示的边
线，单击【确定】按钮，结果如图6-138所示。

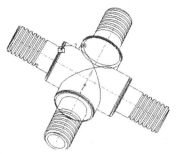

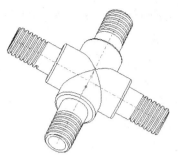

| 图6-137 选取需倒圆角边线 | 图6-138 倒圆角 |

22 再次执行【倒圆角】命令，设置半径为10，按住Ctrl键选择如图6-139所示的边线，单击 ✔【确定】按钮，结果如图6-140所示。

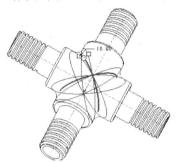

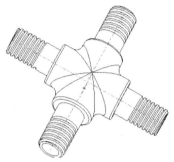

| 图6-139 选取需倒圆角边线 | 图6-140 倒圆角 |

6.6.2 创建滚动轴承实体模型

下面介绍创建如图6-141所示的滚动轴承实体模型。

图6-141 滚动轴承实体模型

01 单击【快速访问】工具栏中的【新建】按钮 □，系统弹出如图6-142所示的【新建】对话框。

图6-142 【新建】对话框

02 在【新建】对话框中选择【类型】选项组中的【零件】选项，在【子类型】选先组中选中【实体】选项，在【名称】文本框内输入6-17gundongzhoucheng。取消使用默认模板，选择模板类型为mmns_part_solid，单击【确定】按钮。

1.绘制保持架

01 单击【形状】命令组中的【拉伸】按钮，系统提示选择一个草绘平面。单击【拉伸】操控板中的【放置】按钮，在弹出的选项卡中单击【定义】按钮 定义... ，系统将会弹出【草绘】对话框。选择基准平面TOP作为草绘平面，参考平面为RIGHT，如图6-143所示。单击【草绘】按钮，结束草绘平面的选取。

02 单击【草绘】选项卡中的【圆】按钮，绘制如图6-144所示的草绘截面，再单击【草绘】选项卡中的【确定】按钮 ✓ 。

03 在【拉伸】操控板中的【拉伸深度】文本框内输入3，设置拉伸方向对称，其余均按系统默认值。单击操控板中的【确定】按钮，如图6-145所示。

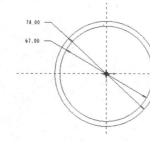

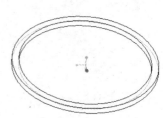

图6-143 选取草绘平面　　　　图6-144 绘制拉伸截面　　　　图6-145 拉伸体

04 再次执行【拉伸】命令，单击【拉伸】操控板中的【放置】按钮，在弹出的选项卡中单击【定义】按钮 定义... ，系统弹出【草绘】对话框，选择基准平面RIGHT作为草绘平面，参考平面为TOP，如图6-146所示。单击【草绘】按钮，结束草绘平面的选取。

05 单击【草绘】选项卡中的【圆】按钮，绘制如图6-147所示的草绘截面，再单击【草绘】选项卡中的【确定】按钮 ✓ 。

06 在【拉伸】操控板中的【拉伸深度】文本框内输入45，设置拉伸方向向外，其余均按系统默认值。单击操控板中的【确定】按钮，如图6-148所示。

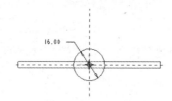

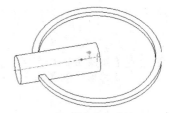

图6-146 草绘放置面　　　　图6-147 绘制拉伸截面　　　　图6-148 拉伸体

07 在图形区内选取所需阵列的圆柱体拉伸特征，单击【编辑】命令组中的【阵列】按钮，单击【尺寸】选项右侧的三角按钮，弹出下拉列表，选择其中的【轴】选项，如图6-149所示。

08 根据系统提示选择基准轴来定义阵列中心，在绘图区内选择中心轴作为阵列中心。在操控板中输入方向1的阵列数量为12，角度为圆周360°均分，如图6-150所示。

图6-149 【阵列】操控板　　　　　　　图6-150 设置阵列参数

09 单击【阵列】操控板中的【确定】按钮，完成【阵列】操作，结果如图6-151所示。

10 单击【形状】命令组中的【拉伸】按钮，系统提示选择一个草绘平面。单击【拉伸】操控板中的【放置】按钮，在弹出的选项卡中单击【定义】按钮 定义... ，系统弹出【草绘】对话框，选择基准平面TOP作为草绘平面，参考平面为RIGHT。单击【草绘】按钮，结束草绘平面的选取。

11 单击【草绘】选项卡中的【圆】按钮◎，绘制如图6-152所示的草绘截面，再单击【草绘】选项卡中的【确定】按钮 ✔。

12 在【拉伸】操控板中的【拉伸深度】文本框内输入80，设置拉伸方向对称，单击【移除材料】按钮◢。单击操控板中的【确定】按钮 ✔，如图6-153所示。

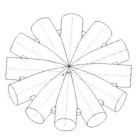

图6-151 阵列

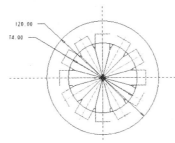

图6-152 绘制拉伸截面

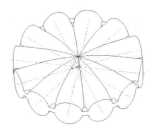

图6-153 拉伸切除

13 再次执行【拉伸】命令，放置截面为TOP基准面，单击【草绘】选项卡中的【圆】按钮◎，绘制如图6-154所示的草绘截面，在【拉伸】操控板中的【拉伸深度】文本框内输入80，设置拉伸方向对称，单击【移除材料】按钮◢。单击操控板中的【确定】按钮 ✔，如图6-155所示。

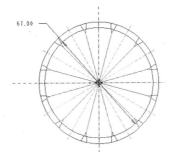

图6-154 绘制拉伸截面

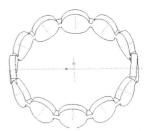

图6-155 拉伸切除

14 再次执行【拉伸】命令，放置截面为RIGHT基准面，单击【草绘】选项卡中的【圆】按钮◎，绘制一个直径为10.2的圆，如图6-156所示在【拉伸】操控板中的【拉伸深度】文本框内输入80，设置拉伸方向对称，单击【移除材料】按钮◢。单击操控板中的【确定】按钮 ✔，如图6-157所示。

15 在图形区选取刚创建的圆柱体拉伸切除特征，单击【编辑】命令组中的【阵列】按钮▦，单击【尺寸】选项右侧的三角按钮，弹出下拉列表，选择其中的【轴】选项，在绘图区内选择中心轴作为阵列中心。在操控板中输入方向1的阵列数量为12，角度为圆周360°均分，单击【阵列】操控板中的【确定】按钮 ✔，完成【阵列】操作，结果如图6-158所示。

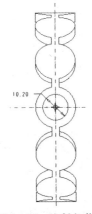

图6-156 绘制拉伸截面

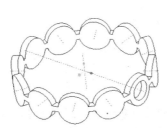

图6-157 拉伸切除

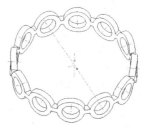

图6-158 阵列

2.绘制轴承内外圈

01 单击【模型】选项卡中的【旋转】按钮，系统弹出【旋转】操控板，并提示选取一个草绘，如图6-159所示。

图6-159 【旋转】操控板

02 单击操控板中的【放置】按钮，系统弹出【放置】选项卡，单击【放置】选项卡中的【定义】按钮，系统弹出【草绘】对话框，选择基准平面RIGHT作为草绘平面，参考平面为TOP，如图6-160所示。

03 单击【草绘】选项卡中的【中心线】按钮、【线】按钮、【圆】按钮和【修剪】按钮，绘制如图6-161所示的旋转中心线和旋转截面并标注尺寸。

04 绘制完草绘截面后，单击工具栏中的【完成】按钮，退出草绘模式。返回到【旋转】操控板，并单击【确定】按钮，结果如图6-162所示。

图6-160 草绘放置平面

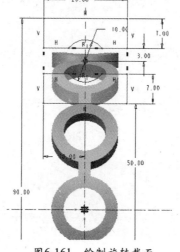

图6-161 绘制旋转截面

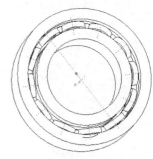

图6-162 旋转体

3.绘制滚珠

01 再次执行【旋转】命令，单击【放置】选项卡中的【定义】按钮，系统弹出【草绘】对话框，选择基准平面RIGHT作为草绘平面，参考平面为TOP，单击【草绘】选项卡中的【中心线】按钮、【线】按钮和【圆】按钮，绘制旋转中心线和旋转截面并标注尺寸，如图6-163所示。

02 绘制完草绘截面后，单击工具栏中的【确定】按钮，退出草绘模式。返回到【旋转】操控板，并单击【确定】按钮，结果如图6-164所示。

图6-163 绘制旋转截面

图6-164 旋转体

03 在图形区内选取刚创建的旋转特征，再次执行【阵列】命令，单击【编辑】命令组中的【阵列】按钮，单击【尺寸】选项右侧的三角按钮，弹出下拉列表，选择其中的【轴】选项，在绘图区内选择中心轴作为阵列中心。在操控板中输入方向1的阵列数量为12，角度为圆周360°均分，单击【阵列】操控板中的【确定】按钮✓，完成【阵列】操作，结果如图6-165所示。

04 单击【工程】命令组中的【倒圆角】按钮◝，系统弹出【倒圆角】操控板，单击【集】按钮，系统弹出【集】选项卡，在操控板中的【半径】文本框内输入2，并按Enter键。按住Ctrl键选取如图6-166所示的边作为倒圆角对象。

05 单击操控面板中的【确定】按钮✓，即完成倒圆角操作，最终结果如图6-167所示。

  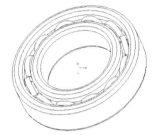

图6-165 阵列　　　　　　　图6-166 选取需倒圆角边线　　　　　　图6-167 倒圆角

6.7 课后练习

本节将通过两个操作练习帮助读者加深对本课知识、要点的掌握。

6.7.1 创建螺丝刀模型

创建如图6-168所示的螺丝刀模型。

图6-168 螺丝刀模型

操作提示：

01 创建旋转体。单击【模型】选项卡的【形状】命令组中的【旋转】按钮◍ 旋转，绘制旋转截面，创建旋转体。

02 创建拉伸体。单击【模型】选项卡的【形状】命令组中的【拉伸】按钮◰，绘制拉伸截面，拉伸切除。

03 创建阵列。图形区内选取所需阵列的拉伸特征，单击【编辑】命令组中的【阵列】按钮▦，项目数为8。

04 创建旋转体。单击【模型】选项卡的【形状】命令组中的【旋转】按钮◍ 旋转，绘制旋转截面，创建旋转体切除。

05 创建拉伸体。单击【模型】选项卡的【形状】命令组中的【拉伸】按钮◰，绘制拉伸截面，拉伸高度为40。

06 创建旋转体。单击【模型】选项卡的【形状】命令组中的【旋转】按钮◍ 旋转，绘制旋转截面，创建旋转体切除。

07 创建拉伸体。单击【模型】选项卡的【形状】命令组中的【拉伸】按钮◰，绘制拉伸截面，拉伸切除。

08 创建镜像。在图形区内选择拉伸特征，单击【编辑】命令组中的【镜像】按钮，镜像拉伸切除。

09 倒圆角。单击【工程】命令组中的【倒圆角】按钮，倒圆角。

10 图形区内选取所需阵列的倒圆角特征，单击【编辑】命令组中的【阵列】按钮，项目数为8。其流程图如图6-169所示。

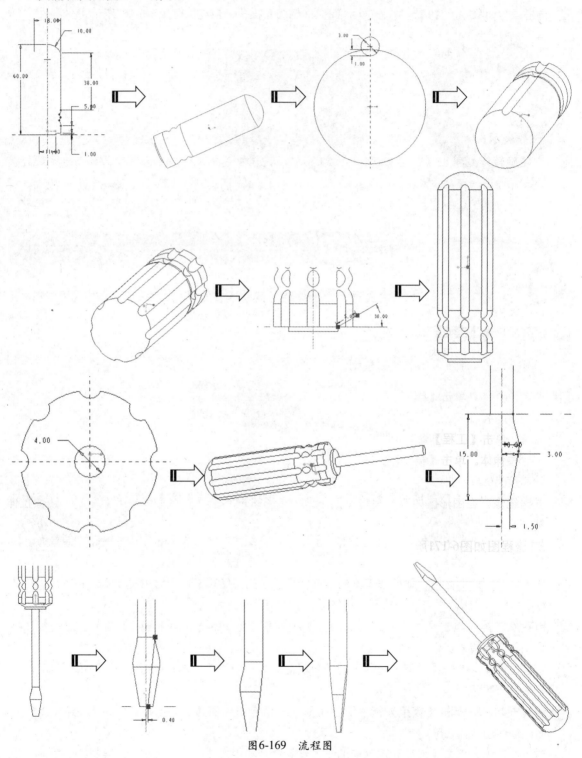

图6-169　流程图

6.7.2 创建锅体加热体模型

创建如图6-170所示的锅体加热体模型。

图6-170 锅体加热体模型

操作提示：

01 创建旋转体。单击【模型】选项卡的【形状】命令组中的【旋转】按钮 旋转，绘制旋转截面，创建旋转体。

02 创建筋。单击【工程】命令组中的【筋】按钮 右侧的 按钮，绘制筋轮廓，对称创建，厚度为0.5，创建筋。

03 创建阵列。图形区内选取所需阵列的筋特征，单击【编辑】命令组中的【阵列】按钮 ，项目数为6。

04 创建拉伸体。单击【模型】选项卡的【形状】命令组中的【拉伸】按钮 ，绘制拉伸截面，拉伸高度为3。

05 拔模。单击【工程】命令组中的【拔模】按钮 ，拔模角度为5°。

06 创建阵列。图形区内选取所需阵列的拉伸和拔模特征，单击【编辑】命令组中的【阵列】按钮 ，项目数为3。

07 创建拉伸体。单击【模型】选项卡的【形状】命令组中的【拉伸】按钮 ，绘制拉伸截面，拉伸高度为4。

08 拔模。单击【工程】命令组中的【拔模】按钮 ，拔模角度为5°。

09 创建拉伸体。单击【模型】选项卡的【形状】命令组中的【拉伸】按钮 ，绘制拉伸截面，拉伸高度为0.2。

10 创建镜像。在图形区内选择拉伸特征，单击【编辑】命令组中的【镜像】按钮 ，镜像拉伸特征。

其流程图如图6-171所示。

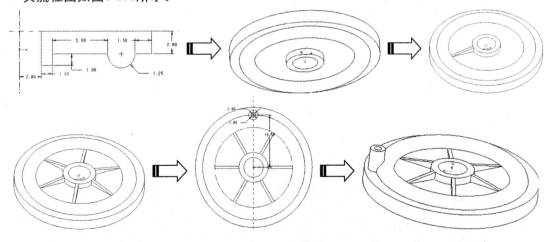

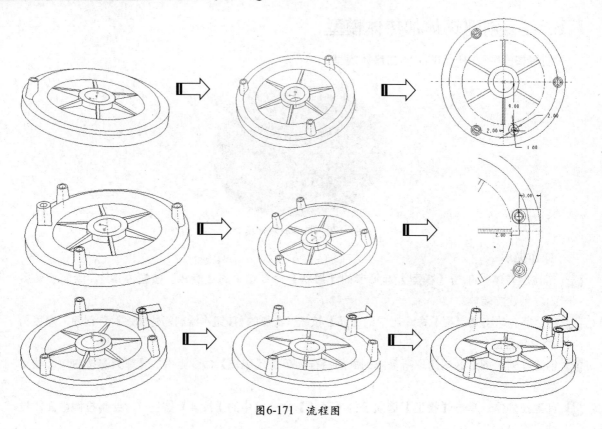

图6-171　流程图

第7课
曲面设计

曲面是没有厚度的面，这与实体特征中的薄壁特征不同。相对于实体模型，曲面的创建和编辑更为灵活，正是由于曲面特征的特殊性，所以它被广泛用于创建复杂的实体模型外壳或内壁，以及创建模型的分型曲面等领域。

【本课知识】

- 创建基本曲面特征
- 创建高级曲面特征
- 曲面的编辑

7.1 创建基本曲面特征

拉伸、旋转、扫描、混合等实体特征操作可以创建实体，在Creo中，创建曲面也是使用这些方法。

7.1.1 创建拉伸曲面特征

拉伸曲面和拉伸实体特征一样，是在垂直于草绘平面的方向上，将草绘截面拉伸指定深度来创建曲面特征。前者是没有厚度、质量的非实体特征；后者是有质量、有厚度的实体特征，但都是使用同一个【拉伸】按钮 来创建的。

在定义拉伸曲面的深度时，有下列深度选项。

★ 盲孔 ：自草绘平面以指定深度值拉伸截面。

★ 对称 ：草绘平面的两侧以指定深度值的一半拉伸截面。

★ 到选定项 ：截面拉伸至一个选定点、曲线、平面或曲面。

下面通过实例讲解创建拉伸曲面特征的基本方法。

【案例7-1】：创建拉伸曲面

01 单击【文件】选项卡下的【新建】按钮 ，系统弹出【新建】对话框，在【类型】选项组中选择【零件】选项，在【子类型】选项组中选择【实体】选项，在【名称】文本框中输入7-1cjlsqm。取消勾选【使用默认模板】复选框，如图7-1所示，单击【确定】按钮。

02 系统弹出【新文件选项】对话框，选择模板类型为mmns_part_solid，如图7-2所示。单击【确定】按钮，系统进入零件模块工作界面。

图7-1 【新建】对话框　　　图7-2 【新文件选项】对话框

03 单击【模型】选项卡中的【拉伸】按钮 ，系统弹出【拉伸】操控板，并提示选取一个草绘。单击【曲面】按钮 ，如图7-3所示。

04 单击操控板中的【放置】按钮，系统弹出【放置】选项卡，单击【定义】按钮，系统弹出【草绘】对话框，选择基准平面FRONT作为草绘平面，如图7-4所示，单击【草绘】按钮。

图7-3 【拉伸】操控板　　　图7-4 【草绘】对话框

05 系统进入草绘环境，单击【草绘】选项卡中的【线】按钮 和【圆】按钮 ，绘制出如图7-5所示的拉伸截面，再单击【确定】按钮 。

06 系统返回【拉伸】操控板，在操控板中选择拉伸方式为【盲孔】，再输入拉伸深度为30，单击操控板中的【预览】按钮，结果显示如图7-6所示。

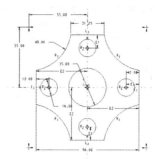

图7-5 绘制拉伸截面　　　　图7-6 开放式拉伸曲面

07 单击操控板中的【暂停】按钮，激活操控板，并单击【选项】按钮。在弹出的【选项】选项卡中选中【封闭端】复选框，如图7-7所示。单击操控板中的【确定】按钮，即可创建拉伸曲面特征，结果如图7-8所示。

图7-7 【选项】选项卡　　　　图7-8 创建拉伸曲面特征

7.1.2 创建旋转曲面特征

旋转曲面是通过绕中心线，将草绘截面旋转一个角度来创建曲面特征。旋转角度可以输入角度值，也可以指定至【点/顶点】或【平面】。在Creo中，旋转曲面特征与旋转实体特征同属于旋转特征，使用同一个【旋转】按钮。

1.开放式截面创建旋转曲面特征

下面通过实例讲解以开放式截面创建旋转曲面特征的基本方法。

【案例7-2】：开放式截面创建旋转曲面特征

01 单击【文件】选项卡下的【新建】按钮，系统弹出【新建】对话框，在【类型】选项组中选择【零件】选项，在【子类型】选项组中选择【实体】选项，在【名称】文本框中输入7-2kfsjmxzqm。取消勾选【使用默认模板】复选框，如图7-9所示，单击【确定】按钮。

02 系统弹出【新文件选项】对话框，选择模板类型为mmns_part_solid，如图7-10所示，再单击【确定】按钮，系统进入零件模块工作界面。

图7-9 【新建】对话框　　　　图7-10 【新文件选项】对话框

03 单击【模型】选项卡中的【旋转】按钮，系统弹出【旋转】操控板，并提示选取一个草绘。单击【曲面】按钮，如图7-11所示。

04 单击操控板中的【放置】按钮，系统弹出【放置】选项卡，再单击其中的【定义】按钮。系统弹出【草绘】对话框，选择基准平面FRONT作为草绘平面，单击【草绘】按钮。

05 系统进入草绘工作环境，单击【草绘】选项卡中的【中心线】按钮、【线】按钮和【样条曲线】按钮 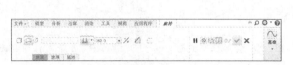，绘制出如图7-12所示的旋转截面，再单击【确定】按钮 ✔。

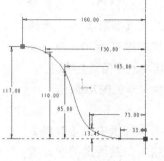

图7-11　【旋转】操控板　　　　　　　图7-12　旋转截面

06 绘制完草绘截面后，系统返回【旋转】操控板，在操控板中选择旋转方式为【盲孔】选项 。
输入旋转角度为270，并单击【预览】按钮 ，结果如图7-13所示。单击操控板中的【暂停】
按钮 ，激活操控板，输
入旋转角度为360，并单击
【确定】按钮 ，结果如
图7-14所示。

图7-13　创建开放式截面旋转曲面　　　图7-14　开放式截面旋转曲面

2.封闭式截面创建旋转曲面特征

下面通过实例讲解以开放式截面创建旋转曲面特征的基本方法。

【案例7-3】：封闭式截面创建旋转曲面特征

01 单击【文件】选项卡下的【新建】按钮，系统弹出【新建】对话框，在【类型】选项组中
选择【零件】选项，在【子类型】选项组中选择【实体】选项，在【名称】文本框中输入
7-3fbsjmcjqmtz。取消勾选【使用默认模板】复选框，如图7-15所示，单击【确定】按钮。

02 系统弹出【新文件选项】
对话框，选择模板类型
为mmns_part_solid，如图
7-16所示。单击【确定】
按钮，系统进入零件模块
工作界面。

图7-15　【新建】对话框　　　　图7-16　【新文件选项】对话框

03 单击【模型】选项卡中的【旋转】按钮 ，系统弹出【旋转】操控板，并提示选取一个草绘。
单击【曲面】按钮 ，如图7-17所示。

图7-17　【旋转】操控板

04 单击操控板中的【放置】按钮，系统弹出【放置】选项卡。单击其中的【定义】按钮，系统弹

出【草绘】对话框。选择基准平面FRONT作为草绘平面，其余按系统默认设置，单击【草绘】按钮。

05 系统进入草绘工作环境，单击【草绘】选项卡中的【中心线】按钮┊、【线】按钮⚮和【圆】按钮◎，绘制出如图7-18所示的旋转截面，再单击【确定】按钮✔。

06 系统返回【旋转】操控板，在操控板中选择旋转方式为【盲孔】⚐。输入旋转角度为270，并单击【预览】按钮◌◌，结果如图7-19所示。

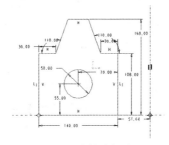

图7-18 绘制旋转截面

图7-19 开放端旋转曲面

07 单击操控板中的【暂停】按钮▶，激活操控板，并单击【选项】按钮，在弹出的【选项】选项卡中选中【封闭端】复选框，如图7-20所示。单击操控板中的【确定】按钮✔，即可创建旋转曲面特征，结果如图7-21所示。

图7-20 【选项】选项卡

图7-21 封闭端旋转曲面

7.1.3 创建扫描曲面特征

扫描曲面是将草绘截面沿着一条轨迹线扫描出一个曲面。在Creo中，扫描曲面特征与扫描实体特征同属于扫描特征，所以使用同一个【扫描】按钮◌扫描。

在创建扫描轨迹时，可以通过下列方式进行操作。

★ 草绘轨迹：先设置草绘平面，再绘制轨迹外形（即二维曲线）。当扫描轨迹绘制完成后，系统会自动切换视角到与该轨迹路径正交的平面上，以进行二维曲面的绘制。

★ 选取轨迹：选择已存在的曲线或实体上的边作为轨迹路径，且该曲线可为三维曲线。利用已绘曲线为扫描轨迹，系统会提示其水平参考面的方向（为扫描截面选取水平平面的向上方向）。

在创建扫描曲面时，扫描的轨迹可以是开放的，也可以是闭合的。若扫描轨迹为封闭式截面，则会出现【增加内部因素】和【无内部因素】2个选项。

下面通过实例讲解以开放式截面创建扫描曲面特征的基本方法。

【案例7-4】：扫描曲面特征

01 单击【文件】选项卡下的【新建】按钮，系统弹出【新建】对话框，在【类型】选项组中选择【零件】选项，在【子类型】选项组中选择【实体】选项，在【名称】文本框中输入7-4cjsmqm。取消勾选【使用默认模板】复选框，如图7-22所示，单击【确定】按钮。

02 系统弹出【新文件选项】对话框，选择模板类型为mmns_part_solid，如图7-23所示。单击【确定】按钮，系统进入零件模块工作界面。

图7-22 【新建】对话框

03 单击【模型】选项卡中的
【草绘】单击～，系统弹出
【草绘】对话框，选择基准
平面TOP作为草绘平面。单
击对话框中的【草绘】图标
草绘，进入到草绘环境，
如图7-24所示。

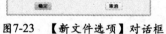

图7-23 【新文件选项】对话框　　图7-24 【草绘】对话框

04 在草绘工作环境中，单击【草绘】选项卡中的【圆】按钮⊙，绘制出如图7-25所示的草绘轨
迹，再单击【确定】按钮✔。

05 接着单击【模型】选项卡中的【扫描】按钮，系统弹出【扫描】操控板，并默认选择之前所
绘制的草图为扫描轨迹。单击操控板中的【曲面】按钮，并单击扫描操控板中的【创建或编
辑扫描截面】图标，系统进入草绘环境，如图7-26所示。

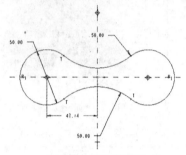

图7-25 绘制扫描轨迹　　　　　　　　　　图7-26 【扫描】操控板

06 单击【草绘】选项卡中的【弧】按钮，绘制出如图7-27所示的草绘截面，单击【确定】按钮
✔。

07 回到【扫描】操控板中，自动预览生成的扫描曲面。单击【确定】按钮，完成扫描曲面操
作，结果如图7-28所示。

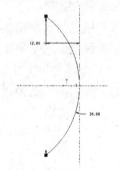
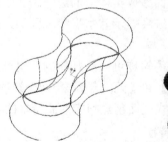
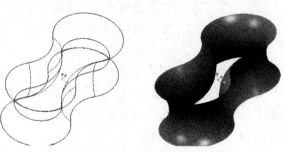

图7-27 扫描截面草图　　　　　　图7-28 创建扫描曲面

7.2 创建高级曲面特征

在工程设计中，有时需要创建具有特定形状的曲面特征，这些曲面特
征具有特殊的用途和鲜明的结构特点，此时就要使用Creo中的高级曲面特征。下面将分别介绍
常用高级曲面特征的创建方法和基本用途。

7.2.1 创建扫描混合曲面特征

扫描混合曲面特征是使用一条轨迹曲线和多个截面来创建曲面特征，这样的曲面形状更富于变化。在Creo中，扫描混合曲面特征与扫描混合实体特征同属于扫描混合特征，都是使用 扫描混合命令来创建。

在选取轨迹曲线后，系统将在曲线上设定需要绘制截面的基准点，可以接受系统提供的基准点，也可以跳过某一个基准点，然后分别为每个基准点处的截面指定转角参数和绘制截面图形。扫描混合曲面的兼具扫描曲面和混合曲面的特点，即具有扫描轨迹曲线和多个截面，而且各截面必须满足顶点数相同的基本条件。

下面通过实例讲解创建扫描混合曲面特征的基本方法。

【案例7-5】：创建扫描混合曲面

`01` 单击【文件】选项卡下的【打开】按钮 ，打开"第7课\7-5扫描混合曲面.prt.1"文件，如图7-29所示。

`02` 执行【模型】选项卡中的【扫描混合】命令，系统弹出【扫描混合】操控板，单击【扫面混合】操控板中的【曲面】按钮 ，如图7-30所示。

图7-29 打开文件   图7-30 【扫描混合】操控板

`03` 选取草绘曲线作为扫描轨迹曲线，如图7-31所示。单击【扫描混合】操控板中的【截面】按钮，系统弹出【截面】选项卡。选取基准点PNT0作为草绘截面1放置点，如图7-32所示。

`04` 单击【草绘】按钮，系统进入草绘工作环境。单击【草绘】选项卡中的【中心和轴椭圆】按钮，绘制混合截面1，如图7-33所示。单击【确定】按钮 ，结束截面1的创建。

`05` 单击【截面】选项卡中的【插入】按钮，再选择基准点PTN1作为草绘混合截面2的放置点，如图7-34所示。

图7-31 选取扫描轨迹   图7-32 选取截面放置

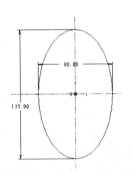

图7-33 绘制第一个混合截面   图7-34 选取截面放置

06 单击【草绘】按钮，系统进入草绘工作环境。单击【草绘】选项卡中的【中心和轴椭圆】按钮 ◎，绘制混合截面2，如图7-35所示。单击【确定】按钮 ✓，结束混合截面2的创建。

07 单击【截面】选项卡中的【插入】按钮，再选择基准点PTN2作为草绘混合截面3的放置点，如图7-36所示。

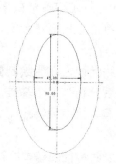

图7-35　绘制第二个混合截面　　　图7-36　选取截面放置

08 单击【草绘】按钮，系统进入草绘工作环境。单击【草绘】选项卡中的【中心和轴椭圆】按钮 ◎，绘制混合截面3，如图7-37所示。单击【确定】按钮 ✓，结束混合截面3的创建。

09 按上述步骤同样插入截面4，使截面4轮廓和截面2一样，插入截面5，截面5轮廓和截面1一样，绘制完各混合截面后，单击【扫描混合】操控板中的【确定】按钮 ✓，即可创建扫描混合曲面特征，结果如图7-38所示。

图7-37　绘制第三个混合截面　　　图7-38　创建扫描混合曲面特征

7.2.2　创建螺旋扫描曲面特征

螺旋扫描特征通过沿着螺旋轨迹扫描截面来创建。在Creo中，螺旋扫描曲面与螺旋扫描实体同属于螺旋扫描特征，都是使用 螺旋扫描 命令创建的。

下面通过实例讲解创建螺旋扫描曲面特征的基本方法。

【案例7-6】：创建螺旋扫描曲面

01 单击【文件】选项卡下的【新建】按钮，系统弹出【新建】对话框。在【类型】选项组中选择【零件】选项，在【子类型】选项组中选择【实体】选项，在【名称】文本框中输入7-6cjlxsmqm。取消勾选【使用默认模板】复选框，如图7-39所示，单击【确定】按钮。

02 系统弹出【新文件选项】对话框，选择模板类型为mmns_part_solid，如图7-40所示。单击【确定】按钮，系统进入零件模块工作界面。

图7-39　【新建】对话框　　　图7-40　【新文件选项】对话框

03 在【模型】选项卡中，单击【扫描】选项 右边的三角按钮，在下拉列表中选择【螺旋扫描】选项 ，系统弹出【螺旋扫描】操控板，选择【右手定则】选项 与【曲面】选项 ，如图

7-41所示。

04 单击【参考】选项卡中的【定义】按钮 定义... ，系统弹出【草绘】对话框，选择基准平面
FRONT作为草绘平面，如图7-42所示。

图7-41 【螺旋扫描】操控板　　　　　　　图7-42　【草绘】对话框

05 系统进入草绘环境。在【草绘】选项卡中单击【中心线】按钮⋮和【线】按钮⋀，绘制如图
7-43所示的扫描轨迹，先绘制一条竖直的中心线，然后绘制一条斜线。单击【确定】按钮✔，
结束螺旋扫描轨迹的创建。

06 在操控板中的【输入节距值】文本框中输入节距为25，单击操控板中的【创建或编辑扫描截
面】按钮✎，系统进入螺旋扫描截面草绘环境。在扫描轨迹的起始处绘制扫描截面，单击【确
定】按钮✔，结束螺旋扫描截面的创建，如图7-44所示。

07 单击操控板中的【确定】按钮✔完成操作，结果如图7-45所示。

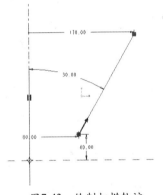

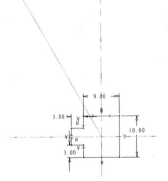

图7-43　绘制扫描轨迹　　　　图7-44　绘制扫描截面　　　　图7-45　创建螺旋扫描曲面特征

7.2.3　创建可变截面扫描曲面特征

　　可变截面扫描曲面，是利用扫描轨迹线控制草绘截面的变化，生成截面沿路径变化的曲面。
　　可变截面扫描曲面的创建方法，与可变截面扫描实体的创建方法基本相同。首先在视图中
分别创建控制扫描轨迹的基准曲线，然后在【模型】选项卡中选择【扫描】选项，并在弹出的操
控板中单击【曲面】按钮▱，且
单击【允许截面根据参数化或沿
扫描的关系进行变化】按钮▱，
接下来的操作同创建实体相同，
故不再重述，创建结果如图7-46
所示。

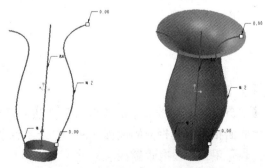

图7-46　创建可变截面扫描曲面特征

7.2.4 创建边界混合曲面特征

利用【边界混合】工具，可在参考实体（它们在一个或两个方向上定义曲面）之间创建边界混合的特征。在每一个方向上选定第一个和最后一个图元定义曲面的边界，选定的中间参考图元则定义曲面的形状变化。在选取参考时，需要注意以下规则。

★ 曲线、零件边、基准点、曲线或边的端点都可作为参考图元使用。

★ 在每个方向上，必须按顺序连续地选择参考图元，不过也可以对参考图元进行重新排序。

★ 对于在两个方向上定义的混合曲面来说，其外部边界必须形成一个封闭的环，这意味着外部边界必须相交。

1.【边界混合】操控板

在创建【边界混合】曲面之前，需要先创建一个边界曲线。单击【模型】选项卡中的【边界混合】按钮，系统弹出【边界混合】操控板，如图7-47所示，该操控板中各选项的含义如下。

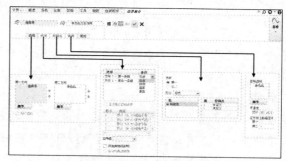

图7-47 【边界混合】操控板

◆ 【曲线】选项卡

单击【边界混合】操控板中的【曲线】按钮，系统弹出【曲线】选项卡。该选项卡用于选取曲线来创建边界混合曲面。创建曲面时可以只定义第一方向上的曲线，也可以同时定义第二方向上的曲线。

★ 第一方向：在【曲线】选项卡中，用于第一方向选取的曲线创建混合曲面，并控制选取顺序。如图7-48所示的曲面是由第一方向上的曲线构成。

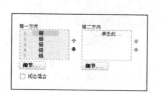

图7-48 第一方向上的曲线构建曲面

★ 第二方向：在第二方向区单击第二方向曲线收集器，将其激活，在绘图区内选取5条曲线构成曲面，如图7-49所示。

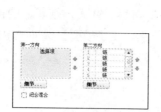
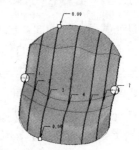

图7-49 第二方向上的曲线构建曲面

◆ 【约束】选项卡

单击【边界混合】操控板中的【约束】按钮，系统弹出【约束】选项卡。该选项卡用于设置边界混合曲面相对于其相交的曲面之间的边界约束类型。

★ 自由：表示沿边界没有设置相切条件。

★ 切线：表示混合曲面沿边界与参考曲面相切。

★ 曲率：表示混合曲面沿边界具有曲率连续性。

★ 垂直：表示混合曲面与参考曲面或基准平面垂直。

◆ 【控制点】选项卡

单击【边界混合】操控板中的【控制点】按钮，系统弹出【控制点】选项卡。该选项卡用于在第一方向，和第二方向上生成的边界混合曲面指定控制点的对应情况，从而有效地控制曲面的扭曲现象。

★ 自然：表示使用一般混合，并使用相同的方程来重置输入曲线参数，以获得最逼近的曲面。这可以对任意边界混合曲面进行【自然】拟合控制点设置。

★ 弧长：表示对原始曲线进行的最小调整。使用一般混合方程来混合曲线，被分成相等的曲线段并逐段混合的曲线除外。这同样可以对任意边界混合曲面进行【弧长】拟合的控制点设置。

★ 段至段：表示段至段的混合，曲线链或复合曲线被连接，此选项只用于相同段数的曲线。

◆ 【选项】选项卡

单击【边界混合】操控板中的【选项】按钮，系统弹出【选项】选项卡。在该选项卡中，利用影响曲线、平滑度因子和两个方向上的曲面片数，可以进一步调整混合曲面的精度和平滑效果。

2.创建边界混合曲面特征实例

下面通过实例讲解创建边界混合曲面特征的基本方法。

【案例7-7】：边界混合曲面

01 单击【文件】选项卡下的【打开】按钮，打开"第7课\7-7边界混合曲面.prt.1"文件，如图7-50所示。

02 单击【模型】选项卡中的【边界混合】按钮，系统弹出【边界混合】操控板。

03 单击操控板中的【曲线】选项，弹出【曲线】选项卡，单击【第一方向】选项区域中的【细节】按钮，系统弹出【链】对话框，选取曲线1。单击对话框中的【添加】按钮，选取草绘曲线2，再按同样的方法选取草绘曲线3、草绘曲线4和草绘曲线5。单击对话框中的【确定】按钮，结束第一个方向上的曲线选取，如图7-51所示。

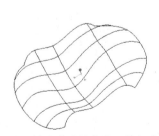

图7-50　创建边界混合曲面特征实例

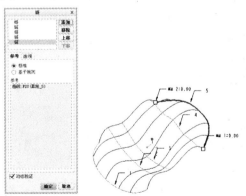

图7-51　选取第一方向上的曲线

04 单击【曲线】选项卡【第二方向】选项区域中的【细节】按钮，系统弹出【链】对话框，选取投影曲线1。单击对话框中的【添加】按钮，选取创建的基准曲线，再按同样的方法，选取草绘曲线2、草绘曲线3、镜像所得的基准曲线4、投影曲线5。单击对话框中的【确定】按钮，结束第二个方向上的曲线选取，如图7-52所示。单击【边界混合】操控板中的✓按钮，结束边界混合的操作，结果如图7-53所示。

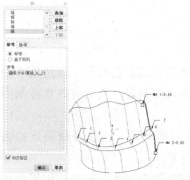
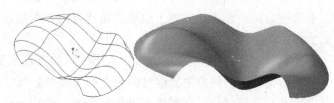

图7-52 选取第二方向上的曲线   图7-53 创建边界混合曲面

7.3 曲面的编辑

创建的曲面，还需要对其进行编辑和修改，才能达到实际的要求。本节重点介绍曲面编辑的内容，主要包括：曲面偏移、曲面合并、曲面修剪、曲面镜像、曲面延伸、曲面加厚、曲面拔模、曲面实体化等。

7.3.1 曲面镜像

镜像曲面就是以一个平面（基准平面、曲面平面或实体表面）作为镜像平面，将现有的曲面复制至平面的另一侧，形成新的曲面。

下面通过实例讲解镜像曲面基本方法。

【案例7-8】：曲面镜像

01 单击【文件】选项卡下的【打开】按钮，打开"第7课\7-8曲面镜像.prt.1"文件，如图7-54所示。

02 选取如图7-55所示的曲面，单击【模型】选项卡中的【镜像】按钮，系统弹出【镜像】操控板，如图7-56所示。

03 选择基准平面RIGHT作为镜像的平面，如图7-57所示。单击操控板中的【确定】按钮，结果如图7-58所示。

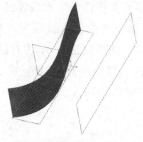
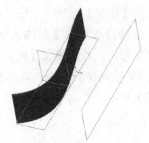

图7-54 镜像曲面实例   图7-55 选取镜像曲面

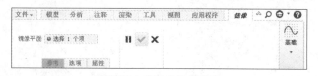

图7-56 【镜像】操控板

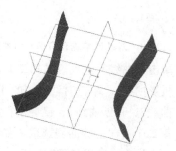

图7-57 选取镜像平面   图7-58 镜像曲面

7.3.2 曲面合并

使用合并曲面操作可以将两个曲面组合成一个曲面。其中，合并曲面的方式可分为求交和连接两种。

★ 曲面求交：曲面求交是合并两个相交的曲面，并保留原始面组部，如图7-59所示。

★ 曲面连接：连接是合并两个相邻面组，并且一个面组的侧边必须在另一个面组上，如图7-60所示。

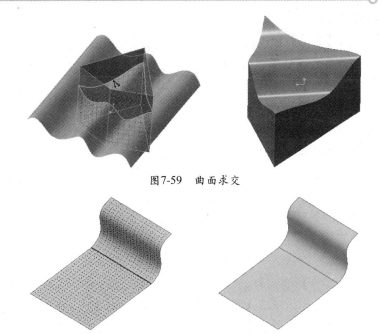

图7-59 曲面求交

图7-60 曲面连接

下面通过实例讲解合并曲面基本方法。

【案例7-9】：曲面合并

01 单击【文件】工具栏中的【打开】按钮，打开"第7课\曲面合并.prt.1"文件，如图7-61所示。

02 按住Ctrl键选取绘图区内曲面，单击【模型】选项卡中的【合并】按钮，系统弹出【合并】操控板，如图7-62所示。

图7-61 合并曲面实例

图7-62 【合并】操控板

03 单击操控板中的【反向】按钮，可以分别改变两组曲面的合并方向，如图7-63所示。单击【确定】按钮，结果如图7-64所示。

图7-63 合并曲面方向

图7-64 合并曲面

7.3.3 曲面修剪

利用【修剪】工具可剪切或分割曲面组。面组是曲面的集合，使用【修剪】工具从面组中移除部分曲面，以创建特定形状的曲面。

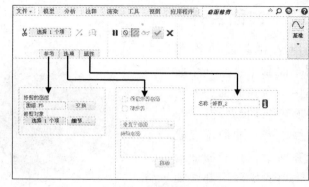

图7-65 【修剪】操控板

1.【修剪】操控板

选取需要修剪的曲面，单击【模型】选项卡中的【修剪】按钮，系统弹出【修剪】操控板，如图7-65所示，该操控板中各选项的含义如下。

◆ 【参考】选项卡

单击操控板中的【参考】按钮，系统弹出【参考】选项卡。该选项卡用于选取被修剪的面组和修剪参考。如果所选择的修剪对象复杂，可以单击【细节】按钮，在弹出的【链】对话框中详细地编辑所选择的修剪对象。

◆ 【选项】选项卡

单击操控板中的【选项】按钮，系统弹出【选项】选项卡。该选项卡用于设定是否保留修剪曲面和修剪类型，其中修剪类型可分为一般修剪和薄修剪两种。

★ 保留修剪曲面：该修剪类型为系统默认的修剪类型，能够以指定的修剪对象为修剪边界，去除边界一侧的全部曲面，或将被修剪曲面以修剪边界为参考分割为两个曲面，如图7-66所示。

图7-66 一般修剪

★ 薄修剪：该类型能够以指定修剪对象为参考，向其一侧去除一定厚度的曲面，从而形成具有割断效果的曲面，如图7-67所示。

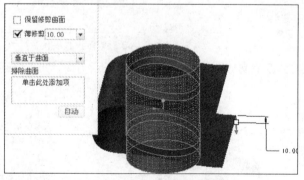

图7-67 薄修剪

2.曲面修剪实例

下面通过实例讲解曲面修剪的基本方法。

【案例7-10】：曲面修剪

01 单击【文件】选项卡下的【打开】按钮，打开"第7课\7-10曲面修剪.prt.1"文件，如图7-68所示。

02 选取如图7-69所示的曲面作
为修剪的面组，单击工具栏
中的【修剪】按钮，系
统弹出【修剪】操控板。

图7-68 曲面修剪实例　　　　图7-69 选取修剪曲面

03 选取如图7-70所示的曲面
作为修剪对象。此时，绘
图区显示出一个箭头，该
箭头表示修剪曲面的方
向，如图7-71所示。

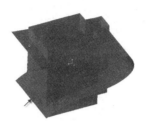

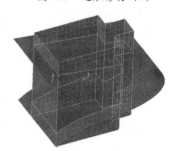

图7-70 选取修剪对象　　　　图7-71 绘图区变化

04 单击操控板中的【选项】
按钮，在弹出的【选项】
选项卡中取消勾选【保留
修剪曲面】复选框。选中
【薄修剪】复选框，并输
入20，如图7-72所示。单
击【确定】按钮，结果
如图7-73所示。

图7-72 设置修剪类型　　　　图7-73 修剪曲面

7.3.4 曲面偏移

　　曲面偏移，通常又称"曲面偏距"，就是生成与参考曲面有一定法向距离或切向距离的曲面，可以是等距，也可以是非等距的偏移曲面。

1.【偏移】选项卡

　　选取实体上或者曲面上的面，单击【模型】选项卡中的【偏移】按钮，系统弹出【偏移】操控板，如图7-74所示，该操控板中各选项的含义如下。

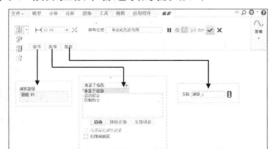

图7-74 【偏移】操控板

◆　偏移类型

　　单击操控板中【标准偏移特征】按钮右侧的展开按钮，弹出的菜单中包含以下3个按钮，用来设定不同的偏移类型。

★ 标准偏移特征 ■：该类型为系统默认偏移类型，能够以参考曲面为偏移对象，向曲面的一侧偏移指定距离，创建出新的曲面，如图7-75所示。

图7-75 标准偏移特征

★ 具有拔模特征 ■：该类型是以指定的参考曲面为拔模曲面、草图截面为拔模截面，向参考曲面一侧创建出具有拔模特征的拔模曲面，如图7-76所示。

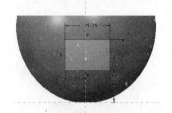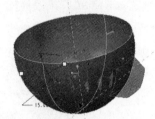

图7-76 具有拔模特征

★ 展开特征 ■：该类型与【具有拔模特征】偏移类型比较相似，都是以指定的草绘截面为偏移截面，向曲面的一侧偏移一定距离创建出新的曲面，如图7-77所示。

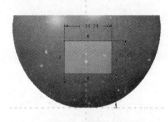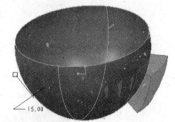

图7-77 展开特征

◆ 【参考】选项卡

单击操控板中的【参考】按钮，系统弹出【参考】选项卡，该选项卡用于选取所要偏移的曲面。当选取偏移类型为【具有拔模特征】■时，还可用于定义拔模截面，如图7-78所示。

◆ 【选项】选项卡

单击操控板中的【选项】按钮，系统弹出【选项】选项卡，在该选项卡中的选项随所选偏移类型的不同而不同。作用是指定偏移曲面的偏移方向参考、侧曲面的垂直参考，以及侧面轮廓的形状，从而调整偏移曲面的形状。

★ 垂直于曲面：该选项为默认选项，表示垂直于参考曲面线或面组偏移曲面，也就是偏移方向为曲面的法向，如图7-79所示，其中箭头表示偏移方向。

图7-78 【参考】选项卡

图7-79 垂直于曲面偏移

★ 自动拟合：系统自动决定一个坐标系，然后将曲面对坐标系的3个轴向自动进行曲面的缩放与调整，以产生出偏移曲面（当使用默认的【垂直与曲面】无法产生偏移曲面时，可尝试使

用【自动拟合】选项，
则系统会调整曲面，
尽量成功产生出偏移曲
面），如图7-80所示。

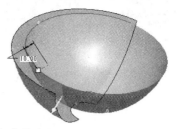

图7-80 自动拟合偏移曲面

★ 控制拟合：表示沿着指定坐标系的轴缩放偏移曲面。选择【控制拟合】选项后，其【选取】选项卡如图7-81所示。用户可以选择沿X、Y、Z轴的偏移约束。如果用户单独选择X轴作为曲面偏移约束，
则曲面在偏移时，曲面
各点沿X轴的坐标保持
不变，如图7-81所示。

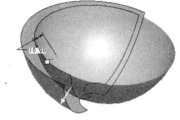

图7-81 控制拟合偏移曲面

★ 平移：该选项只有在选择【具有拔模特征】和【展开特征偏移】类型时，才会被激活，如图7-82所示。

★ 创建侧曲面：如果选择该选项，则在偏移的过程中，原曲面和偏移后的曲面之间形成了一个封闭的曲面，如图7-83所示。

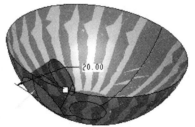

图7-82 平移方式偏移曲面

图7-83 创建侧曲面

★ 排除曲面：单击该选项，将排除掉无法偏移成功的小曲面（即使对象不能够偏移）。还可选中【创建侧曲面】复选框，在原有的曲面与偏移面之间加入各选项特征信息。

2.曲面偏移实例

下面通过实例曲讲解曲面偏移操作的基本方法。

【案例7-11】：曲面偏移

01 单击【文件】选项卡下的【打开】按钮 ，打开"第7课\7-11曲面偏移.prt.1"文件，如图7-84所示。

图7-84 曲面偏移实例

02 选择如图7-85所示的曲面作为偏移曲面，单击【模型】选项卡中的【偏移】按钮，系统弹出【偏移】操控板，选择偏移曲面类型为【具有拔模特征】，如图7-86所示。

图7-85　选取偏移曲面

图7-86　【偏移】操控板

03 单击操控板中的【参考】按钮，弹出【参考】选项卡，单击其中的【定义】按钮，选择基准平面FRONT作为草绘平面，单击【草绘】对话框中的【草绘】按钮。

04 系统进入草绘截面，单击【草绘】选项卡中的【圆】按钮，绘制如图7-87所示的草绘截面，单击【确定】按钮。

05 系统返回操控板界面，在操控板中输入偏移距离为15，拔模角度为6°，如图7-88所示。

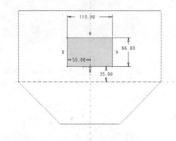

图7-87　绘制偏移截面

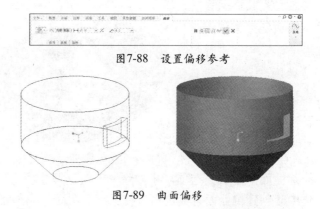

图7-88　设置偏移参考

06 设置完偏移参考后，单击操控板中的【确定】按钮，即可完成曲面偏移操作，结果如图7-89所示。

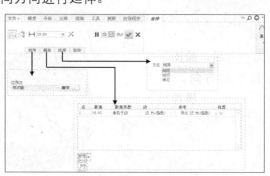

图7-89　曲面偏移

7.3.5　曲面延伸

利用【延伸】命令，可以将曲面的边界沿曲面原始方向延伸到指定位置。除了沿原曲面方向延伸，曲面也可以沿一个指定平面的法向方向进行延伸。

1.【延伸】操控板

选取曲面的边界链，然后执行【模型】选项卡中的【延伸】命令，系统弹出【延伸】操控板，如图7-90所示，该操控板中各选项的含义如下。

图7-90　【延伸】操控板

◆ 【参考】选项卡

单击操控板中的【参考】按钮，系统弹出【参考】选项卡，其中【边界边】收集器列出选取的曲面边界。单击收集器右边的【细节】按钮也可以编辑边界边链。

◆ 【测量】选项卡

单击操控板中的【测量】按钮，系统弹出【测量】选项卡，该选项卡中各选项说明如下。

★ 垂直于边：垂直于边界边测量延伸距离。

★ 沿边：表示沿边界边度量延伸距离。

★ 至顶点平行：表示延伸至顶点处且平行于边界边。

★ 至顶点相切：表示延伸至顶点处并以与下一单侧边相切的方式延伸曲面。

★ 参考：表示在选取的边界边链上选取一个参考点，而延伸距离则以该参考点为参考进行度量。

◆ 【选项】选项卡

单击操控板中的【选项】按钮，系统弹出【选项】选项卡，该选项卡中各选项说明如下。

★ 相同：该方式为系统默认设置，表示通过选定的边界边链延伸原始曲面，也就是延伸部分的曲面与原始曲面合成为一个曲面。

★ 切线：创建的延伸曲面与原始曲面相切，而且延伸曲面和原始曲面属于两个曲面，不同于【相同】方式。

★ 逼近：表示在原始曲面的边界边链与延伸曲面的边之间创建边界混合曲面，当将曲面延伸至不在一条直边上的顶点时，此方法很有用。

★ 沿着：此选项表示沿选定侧边创建延伸曲面。

★ 垂直于：此选项表示创建垂直于原始曲面的边界边链来延伸曲面。

2.曲面延伸实例

下面通过实例讲解曲面偏移操作的基本方法。

【案例7-12】：曲面延伸

01 单击【文件】选项卡下的【打开】按钮，打开"第7课\7-12曲面延伸.prt.1"文件，如图7-91所示。

02 选取如图7-92所示的边线作为延伸边线，选择【模型】选项卡中的【延伸】选项，系统弹出【延伸】操控板，然后在操控板中输入延伸距离为50，如图7-93所示。

图7-91　曲面延伸实例

图7-92　选取延伸曲线

图7-93　设置延伸参数

03 设置完参考后，绘图区显示出延伸的方向，如图7-94所示。单击操控板中的【确定】按钮，结果如图7-95所示。

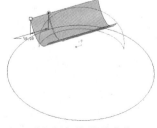

图7-94　绘图区变化

图7-95　曲面延伸

04 将曲面向另一边延伸，距离同为50，接着选取两曲面，单击【模型】选项卡中的【合并】按钮，如图7-96所示。单击【合并】操控板中的【确定】按钮，结果如图7-97所示。

图7-96 选取合并曲面

图7-97 合并曲面

7.3.6 曲面加厚

曲面加厚是指为曲面增加一定的厚度，使其转换成具有实际厚度的实体模型。通常使用曲面生成模型的轮廓，然后利用曲面加厚功能将曲面转换为实体，这是一种十分有用的设计方法。

下面通过实例讲解曲面加厚的基本操作方法。

【案例7-13】：曲面加厚

01 单击【文件】选项卡下的【打开】按钮，打开"第7课\7-13曲面加厚"文件，如图7-98所示。

02 选取如图7-99所示的曲面作为加厚曲面，单击【模型】选项卡中的【加厚】命令按钮，系统弹出【加厚】操控板，如图7-100所示。

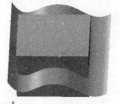
图7-98 曲面加厚实例

图7-99 选取加厚曲面

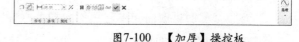
图7-100 【加厚】操控板

03 单击操控板中的【从加厚的面组中去除材料】按钮，并在【加厚】文本框中输入20，再单击【确定】按钮，结果如图7-101所示。

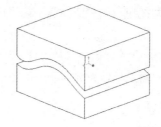
图7-101 曲面加厚

7.3.7 曲面实体化

利用【实体化】工具，可以将已创建的曲面特征转化为实体几何。在设计中，可以利用【实体化】工具添加、移除和替换实体材料。

1.【实体化】操控板

选取需要实体化的曲面特征，执行【模型】选项卡中的【实体化】命令，系统弹出【实体化】操控板，如图7-102所示。

图7-102 【实体化】操控板

◆ 实体填充体积块▢

利用曲面【实体化】创建实体特征，表示将一个封闭曲面转化为完全的实体特征。单击操控板中的【实体填充体积块】按钮▢，即可完成操作，结果如图7-103所示。

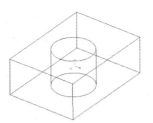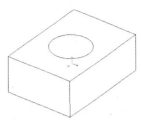

图7-103 实体填充体积块

◆ 移除材料▨

当曲面穿过实体特征时，可以使用此工具创建切口特征，其主要是利用曲面特征作为边界来移除实体几何材料。单击操控板中的【移除材料】按钮▨，即可完成操作，结果如图7-104所示。

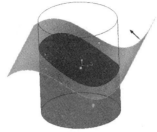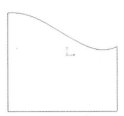

图7-104 移除材料

◆ 面组替换曲面▱

使用曲面特征和面组是指替换实体特征的一个表面。但只有曲面特征边界位于实体几何上时，该命令才可以使用。单击操控板中的【面组替换曲面】按钮▱，即可完成操作，结果如图7-105所示。

图7-105 面组替换曲面

2．曲面实体化实例

下面通过实例曲面实体化操作的基本方法。

【案例7-14】：曲面实体化

01 单击【文件】选项卡下的【打开】按钮▱，打开"第7课\7-14曲面实体化.prt.1"文件，如图7-106所示。

02 选择如图7-107所示的曲面作为实体化曲面，执行【模型】选项卡中的【实体化】命令，系统弹出【实体化】操控板。

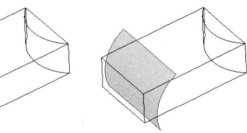

图7-106 曲面实体化实例　　　图7-107 选取实体化曲面

03 单击操控板中的【去除材料】按钮▨，如图7-108所示。单击【确定】按钮☑，结果如图7-109所示。

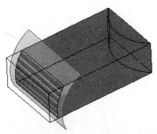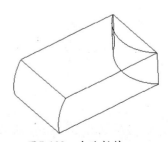

图7-108 绘图区变化　　　图7-109 去除材料

04 在绘图区内选取如图7-110所示的曲面作为实体化曲面,执行【模型】选项卡中的【实体化】命令,系统弹出【实体化】操控板。

05 单击操控板中的【面组替换曲面】按钮,再单击【确定】按钮,结果如图7-111所示。

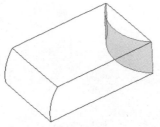
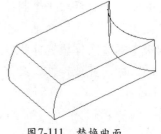

图7-110 选取实体化曲面　　　　图7-111 替换曲面

7.3.8 曲面填充

填充曲面是以填充方式创建平面型的曲面。在进行曲面设计时,填充操作通常位于合并曲面之前,即利用填充曲面形成封闭的曲面特征,然后使用合并工具修剪曲面,从而形成可实体化的封闭曲面特征。

下面通过实例讲解曲面填充的基本操作方法。

【案例7-15】:曲面填充

01 单击【文件】选项卡下的【新建】按钮,创建一个新的零件文件。

02 执行【模型】选项卡中的【填充】命令,系统弹出【填充】操控板,并提示选取一个封闭的草绘,如图7-112所示。

图7-112 【填充】操控板

03 单击操控板中的【参考】按钮,弹出【参考】选项卡,单击其中的【定义】按钮,选择基准平面TOP作为草绘平面。单击【草绘】选项卡中的【草绘】按钮。

04 系统进入草绘环境,单击【草绘】选项卡中的【线】按钮和【样条】按钮,绘制出如图7-113所示的填充截面,并单击【确定】按钮。

05 系统返回操控板界面,单击操控板中的【确定】按钮,结果如图7-114所示。

图7-113 填充截面　　　　图7-114 填充曲面

7.4 实例应用

7.4.1 创建饮料瓶体

该案例将创建一个饮料瓶模型,主要运用了【曲面合并】、【曲面加厚】、【阵列】、

【旋转曲面】、【拉伸曲面】及【倒圆角】命令，最终效果如图7-115所示。

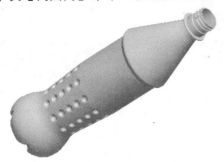

图7-115　饮料瓶模型

如图7-116所示为饮料瓶的绘制思路。

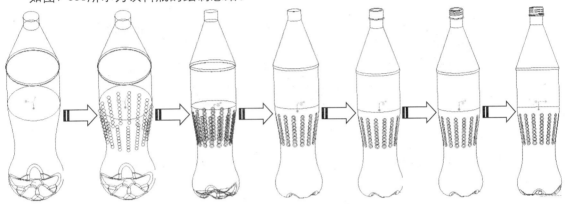

图7-116　饮料瓶绘制思路

1.创建瓶身

01 单击【快速访问】工具栏中的【打开】按钮，打开"饮料瓶体.prt"文件。

02 单击【旋转】按钮，打开【旋转】操控板，选择【曲面】选项。执行【放置】｜【定义】命令，选择FRONT平面为草绘平面，绘制旋转截面和旋转中心线，创建旋转曲面，如图7-117所示。

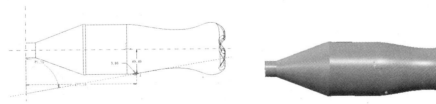

图7-117　创建旋转曲面

03 选择刚创建的旋转曲面，单击【阵列】按钮，打开【阵列】操控面板。选择【尺寸】阵列形式，选取229.5的尺寸作为尺寸参考，指定阵列间距为8，数量为9，创建阵列特征，如图7-118所示。

图7-118　创建阵列特征

04 选择刚创建的阵列特征，单击【阵列】按钮，选择【轴】阵列方式，输入阵列数为15，角度为24º，创建阵列特征，如图7-119所示。

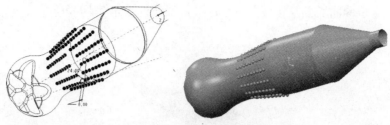

图7-119　创建阵列特征

05　选择旋转球曲面和瓶身曲面，单击【合并】按钮，打开【合并】操控面板。单击【反向】按钮，调整合并方向到所需方向，单击【确定】按钮，对曲面进行合并。以同样的方法，对其他各个曲面进行合并，如图7-120所示。

图7-120　合并曲面

06　单击【倒圆角】按钮，打开【倒圆角】操控面板，输入圆角半径为2，按住Ctrl键选取如图7-121所示的各边线。单击【确定】按钮，添加圆角特征。

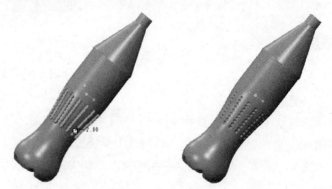

图7-121　添加圆角特征

07　选择整个曲面，单击【加厚】按钮，打开【加厚】操控面板，输入厚度值为1，创建加厚实体，如图7-122所示。

图7-122　曲面加厚

2. 创建瓶口

01　单击【拉伸】按钮，打开【拉伸】操控面板。执行【放置】|【定义】命令，选择RIGHT平面作为草绘平面，进入草绘环境，绘制拉伸截面。单击【确定】按钮，返回【拉伸】操控面板，输入拉伸深度为20。单击【加厚草绘】按钮，输入厚度为2。单击【确定】按钮，创建拉伸特征，如图7-123所示。

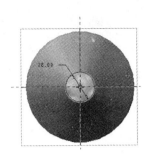
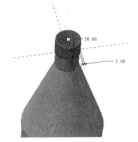

图7-123　创建拉伸特征

02 单击【拉伸】按钮，打开【拉伸】操控面板。执行【放置】|【定义】命令，选择FRONT平面为草绘平面，进入草绘环境，绘制拉伸截面。单击【确定】按钮，返回【拉伸】操控面板。选择【对称】拉伸方式，输入拉伸深度值为2。单击【加厚草绘】按钮，输入厚度值为3。单击【确定】按钮，创建拉伸特征，如图7-124所示。

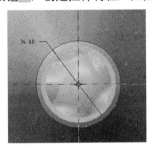

图7-124　创建拉伸特征

03 单击【倒圆角】按钮，打开【倒圆角】操控面板，输入半径值为1，按住Ctrl键选择如图7-125所示的边线。单击【确定】按钮，创建倒圆角特征。

图7-125　添加圆角特征

04 单击【旋转】按钮，打开【旋转】操控面板，选择【曲面】选项。执行【放置】|【定义】命令，选择FRONT平面为草绘平面，绘制旋转截面和旋转中心轴，创建旋转曲面，如图7-126所示。

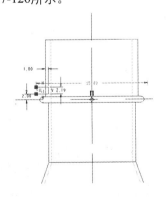
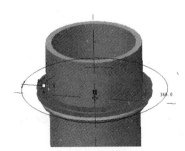

图7-126　绘制旋转曲面

05 选择旋转曲面，单击【编辑】命令组中的【实体化】按钮，在【实体化】操控板中单击【去除材料】按钮，单击【确定】按钮，结果如图7-127所示。

06 单击【螺旋扫描】图标█，打
开【螺旋扫描】操控板。单击
【参考】选项卡【螺旋扫描轮
廓】中的【定义】按钮，在绘
图区中选择TOP平面作为草绘
平面，单击【确定】按钮，进
入草绘环境。

图7-127　实体化去材

07 利用【直线】、【倒圆角】和【中心线】工具绘制螺旋扫描轨迹和旋转中心线。单击【确定】
按钮✓，输入螺距为4.5。系统再次进入草绘环境，绘制螺旋扫描截面，如图7-128所示。

08 单击【螺旋扫描】操控板中的【确定】按钮✓，创建螺旋扫描特征，如图7-129所示。

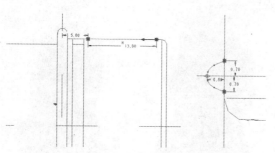

图7-128　绘制螺旋扫描轨迹和截面

图7-129　创建螺旋扫描特征

09 单击【拉伸】按钮，打开【拉伸】操控面板。执行【放置】|【定义】命令，选择瓶口上表
面作为草绘平面，进入草绘环境，绘制拉伸截面。单击【确定】按钮✓，返回【拉伸】操控面
板，输入深度值为12。单击【去除材料】按钮，创建拉伸剪切特征，如图7-130所示。至此，
完成整个饮料瓶的创建。

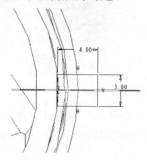

图7-130　创建拉伸剪切特征

10 选择刚创建的旋转曲面，单击
【阵列】按钮█，打开【阵
列】操控面板。选择【轴】阵
列方式，输入阵列数为6角度
为圆周均布，创建阵列特征，
如图7-131所示。

图7-131　圆周阵列

7.4.2　创建充电器外壳

本实例主要运用了【拉伸】、【旋转】、【合并】、【偏移】、【加厚】、【填充】、

【倒圆角】和【阵列】等命令，创建如图7-132所示的充电器外壳。

图7-132　盖子俯视图和仰视图

如图7-133所示为充电器外壳的绘制流程。

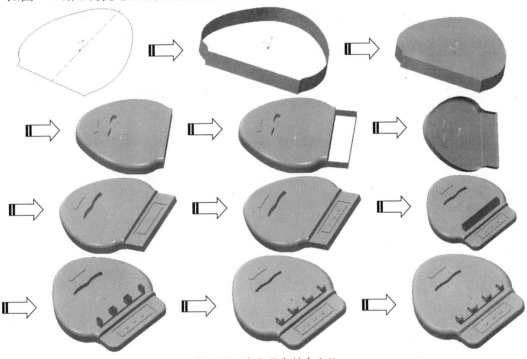

图7-133　充电器壳创建流程

1. 新建零件

01 单击菜单栏中的【新建】，系统弹出如图7-134所示的【新建】对话框。

图7-134　【新建】对话框

02 在【新建】对话框中，在【类型】中选择【零件】选项，在【子类型】中选中【实体】选项，在【名称】文本框内输入7.2.2chongdianqiwaike。不使用默认模板，选择模板类型为mmns_part_solid选项，单击【确定】按钮。

2.绘制充电器壳身

01 单击【模型】选项卡中的【拉伸】按钮，打开【拉伸】操控面板。执行【放置】|【定义】命令，选择FRONT平面作为草绘平面，如图7-135所示，进入草绘环境，单击【草绘】选项卡中的【线】按钮和【样条曲线】按钮，绘制拉伸截面。单击【确定】按钮，返回【拉伸】操控板，输入拉伸深度为13。单击【确定】按钮，创建拉伸特征，如图7-136所示。

图7-135 选取草绘平面

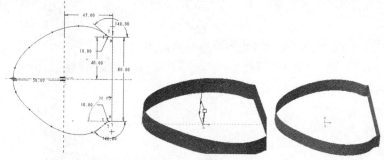

图7-136 创建拉伸特征

02 单击【基准】命令组中的【平面】按钮，选择如图7-137所示的曲线，单击【确定】按钮，创建基准面DTM1，选择基准面DTM1作为草绘平面，单击【草绘】选项卡中的【投影】按钮，选择边线，单击【确定】按钮，如图7-138所示。

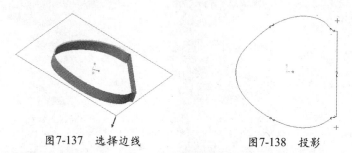

图7-137 选择边线

图7-138 投影

03 单击【曲面】命令组中的【填充】按钮，选择刚草绘的草图，填充为曲面，如图7-139所示。选择两曲面，单击【编辑】命令组中的【合并】按钮，单击【确定】按钮，如图7-140所示。

图7-139 填充

图7-140 合并

04 单击【倒圆角】按钮，打开【倒圆角】操控面板，输入圆角半径为5，按住Ctrl键选取边线。单击【确定】按钮，添加圆角特征，如图7-141所示。

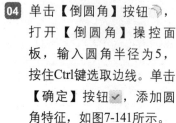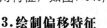

图7-141 倒圆角

3.绘制偏移特征

01 选择曲面上表面，单击【编辑】命令组中的【偏移】按钮，系统弹出【偏移】操控板，单击【具有拔模特征】按钮，单击【参考】选项卡中的【定义】按钮，选择上表面为草绘平面，单击【草绘】选项卡中的【圆】按钮，绘制偏移轮廓，然后退出草绘环境，设置偏移距离为2，角度为10°，单击【确定】按钮，结束偏移，如图7-142所示。

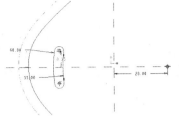

图7-142 创建偏移特征

02 采用同样方法执行【偏移】命令，选择上表面作为草绘平面，单击【草绘】选项卡中的【圆】⊙和【线】按钮✦按钮，绘制偏移轮廓，然后退出草绘环境，设置偏移距离为5，单击【确定】按钮✓，结束偏移，如图7-143所示。

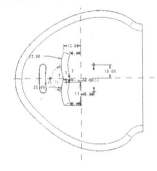
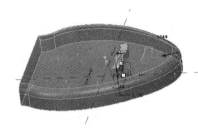

图7-143 创建偏移特征

03 单击【拉伸】按钮，打开【拉伸】操控面板。执行【放置】│【定义】命令，选择FRONT平面作为草绘平面，进入草绘环境，单击【草绘】选项卡中的【矩形】按钮，绘制拉伸截面。单击【确定】按钮✓，返回【拉伸】操控板，输入拉伸深度为8。单击【确定】按钮✓，创建拉伸特征，如图7-144所示。

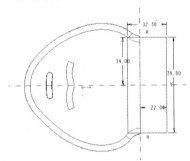
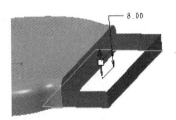

图7-144 创建拉伸特征

04 单击【基准】命令组中的【平面】按钮，选择TOP基准面，设置偏移距离为8，创建基准面DTM2，如图7-145所示。选择DTM2作为草绘平面，单击【草绘】选项卡中的【投影】按钮，选择边线，单击【确定】按钮✓，如图7-146所示。

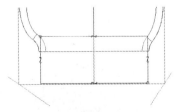

图7-145 选择平面　　　　　　　　　　图7-146 投影

05 单击【曲面】命令组中的【填充】按钮，选择刚草绘的草图，填充为曲面，如图7-147所示。按住Crtl键选择填充曲面和拉伸曲面，单击【编辑】命令组中的【合并】按钮，单击【确定】

按钮 ✔，如图7-148所示。

图7-147 填充

图7-148 合并

06 按住Crtl键选择充电器身壳和合并曲面，再次单击【合并】按钮，单击【确定】按钮 ✔，如图7-149所示。

图7-149 创建合并特征

07 选择曲面上表面，单击【编辑】命令组中的【偏移】按钮，系统弹出【偏移】操控板，单击【具有拔模特征】按钮，单击【参考】选项卡中的【定义】按钮，选择上表面作为草绘平面，单击【草绘】选项卡中的【矩形】按钮，绘制偏移轮廓，然后退出草绘环境，设置偏移距离为1，角度为3°，单击【确定】按钮 ✔，结束偏移，如图7-150所示。

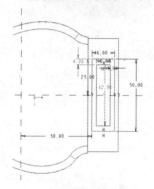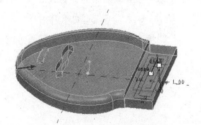

图7-150 创建偏移特征

4.绘制指示灯

01 单击【基准】命令组中的【平面】按钮，选择RIGHT基准面，设置距离为58，创建基准面DTM3，如图7-151所示。

02 单击【模型】选项卡中的【旋转】按钮，单击【曲面】按钮，系统提示选取一个草绘平面。单击【放置】选项卡中的【定义】按钮，系统弹出【草绘】对话框。选择基准平面DTM3作为草绘平面，参考平面为RIGHT，如图7-135所示。单击【草绘】对话框中的【草绘】按钮，结束草绘平面的选取。

03 单击【草绘】选项卡中的【圆】、【中心线】和【线】按钮，绘制如图7-152所示的草绘截面，再单击【草绘】选项卡中的【确定】按钮 ✔。

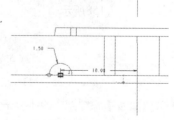

图7-151 创建基准面　　　　　　　　　　图7-152 绘制旋转截面

04 绘制旋转体。在【旋转】操控板中的【角度】文本框内输入360，其余为系统默认值。单击操控板中的【确定】按钮✔，如图7-153所示。

05 选择刚创建的旋转曲面特征，单击【阵列】按钮▦，选择【方向】阵列方式，选择一条边线作为阵列方向，输入阵列数为3，距离为10，创建阵列特征，如图7-154所示。

图7-153　旋转体

图7-154　创建阵列特征

06 按住Crtl键选择旋转曲面和整个曲面，单击【编辑】命令组中的【合并】按钮◻，单击【确定】按钮✔，将阵列的旋转曲面和整个曲面合并，如图7-155所示。

图7-155　创建合并特征

07 单击【倒圆角】按钮⬟，打开【倒圆角】操控板，输入圆角半径为10，按住Ctrl键选取如图7-121所示的各边线。单击【确定】按钮✔，添加圆角特征，如图7-156所示。

08 执行【倒圆角】命令，打开【倒圆角】操控板，输入圆角半径为2，按住Ctrl键选取边线。单击【确定】按钮✔，添加圆角特征，如图7-157所示。

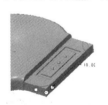

图7-156　倒圆角

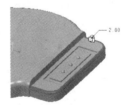

图7-157　倒圆角

09 再次执行【倒圆角】命令，打开【倒圆角】操控板，输入圆角半径为0.5，按住Ctrl键选取如图7-121所示的各边线。单击【确定】按钮✔，添加圆角特征，如图7-158所示。

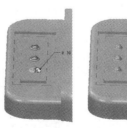

图7-158　倒圆角

5.绘制卡扣

01 单击【拉伸】按钮⬤，打开【拉伸】操控面板。执行【放置】|【定义】命令，选择上表面作为草绘平面，进入草绘环境，单击【草绘】选项卡中的【矩形】按钮◻，绘制拉伸截面。单击【确定】按钮✔，返回【拉伸】操控面板，输入拉伸深度为10。单击【确定】按钮✔，创建拉伸特征，如图7-159所示。

02 按住Crtl键选择拉伸曲面和整个曲面，单击【编辑】命令组中的【合并】按钮，单击【确定】按钮，结果如图7-160所示。

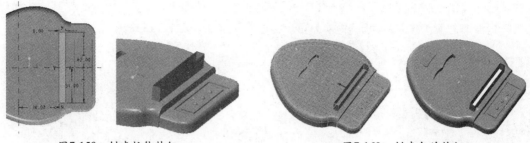

图7-159 创建拉伸特征　　　　　　　　　　图7-160 创建合并特征

03 单击【拉伸】按钮，打开【拉伸】操控面板。执行【放置】|【定义】命令，选择上表面作为草绘平面，进入草绘环境，单击【草绘】选项卡中的【线】按钮，绘制拉伸截面。单击【确定】按钮，返回【拉伸】操控面板，单击【延伸到指定的面】按钮，选择拉伸曲面另一面。单击【确定】按钮，创建拉伸特征，如图7-161所示。

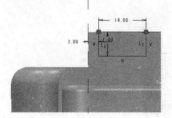

图7-161 创建拉伸特征

04 选择刚创建的拉伸曲面特征，单击【阵列】按钮，选择【方向】阵列方式，选择一条边线作为阵列方向，输入阵列数为3，距离为20.5，创建阵列特征，如图7-162所示。

图7-162 创建阵列特征

05 按住Crtl键选择拉伸曲面和整个曲面，单击【编辑】命令组中的【合并】按钮，单击【确定】按钮，然后依次将阵列的拉伸曲面和整个曲面合并，合并结果如图7-163所示。

图7-163 创建合并特征

06 单击【拉伸】按钮，打开【拉伸】操控面板，单击操控板中的【曲面】按钮。执行【放置】|【定义】命令，选择上表面作为草绘平面，进入草绘环境，单击【草绘】选项卡中的【圆】按钮，绘制拉伸截面。单击【确定】按钮，返回【拉伸】操控面板，单击【对称拉伸】按钮，输入拉伸值为150。单击【移除材料】按钮，单击【确定】按钮，创建拉伸特征，如图7-164所示。

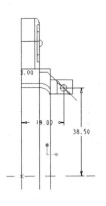

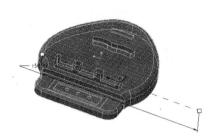

图7-164 创建拉伸切除特征

07 单击【基准】命令组中的【平面】按钮⬜，选择边线，创建基准面DTM4，如图7-165所示。选择DTM4作为草绘截面，进入草绘环境。单击【草绘】命令组中的【投影】按钮⬜，选择边线，单击【确定】按钮✔，如图7-166所示。

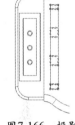

图7-165 选择边线   图7-166 投影

08 单击【曲面】命令组中的【填充】按钮⬜，选择刚草绘的草图，填充为曲面，如图7-167所示。按住Crtl键选择填充曲面和拉伸曲面，单击【编辑】命令组中的【合并】按钮⬜，单击【确定】按钮✔，如图7-168所示。

图7-167 填充   图7-168 合并

09 单击【倒圆角】按钮🔲，打开【倒圆角】操控板，按住Ctrl键选取要进行倒圆角两个侧面，单击【集】选项卡中的【完全倒圆角】按钮，再单击【驱动曲面】收集器，并将其激活，选择填充面为驱动曲面。单击【确定】按钮✔，添加圆角特征，如图7-169所示。

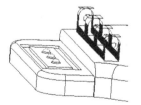

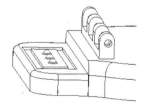

图7-169 倒完全圆角

10 选择整个曲面，单击【编辑】命令组中的【加厚】⬜按钮，设置厚度为1，如图7-170所示。

图7-170 创建加厚特征

6.充电器外壳倒角

11 多次执行【倒圆角】命令，打开【倒圆角】操控面板，输入圆角半径，按住Ctrl键选取需倒圆角的各边线。单击【确定】按钮 ✓，添加圆角特征，流程如图7-171所示。

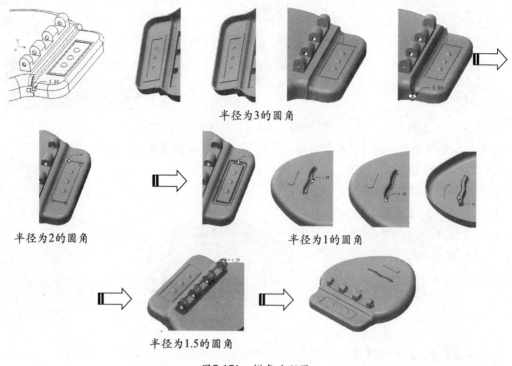

半径为3的圆角

半径为2的圆角　　　　　　　　　　　　半径为1的圆角

半径为1.5的圆角

图7-171　倒角流程图

7.5 课后练习

本节将通过两个操作练习帮助读者加深了解本课的知识要点。

7.5.1　创建圆柱铣刀模型

创建如图7-172所示的圆柱铣刀模型。

图7-172　圆柱铣刀模型

操作提示：

01 草绘图形。

02 创建阵列。图形区内选取所需阵列的草绘，单击【编辑】命令组中的【阵列】按钮 ⊞，项目数为6，距离为30。

03 创建边界混合。单击【模型】选项卡中的【边界混合】按钮 ⬚，创建边界混合曲面特征。

04 创建拉伸曲面。单击【模型】选项卡【形状】命令组中的【拉伸】按钮 ⬚，绘制拉伸截面，对称拉伸，拉伸距离为50，拉伸曲面。

05 填充曲面。单击【模型】选项卡中的【填充】按钮▨，填充曲面。

06 合并曲面。按住Ctrl键选取绘图区内曲面，单击【模型】选项卡中的【合并】按钮⬦，合并曲面。

07 创建拉伸曲面。单击【模型】选项卡中【形状】命令组中的【拉伸】按钮⬡，绘制拉伸截面，对称拉伸，拉伸距离为170，拉伸曲面。

08 合并曲面。按住Ctrl键选取绘图区内曲面，单击【模型】选项卡中的【合并】按钮⬦，合并曲面。其流程图如图7-173所示。

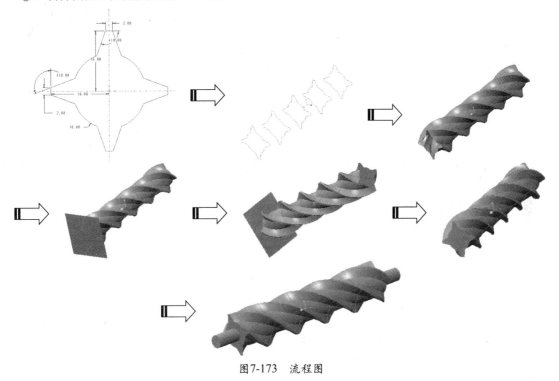

图7-173 流程图

▌7.5.2 创建油底壳模型

创建如图7-174所示的油底壳模型。

图7-174 油底壳模型

操作提示：

01 填充曲面。单击【模型】选项卡中的【填充】按钮▨，绘制填充截面轮廓，填充曲面。

02 顶点倒圆角。单击【曲面】选项卡中的【顶点倒圆角】按钮，选择4个顶点，设置圆角半径为38。

03 创建偏移。单击【模型】选项卡中的【偏移】按钮☝，绘制偏移轮廓，设置偏移距离为50，拔模角度为4°，创建偏移。

04 创建拉伸曲面。单击【模型】选项卡中【形状】命令组中的【拉伸】按钮，绘制拉伸截面，完全贯穿。

05 创建镜像。在图形区内选择拉伸曲面特征，单击【编辑】命令组中的【镜像】按钮，镜像拉伸特征。

06 创建拉伸曲面。单击【模型】选项卡中【形状】命令组中的【拉伸】按钮，绘制拉伸截面，完全贯穿。

07 创建阵列。图形区内选取所需阵列的草绘，单击【编辑】命令组中的【阵列】按钮，项目数为2，距离为140。

08 创建镜像。在图形区内选择拉伸曲面特征，单击【编辑】命令组中的【镜像】按钮，镜像拉伸特征。

09 创建偏移。单击【模型】选项卡中的【偏移】按钮，绘制偏移轮廓，设置偏移距离为15，拔模角度为30°，创建偏移。

10 倒圆角。单击【工程】命令组中的【倒圆角】按钮，倒圆角。

11 创建偏移。单击【模型】选项卡中的【偏移】命令按钮，绘制偏移轮廓，设置偏移距离为2，创建偏移。

12 加厚。选取曲面作为加厚曲面，单击【模型】选项卡中的【加厚】按钮，厚度为1。其流程图如图7-175所示。

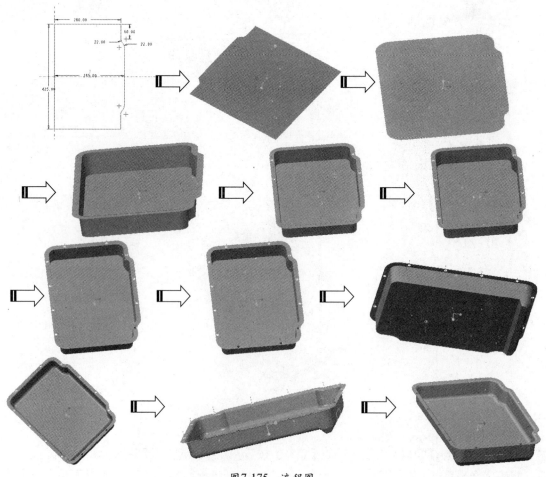

图7-175　流程图

第8课
工程图设计

工程图是零件模型生产加工的依据。在Creo Parametric 2.0中，可以由实体模型生成工程图，并且能自动为工程图标注尺寸，此外在工程图中，可以添加注解、使用层来管理不同类型的内容。

【本课知识】

- 工程图的制作流程
- 工程图环境
- 视图操作
- 创建各种剖视图
- 视图标注
- 注释
- 表格

8.1 工程图的制作流程

　　用户在完成零件或装配件的三维设计后，使用工程图模块，可以从三维设计转到二维工程图设计，软件自动完成工程图的大部分工作。工程图具有双向关联性，当在一个视图里改变一个尺寸值时，其他的视图也相应地更新，包括相关三维模型也会自动更新。同样，当改变模型尺寸或结构时，工程图的尺寸或结构也会发生相应的改变。

　　工程图制作基本步骤如下。

01 启动Creo Parametric 2.0，进入工程制图模式，修改工程图名称。

02 选择要建立工程图的零件或装配，并且选择图纸的规格。

03 生成基本视图（前视图、俯视图和右视图）。

04 修改或增加视图，使零件或装配件清楚表达出来。

05 在生成的工程图上添加尺寸和注解等。

　　工程图制作基本流程，如图8-1所示。

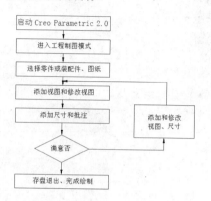

图8-1　工程图制作基本流程图

8.2 工程图环境

　　创建一张新的工程图，是在工程图环境中完成的，在进入该环境之前需要进行两项设置：第一，工程图的文件设置；第二，工程图环境的设置。

8.2.1 设置工程图文件

　　单击【新建】按钮，或者执行【文件】|【新建】命令，系统弹出【新建】对话框，在该对话框中选择【绘图】类型，并选择一种子类型。对话框中其他选项的含义如下。

★ 文件名：文件名称中不能存在空格键，可以使用数字、字母、下划线，以及它们的组合，例如di_zuo002。

★ 【取消】按钮：用来取消文件设置，重新返回Creo Parametric 2.0的软件环境。

★ 【使用默认模板】：通过取消【使用默认模板】选项来取消默认模板的使用。

★ 【确定】按钮：用来确定文件设置，进入工程图的设计环境。

　　选择【使用默认模板】选项，并单击【确定】按钮，弹出【新建绘图】对话框，如图8-2所示。在【模板】选项列表中的一种模板，单击【确定】按钮进入工程图环境。

图8-2　使用默认对话框

8.2.2　进入工程图环境

在【新建】对话框中选择【绘图】类型，并取消【使用默认模板】选项，然后单击【确定】按钮，系统弹出【新建绘图】对话框。在该对话框中，选择【指定模板】选项并确定大小和方向，单击【确定】按钮进入工程图环境，如图8-3所示。

图8-3　取消默认对话框

在【新建绘图】对话框中，包括：【默认模型】、【指定模板】、【方向】及【大小】等不同的选项，各选项的定义及功能如表8-1所示。

表8-1　【新建绘图】对话框各选项的含义及功能

名　　称		功　能　说　明
默认模型		在默认模型区域选取模型，一般系统默认为当前活动模型。其中包括：零件或装配模型，如果选取模型以外的模型，单击【浏览】按钮。
指定模板	使用模板	在创建工程图时，使用某个工程图的模板。
	格式为空	不使用模板，但使用某个图框格式。
	空	既不使用模板，也不使用图框。
方向	纵向	选取【空】选项时，如果图纸为标准尺寸例如A4，则图纸纵向放置。
	横向	选取【空】选项时，如果图纸为标准尺寸例如A4，则图纸横向放置。
	可变	选取【空】选项时，如果图纸为非标准尺寸，则图纸的大小可以设置。
大小	标准大小	图纸的图幅大小分别为A0-A4、A-F。
	英寸	选择图幅大小为A-F时的尺寸单位。
	毫米	选择图幅大小为A0-A4时的尺寸单位。
	宽度	标准图幅的宽度或用户设置的宽度。
	高度	标准图幅的高度或用户设置的高度。

【使用模板】、【格式为空】和【空】三种模板，对应不同的工程图模板环境，下面分别介绍这3种方式。

★　使用模板：选择【使用模板】选项，单击模板区域【浏览】按钮，在【打开】对话框中查找已有工程图模板并打开，单击【确定】按钮即可，如图8-4所示。

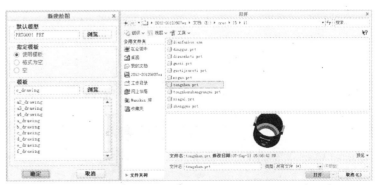

图8-4　选择【使用模板】方式进入

★ 格式为空：选择【格式为空】选项，单击【格式】选项区域中的【浏览】按钮，在【打开】对话框的文件列表中选择已有的格式打开，单击【确定】按钮即可，如图8-5所示。

图8-5 选择【格式为空】方式进入

★ 空：选项【空】选项进入工程图环境，根据图纸幅面分为标准幅面尺寸进入和非标准幅面进入两种情况，如图8-6所示为两种【空】选项的设置对话框。

使用标准幅面尺寸需要选择图纸方向，并在【标准大小】选项的下拉列表中选择图幅大小。

图8-6 选择【空】方式的两种情况

8.3 工程图视图

在Creo Parametric 2.0中，工程图是由各个视图组成的。一般而言，机械零件的工程图是由主视图、俯视图、右视图等不同方向视图，以及某个视图的局部视图、全剖或半剖视图等其他视图组成。

8.3.1 使用模板工程图

一般情况下，用户不必自行创建各方向的视图。Creo Parametric 2.0提供了一种智能创建平面三视图的方法，即使用模板创建工程图，选择模板之后，系统自动生成各个方向的视图。

单击快速访问工具栏上的【新建】按钮，弹出【新建】对话框，选择【绘图】类型，并且勾选【使用默认模板】选项，单击【确定】按钮，弹出【新建绘图】对话框，选择合适模板，单击【确定】按钮进入工程图环境。此时，系统将根据用户选取的零件模型自动生成工程视图，如图8-7所示。

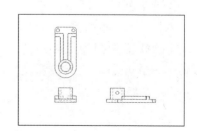

图8-7 使用模板创建工程图

8.3.2 创建基础视图

基础视图包括：一般视图、投影视图、辅助视图，以及旋转视图等，下面分别介绍这几种常见视图的创建方法。

1.创建一般视图

一般视图是指零件模型的实际显示效果的视图，其样式与零件建模界面的显示相同。系统默认一个一般视图的方向，用户可以利用【绘制视图】对话框中的【视图方向】选项来改变视图方向。

◆ 插入视图

单击【布局】选项卡中【模型视图】命令组上的【常规】按钮，在绘图区的某一位置单击鼠标左键，在该位置创建一个零件的一般视图，如图8-8所示。同时弹出【绘图视图】对话框，单击【确定】按钮结束操作。

图8-8　创建一般视图　　　　　　　　　图8-9　改变视图方向

◆ 改变视图方向

在绘图区双击一般视图，弹出【绘图视图】对话框。选择【查看来自模型的名称】选项，在【模型视图名】列表中选择标准视图方向，或者选择【几何参考】选项，在视图上选择对象，重新定义参考方向。单击【应用】按钮，一般视图显示为所选的方向，如图8-9所示。

2.创建投影视图

投影视图是以水平和垂直视角来建立前、后、上、下、左、右等方向的视图。创建投影图包括选择【投影】选项和将一般视图转换为投影视图两种方式。投影视图是以一般视图为基础创建的，具体操作方法如下。

★ 选择【投影】选项：选择一般视图并单击右键，在弹出的快捷菜单中选择【插入投影视图】选项，或者单击【布局】选项卡中【模型视图】命令组上的【投影】按钮，在绘图区域中选择放置位置，如图8-10所示。

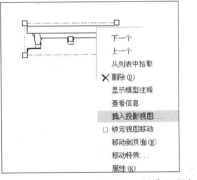 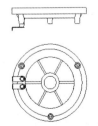

图8-10　创建投影视图

★ 将一般视图转换为投影视图：当绘图区域中有两个一般视图时，双击其中一个一般视图，在【绘图视图】对话框的【类型】下拉列表中，选择【投影】选项并激活【父项视图】选项，单击【确定】按钮即可将一般视图转换为投影视图，如图8-11所示。

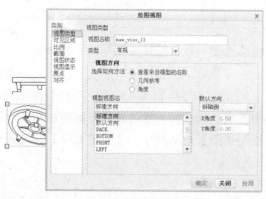
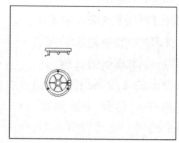

图8-11 将一般视图转换为投影视图

3.创建辅助视图

如果模型比较复杂，需要表达非标准投影方向上的某些特征时，则可以使用辅助视图。辅助视图是一种特殊的投影视图，是以选取的曲面或轴为参考，在垂直于参考的方向上投影所形成的视图。需要注意的是，所选定的参考必须垂直于屏幕平面。

打开一个零件模型，首先创建零件的一般视图和投影视图，然后在【布局】选项卡中，单击【模型视图】命令组上的【辅助】按钮，在绘图区选取边、轴、基准平面或曲面为投影参考。在适当的位置单击鼠标左键，系统将在该位置创建零件的一个辅助视图，如图8-12所示。

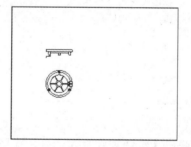
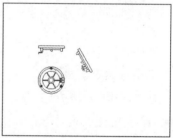

图8-12 创建辅助视图

4.轴测图

轴测图是一种单面投影图，因此也称为"轴测投影图"。它是在适当位置设置一个投影面，然后将模型连同确定其空间位置的直角坐标系一起沿一定的投射方向，用平面投影法向投影面投影，得到能同时反映模型长、宽、高和三个表面的投影图。

轴测图的外形与三维模型相似，但实际上属于二维平面图中的特殊类型。在Creo中，轴测图也属于一般视图，主要包括等轴测和斜轴测两种类型。单击【常规】按钮，打开【绘图视图】对话框，选择【默认方向】选项中组中的【等轴测】或【斜轴测】选项，并选择【模型视图名】列表中的【默认方向】或【标准方向】选项，即可创建轴测图，如图8-13所示。

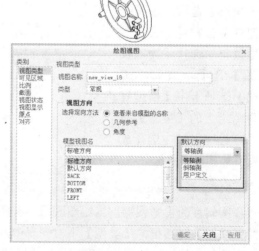

图8-13 创建轴测图

【案例8-1】：创建一般视图

01　单击【快速访问】工具栏中的【新建】按钮，选择绘图模块，选择光盘中"第8课\端盖.drw.1"模型文件。

02　单击【布局】选项卡中【模型视图】命令组上的【常规】按钮，或在绘图区内单击鼠标右键，在弹出的右键快捷菜单中选择【插入普通视图】选项。根据系统提示选择绘制视图的中心点，选取图中一点放置视图。

03　在弹出的【绘图视图】对话框中，选择【视图类型】选项。在【模型视图名】选项框中选择TOP，如图8-14所示，然后单击【确定】按钮，结果如图8-15所示。

图8-14　【绘图视图】对话框

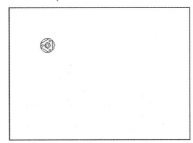

图8-15　创建主视图

04　在绘图区双击主视图，系统弹出【绘图视图】对话框。在对话框中选择【比例】选项列表中的【自定义比例】选项，输入数值为0.01，如图8-16所示。单击【确定】按钮，结果显示如图8-17所示。

图8-16　【绘图视图】对话框

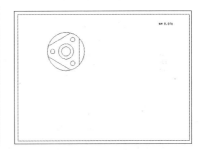

图8-17　创建主视图

05　选中刚创建的主视图，单击鼠标右键，在弹出的快捷菜单中选择【插入投影视图】选项，如图8-18所示。向下移动鼠标到图中适当位置然后单击左键，将视图移动到相应位置，结果如图8-19所示。

06　选中图中的主视图，单击鼠标右键，在弹出的右键快捷菜单中选择【插入投影视图】选项，向左移动鼠标到图中适当位置并单击左键，再移动视图到相应位置，结果如图8-20所示。

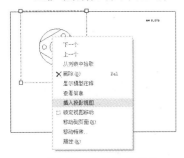

图8-18　右键快捷菜单

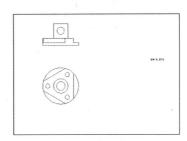

图8-19　创建前视图

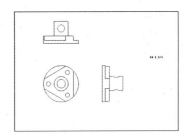

图8-20　创建右视图

8.4　视图操作

　　一张清晰、美观的工程图，除了生成一组表达零件的内外结构视图，还要保证这些视图在图纸上的分布合理，便于标注和注释等后续操作，另外，这些视图之间还必须具有规定的对齐关系，例如：在三视图布局中，必须注意主、俯视图长对正，主、左视图高平齐，俯、左视图宽相等这些投影原则。因此，在绘制视图时，往往需要不断调整视图的位置，或删除多余视图。

8.4.1　视图移动、锁定或删除

移动视图是为了修改视图在图纸上的位置，以免视图间距太紧或太松而影响其效果。而锁定视图移动，是为了避免调整好的视图在图纸上位置的发生改变，下面将分别介绍这几种视图操作方法。

1.移动视图

移动视图包括移动投影视图和移动一般视图两种情况。不同的视图选择，移动方式也不相同。

★ 移动一般视图：选择一般视图并单击右键，在弹出的快捷菜单中取消【锁定视图移动】选项。单击该视图并在出现的箭头指示下拖曳鼠标移动视图，如图8-21所示。

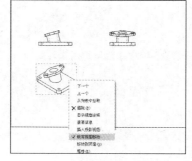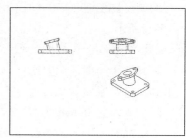

图8-21　移动一般视图

★ 移动投影视图：移动投影视图包括，在某一方向移动和在任意方向移动两种情况。

鼠标右击投影图，在弹出的快捷菜单中取消【锁定视图移动】选项。单击该视图即可在指定路径内移动，如图8-22所示。

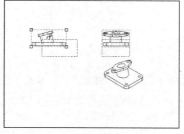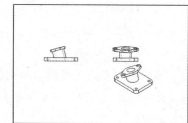

图8-22　沿指定路径移动

鼠标右击该投影视图并在快捷菜单中选择【属性】选项，在弹出的【绘图视图】对话框中选择【对齐】选项，禁用【将此视图与其他视图对齐】复选项，单击【确定】按钮。在绘图区单击该视图，即可将该视图移到任意方向，如图8-23所示。

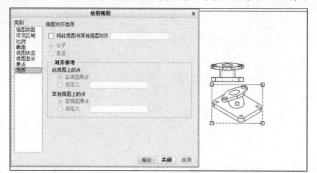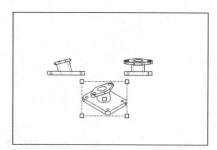

图8-23　在任意方向移动

2.锁定视图移动

选择视图并单击右键，在弹出的快捷菜单中选择【锁定视图移动】选项，系统会自动将该视图锁定在固定位置并相对不变，如图8-24所示。

3. 删除视图

在绘图区域选择要删除的视图，单击鼠标右键，在快捷菜单中选择【删除】选项即可，如图8-25所示。同时，也可以选择视图之后，在键盘上按Delete键删除。

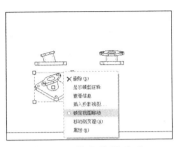

图8-24　锁定视图移动

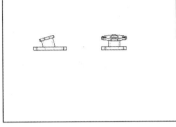

图8-25　删除视图

8.4.2　设置视图显示模式

利用视图显示模式可以控制视图，或视图上单个边的显示状态，尤其是在装配视图中，可以将不同元件设置为不同的显示模式，以示区分。此外，在放置详细、区域或剖视图的过程中，打开视图中的栅格显示，可以辅助视图定位或标注尺寸并添加注释。

1. 视图显示

在工程图环境中，视图显示包括：视图线性显示模式、面组隐藏线显示、剖面线隐藏显示，以及线性显示颜色等内容。通过设置视图显示，可以将零件的结构层次化，以便分类管理。

在绘图区双击视图，系统弹出【绘图视图】对话框，在【类别】选项组中选择【视图显示】选项，其右侧显示出【视图显示选项】设置面板，如图8-26所示。该面板中各选项的含义如下。

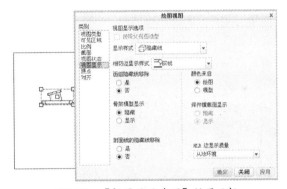

图8-26　【视图显示选项】设置面板

显示线型：该选项区主要用于设置视图显示的模式，包括以下4种方式。

★ 从动环境：选择该选项，则视图显示将从动于源模型显示模式。

★ 线框：选择该选项，则视图显示将以实线线框形式显示。

★ 隐藏线：选择该选项，则视图的隐藏线将以虚线形式显示。

★ 消隐：选择该选项，则视图的隐藏线不显示。

相切边显示样式：该选项区用于设置模型中的相切边在视图中的显示模式，主要包括：无、实线、灰色、中心线和双点划线5种样式，其中无表示相切边不显示。

面组隐藏线移除：该选项区用于控制面组的显示，选择【是】选项，表示隐藏线删除时包括面组；选择【否】选项，表示隐藏线删除时排除面组。

骨架模型显示：该选项区用于控制骨架模型的显示。

剖面线的隐藏移除：该选项区用于控制剖视图的剖面线显示。选择【是】选项，表示启用剖面线显示；选择【否】选项，表示禁用剖面线显示。

颜色自：该选项区用于控制模型显示。选择【绘图】选项，表示用绘图颜色显示模型；选择【模型】选项，表示用模型颜色显示模型。

2.边显示控制

利用【边显示】命令可设置视图的边或相切边的显示模式。单击【布局】选项卡中【编辑】命令组上的【边显示】按钮 边显示，如图8-27所示。

在该菜单中执行【拭除直线】、【线框】、【隐藏线】等命令，可以设置视图边线的显示模式；执行【切线中心线】、【切线虚线】、【切线灰色】等命令，可设置相切边线的显示模式；执行【任意视图】或【选出视图】命令，可以控制选取边线的范围。在【边显示】菜单中执行【隐藏线】|【切线灰色】|【任意视图】命令，然后选取如图8-28所示的边线，再选择【完成】选项，结果如图8-29所示。

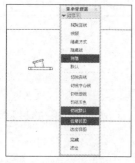
图8-27 【边显示】菜单

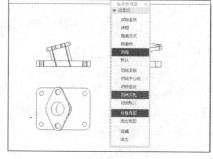
图8-28 选取边线

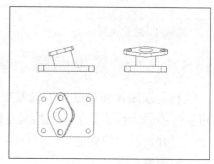
图8-29 边显示

3.显示视图栅格

打开栅格可以辅助视图精确定位、尺寸标注或相关文本注释。在【草绘】选项卡中，单击【设置】命令组中的【绘制栅格】按钮，系统弹出【网格修改】菜单，如图8-30所示。选择【显示网格】选项，绘图区显示出栅格，如图8-31所示。该菜单中各选项的含义如下。

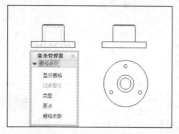
图8-30 【网格修改】菜单

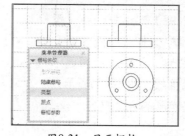
图8-31 显示栅格

★ 隐藏网格：选择该选项，可以在绘图区内隐藏显示的栅格。

★ 类型：选择该选项，可以利用弹出的【网格类型】菜单定义网格类型，包括：【笛卡尔】和【极坐标】两种类型。

★ 原点：选择该选项，可以利用弹出的【网格原点】菜单来定义栅格原点。

★ 网格参数：选择该选项，可以利用弹出的【极坐标参数】菜单来定义网格的线数、间距或角度等参数，如图8-32所示。

（a）选择【笛卡尔】类型

（b）选择【极坐标】类型

图8-32 定义网格

8.5 创建各种剖视图

为了在工程图里表达模型内部结构，需要用到各种剖视图。剖视图是在一般视图的基础上创建的，是一般视图的补充表示，包括：全剖、半剖、局部剖、旋转剖等类型。

8.5.1 创建全剖视图

全剖视图是指将模型沿平面完全切穿，并从水平或垂直的投影角度观察剖切截面。在定义全剖视图时，应选取一个面作为剖截面，该面必须垂直于屏幕。

【案例8-2】：创建全剖主视图

01 单击【快速访问】工具栏中的【打开】按钮，选择绘图模块，选择光盘中的"第8课\8-2创建全剖视图.drw.1"模型文件。

02 双击前视图，或直接单击鼠标左键选中前视图。单击鼠标右键，在弹出的右键快捷菜单中选择【属性】选项，系统弹出【绘图视图】对话框，在【类别】选项组中，选择【截面】选项。在【截面选项】区域中，选择【2D横截面】选项，如图8-33所示。

03 单击对话框中的【将横截面添加到视图】按钮 ⊞ ，系统弹出如图8-34所示的【横截面创建】菜单，执行【平面】|【单一】|【完成】命令。

04 系统弹出【输入横截面名】信息输入窗口，在该窗口中输入A，并单击窗口中的 ✓ 按钮，或按Enter键。

05 系统弹出【设置平面】菜单，单击【视图】选项卡下【显示】命令组中的【平面显示】按钮 ，选择主视图中TOP基准平面，如图8-35所示。

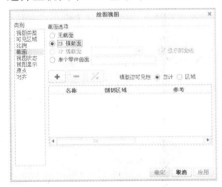

图8-33 【绘图视图】对话框 　　图8-34 【剖截面创建】菜单 图8-35 【设置平面】菜单

06 系统自动切换到【绘图视图】对话框，如图8-36所示。单击对话框中的【确定】按钮结束全剖截面创建的操作，结果如图8-37所示。

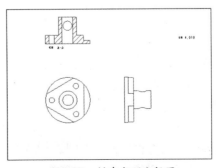

图8-36 【绘图视图】对话框 　　　　　　图8-37 创建全剖主视图

07 为了表示全剖视图的剖切方向，应在俯视图中生成一个显示剖切方向的箭头。单击鼠标左键选中剖视图，再单击鼠标右键，在弹出的右键快捷菜单中选择【添加箭头】选项。系统将提示给箭头选出一个截面在其处垂直的视图，单击主视图，即可完成创建，结果如图8-38所示。

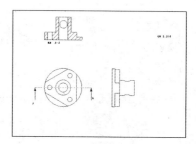

图8-38　创建剖切方向箭头

8.5.2　创建半剖视图

半剖视图是指视图部分被剖切的情况，常用于形状比较规则零件视图当中，与全剖视图相似，但生成方法上有两点不同。

★　在【剖切区域】下拉列表选项中应选择【一半】选项。

★　创建过程中，需要在视图中选择一个平面来决定将视图中哪一半的剖切情况显示出来。

【案例8-3】：创建半剖视图

01 单击【快速访问】工具栏中的【新建】按钮 ，选择绘图模块，打开光盘中"第8课\8-3创建半剖视图.drw.1"模型文件。

02 双击图中的右视图，或直接单击鼠标左键选中右视图。单击鼠标右键，在弹出的右键快捷菜单中选择【属性】选项。

03 系统弹出如图8-39所示的【绘图视图】对话框，在【类别】选项组中，选择【截面】选项。在【截面选项】区域中，选择【2D横截面】选项。

04 单击对话框中的【将横截面添加到视图】按钮 ，系统弹出如图8-40所示的【横截面创建】菜单，执行【平面】|【单一】|【完成】命令。

05 系统弹出【输入横截面名】信息输入窗口，在该窗口中输入B，并单击窗口中的【确定】按钮 ，或按Enter键。

06 系统弹出【设置平面】菜单，单击【视图】选项卡下【显示】命令组中的【平面显示】按钮 ，选择主视图中RIGHT基准平面，如图8-41所示。

图8-39　【绘图视图】对话框　　　图8-40　【横截面创建】菜单　　　图8-41　【设置平面】菜单

07 系统自动切换到【绘图视图】对话框，单击对话框中的【剖切区域】按钮，在弹出的下拉列表中选择【一半】选项。系统提示为这半截面创建选取参考平面，选择基准平面TOP，如图8-42所示。单击对话框中的【确定】按钮，结束剖截面创建的操作，结果如图8-43所示。

08 为了表示半剖视图的剖切方向，应在主视图中生成一个显示右视图剖切方向的箭头。单击鼠标左键选中右视图，再单击鼠标右键，在弹出的右键快捷菜单中选择【添加箭头】选项。系统将提示给箭头选出一个截面在其处垂直的视图，单击主视图，即可完成创建，结果如图8-44所示。

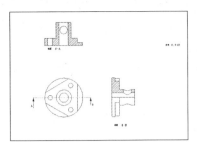

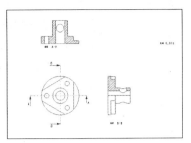

图8-42 创建半截面参考平面　　　图8-43 创建半剖视图　　　图8-44 创建半剖视图剖切方向箭头

8.5.3 创建局部剖视图

在有的视图中，为了清楚地表达其内部细节，有时需要把细节处剖切出来，但不需要对视图进行全部剖切，此时就将用到局部剖视图。局部剖视图的生成方法，与前面两种剖视图有些不同，主要体现在以下两点。

★ 在【剖切区域】下拉列表中应选择【局部】选项。

★ 需要在视图中草绘出局部剖切的范围。

【案例8-4】：创建局部剖视图

01 单击【快速访问】工具栏中的【新建】按钮，选择绘图模块，打开光盘中的"第8课\8-4创建局部剖视图.drw.1"模型文件。

02 如图8-45所示为创建局部剖视图实例，双击图中的右视图，或直接单击鼠标左键选中右视图。再单击鼠标右键，在弹出的右键快捷菜单中选择【属性】选项。

03 系统弹出如图8-46所示的【绘图视图】对话框，在【类别】选项组中，选择【截面】选项。在【截面选项】区域中，选择【2D横截面】选项。

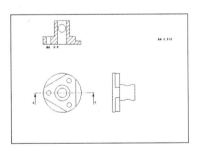

图8-45 创建局部剖视图实例　　　图8-46 【绘图视图】对话框

04 单击对话框中的【将横截面添加到视图】按钮，系统弹出如图8-47所示的【横截面创建】菜单，执行【平面】|【单一】|【完成】命令。

05 接着系统弹出【输入横截面名】信息输入窗口，然后在该窗口中输入B，并单击窗口中的按钮，或按Enter键。

06 系统弹出【设置平面】菜单，单击【视图】选项卡下【显示】命令组中的【平面显示】按钮，再选择主视图中的RIGHT基准平面，如图8-48所示。

图8-47 【横截面创建】菜单　　　图8-48 【设置平面】菜单

07 系统自动切换到【绘图视图】对话框，单击对话框中的【剖切区域】按钮，在弹出的下拉列表中选择【局部】选项。系统提示选取截面间断的中心点，在右视图中选择一点，如图8-49所示。

08 系统提示为样条创建要经过点，在右视图创建如图8-50所示的样条曲线。单击对话框中的【确定】按钮，结束剖截面创建的操作，结果如图8-51所示。

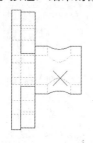

图8-49　创建截面间断的中心点

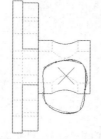

图8-50　创建样条曲线

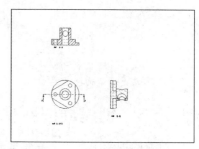

图8-51　创建局部剖视图

8.5.4　创建旋转剖视图

当将要进行剖切的特征不在零件的一个对称面上时，平面形式的剖截面将无法完全对这些特征剖切，必须使用旋转剖视图来表示。旋转剖视图的生成方法，与全剖视图和半剖视图的生成方法相似，但旋转剖视图需要草绘出一个非平面的剖切面。

【案例8-5】：创建旋转剖视图

01 单击【快速访问】工具栏中的【新建】按钮，选择绘图模块，打开光盘中"第8课\8-5创建旋转剖视图.drw.1"模型文件，如图8-52所示。

02 在图形区双击前视图，弹出【绘图视图】对话框，在【类别】选项组中，选择【截面】选项。在【截面选项】区域中，选择【2D横截面】选项，如图8-53所示。

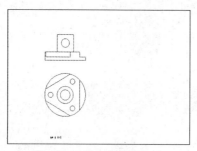

图8-52　旋转视图素材文件

图8-53　【截面】选项

03 单击对话框中的【将截面添加到视图】按钮，系统弹出如图8-54所示的【横截面创建】菜单，执行【偏移】|【双侧】|【单一】|【完成】命令。

04 系统弹出【输入横截面名】信息输入窗口，在该窗口中输入B，并单击窗口中的按钮，或按Enter键。

05 系统弹出【设置草绘平面】菜单，如图8-55所示。同时系统自动转到三维活动窗口中，并提示选择或创建一个草绘平面。

图8-54　【剖截面创建】菜单

图8-55　【设置平面】菜单

06 选择基准平面TOP作为草绘平面，在弹出的【方向】菜单中选择【确定】选项，如图8-56所示。选择【草绘视图】菜单中的【默认】选项，如图8-57所示。

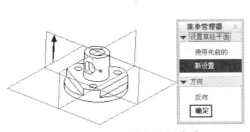

图8-56 【方向】菜单   图8-57 【草绘视图】菜单

07 单击三维活动窗口中【草绘】菜单中的【线】按钮，创建出如图8-58所示的草绘截面。单击三维活动窗口中【草绘】菜单中的【完成】按钮 ✔，结束草绘截面的创建操作。

08 系统自动切换到【绘图视图】对话框，单击对话框中的【确定】按钮，结束旋转剖截面创建的操作，结果如图8-59所示。

09 单击鼠标左键选中前视图，再单击鼠标右键，在弹出的右键快捷菜单中选择【添加箭头】选项。系统将提示绘箭头选出一个截面在其处垂直的视图，再单击主视图，即可完成创建，结果如图8-60所示。

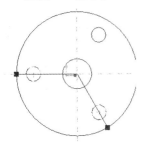

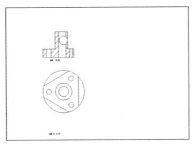

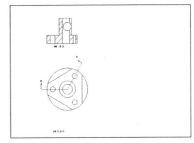

图8-58 创建草绘截面   图8-59 创建旋转视图   图8-60 创建剖切方向箭头

8.6 视图标注

在一张工程图中创建的各种视图，只能表达出实体模型的结构、形状和装配关系等信息。因此，还需要对视图添加尺寸、公差、注释、明细表等项目，才能构成一张完整的工程图，表达出模型的精确尺寸和装配之间的位置关系。

8.6.1 手动标注尺寸

在生成工程图时，用户除了可以通过系统自动对创建视图进行尺寸标注外，还可以通过手动的方式对视图进行尺寸标注，其标注方法与在草绘模式下标注尺寸基本相同。手动方式标注的尺寸值为驱动尺寸值，不能被修改。

1. 标注线性尺寸

单击【注释】选项卡，进入该选项卡中的【注释】命令组，单击【尺寸】右边的▼按钮，在下拉列表中选择 尺寸 – 新参考 选项，系统弹出如图8-61所示的【依附类型】菜单，其中各选项的功能如下。

★ 图元上：在视图中选取一个或两个几何图元来标注尺寸。单击该选项后，直接在视图中选取需要标注尺寸的几何图元，单击鼠标中键来放置尺寸。

图8-61 【依附类型】菜单

★ 在曲面上：在视图中选取曲面为依附对象，在曲面对象之间添加标准尺寸。单击该选项，在视图中指定依附曲面对象和参考点并单击鼠标中键，在弹出的【弧/点类型】菜单中选择一个选项来指定参考点类型，即可完成对该图元的尺寸标注。

★ 中点：在视图中捕捉几何图元的中点作为尺寸标注的起点或终点。单击该选项，在视图中选择标注几何图元并单击鼠标中键，在弹出的【尺寸方向】菜单中选择一个选项来指定参考点类型，即可完成对该图元的尺寸标注。

★ 中心：在视图中捕捉圆或圆弧的中心作为尺寸标注的起点或终点。选择该选项，在视图中选择两段圆弧并单击鼠标中键，在弹出的【尺寸方向】菜单中选择一个选项来指定参考点类型，即可完成对该图元的尺寸标注。

★ 求交：在视图中两条线段的交点作为尺寸标注的起点或终点。选择该选项，再按住Ctrl键选取4条线段并单击鼠标中键，在弹出的【尺寸方向】菜单中选择【倾斜】选项，即可完成对该图元的尺寸标注。

★ 做线：以绘制的参考线为依附对象添加尺寸标注。选择该选项，在打开的【做线】菜单中选择做线的类型，在视图中绘制尺寸依附对象的参考，单击鼠标中键完成做线标注。

2.标注圆弧尺寸

在视图中单击圆或圆弧，则标注是半径尺寸；双击圆或圆弧，则标注是直径尺寸，如图8-62所示。

3.标注角度尺寸

在视图中选择两图元，单击鼠标中键来放置尺寸，如图8-63所示。

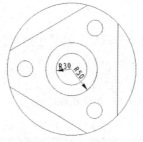

图8-62 标注圆弧尺寸

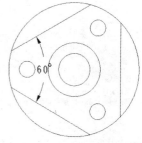

图8-63 标注角度尺寸

4.按基准方式标注尺寸

进入【注释】选项卡的【注释】命令组，单击【尺寸】右边的▼按钮，在下拉列表中选择尺寸－公共参考选项。系统弹出【依附类型】菜单，选择菜单中的【图元上】选项，在视图中选取一个公共尺寸标注参考。选取一个进行尺寸标注的附加图元，单击鼠标中键放置尺寸，如图8-64所示。

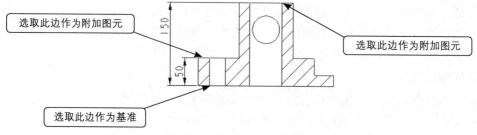

图8-64 按基准方式标注尺寸

5.标注坐标尺寸

在标注坐标尺寸时，视图中必须存在水平与垂直两个方向的尺寸。单击【注释】选项卡中【注释】右边的▼按钮，在弹出的下拉列表中选择 坐标尺寸选项。选取轴、边、基准点、曲线、顶点作为箭头依附的位置；选取要表示成坐标尺寸的水平、垂直两方向的尺寸（先选取的尺寸会作为X方向的坐标尺寸），系统会自动完成转换，如图8-65所示。

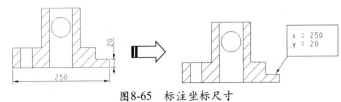

图8-65 标注坐标尺寸

8.6.2 编辑尺寸

在工程图中，由于手动标注的尺寸都是由【显示/拭除】对话框自动生成，往往是杂乱交错地分布在视图中。此时就需要对视图中的尺寸文本进行修改、移动、拭除或删除尺寸的数值和属性。下面分别介绍这些操作的方法。

1.删除尺寸

在工程图中，当出现重复尺寸或尺寸分布过多时，可以通过以下3种方法删除视图中的尺寸。

★ 选中所需删除的尺寸，按键盘上的Delete键。
★ 选中所需删除的尺寸，单击【注释】选项卡中的【删除】按钮×。
★ 选中所需删除的尺寸，单击鼠标右键，在弹出的右键快捷菜单中选择【删除】选项。

2.移动尺寸

在视图中选中需要移动的尺寸，单击拖曳，尺寸将会随着鼠标一起移动。至所需位置再释放鼠标左键，即可完成尺寸的移动，如图8-66所示。

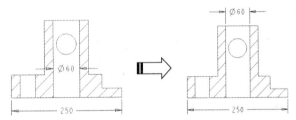

图8-66 移动尺寸

3.修剪尺寸界线

在视图中选中需要修剪的尺寸，单击鼠标右键，在弹出的右键快捷菜单中选择【修剪尺寸界线】选项。选取要修剪的尺寸界线，单击鼠标中键确认选择。移动尺寸界线至合适的位置，即可完成尺寸界线的修剪，如图8-67所示。

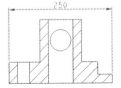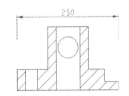

图8-67 修剪尺寸界线

4.修改公称值

该选项功能只能用于修改系统自动标注的尺寸，被修改的尺寸将对三维模型发生相应的改变。在视图中选中需要修改的尺寸，单击鼠标右键，在弹出的右键快捷菜单中选择【修改公称值】选项，在弹出的文本框中输入修改的数值，并按Enter键。再在图形空白处双击，即可改变模型显示效果。

5.修改尺寸的属性

在视图中选中需要修改的尺寸，单击鼠标右键，在弹出的右键快捷菜单中选择【属性】选项，系统弹出如图8-68所示的【尺寸属性】对话框。

图8-68 【尺寸属性】对话框

如图8-68所示为【属性】选项卡，该选项卡用于设置尺寸的基本属性，如公差、格式、尺寸界线等。

★ 公差：用于设置所选尺寸的公差，包括公差模式和上下偏差。

★ 格式：用于设置尺寸的显示格式，即尺寸是以小数形式，还是以分数形式显示，并且可以设置小数点后的保留位数和角度尺寸的单位。

★ 值和显示：可以将零件的外部轮廓等基础尺寸按照【基本】形式显示。

【显示】选项卡用于修改尺寸的文本，将零件中需要检验的重要尺寸按照【检查】形式显示。另外，单击【反向箭头】按钮，可以使尺寸的箭头反向显示；在【前缀】文本框中可输入尺寸的前缀，在【后缀】文本框中可输入尺寸的后缀。如图8-69所示，在尺寸φ6加上前缀3-后，单击【尺寸属性】对话框中的【确定】按钮，该尺寸变为3-φ6。

图8-69 在直径前面加前缀

在【文本样式】选项卡中，可以修改尺寸的文本样式、字符样式等，如图8-70所示。

★ 字符：在该选项区域中，可以设置尺寸文本的字体、高度、粗细等。

★ 注释/尺寸：如果选择是注释文本，则可以调整注释文本在两个方向上的对齐特性，

图8-70 【文本样式】选项卡

以及文本的行间距和边距等。单击【预览】按钮可以查看显示效果，单击【重置】按钮为默认设置。

8.6.3 标注几何公差

在设计零件或装配时，需要使用几何公差来控制几何形状、轮廓、定向或跳动，这在机械制图中被称为"形位公差"。在添加模型的标注时，为满足使用要求，必须正确、合理地规定模型几何要素的形状和位置公差，即对于大小与形状所允许的最大偏差值。

几何公差是由几何公差的标注基准和设定的几何公差项目所组成的。

1.创建几何公差的标注基准

创建几何公差的标注基准分
为两种情况,分别介绍如下。

◆ 选取一个平面作为基准

单击【注释】选项卡中【注
释】命令组中的 ▱ 模型基准按
钮,系统弹出如图8-71所示的
【基准】对话框。

图8-71 【基准】对话框   图8-72 【轴】对话框

在【基准】对话框中的【名称】文本框中输入新生成的基准名称,单击【在曲面上】按钮,
并在视图中选择一个平面作为基准;单击【显示】选项区域中的 -A- 按钮,选取生成几何公
差标注类型;单击对话框中的【确定】按钮,生成几何公差所需的基准。

◆ 选取一条轴作为基准

单击【注释】选项卡中【注释】命令组中的 ⟋ 模型基准按钮,系统弹出如图8-72所示的
【轴】对话框。

在【轴】对话框中的【名称】文本框中输入新生成的基准的名称,单击【定义】按钮,接着
在弹出的【基准轴】菜单中选择其中一个选项,并在视图中选择一条轴或边作为基准。单击【显
示】选项区域中的 -A- 按钮,选取生成几何公差标注类型。单击对话框中的【确定】按钮,
生成几何公差所需的基准。

2.创建几何公差项目

单击【注释】选项卡中
【注释】命令组中的【几何
公差】按钮 ⊕1M,系统将弹
出如图8-73所示的【几何公
差】对话框。

图8-73 【几何公差】对话框

◆ 【模型参考】选项卡

该选项卡用于选取模型、参考,以及指定公差符号的放置方式。

◆ 【基准参考】选项卡

该选项卡用于指定基准参考、材料状态和复合公差,其中的基准参考由【基准平面】工具
和【基准轴】工具创建。

◆ 【公差值】选项卡

该选项卡用于设置【总公差】或【每单位公差】,也可以设置材料状态。

◆ 【符号】选项卡

该选项卡用于在几何公差中添加符号、注释和投影公差区域等选项。对于不同的几何公差
类型,加入的符号也不尽相同。

◆ 【附加文本】选项卡

通过该选项卡可以在几何公差上方或者右侧添加说明性的文本,还可以添加前缀和后缀。

在【几何公差】对话框中，最左边的两排按钮为几何公差定义类型按钮，其含义如表8-2所示。

表8-2【几何公差】对话框各按钮的含义

符　号	说　明	符　号	说　明
──	直线度	▱	平面度
○	圆度	⌀	圆柱度
⌒	线轮廓度	⌓	曲面轮廓度
∠	倾斜度	⊥	垂直度
∥	平行度	⊕	位置度
◎	同轴度	═	对称度
↗	圆跳动	↗↗	总跳动

8.6.4　标注表面粗糙度

在【注释】选项卡中，单击【注释】命令组中的 ³²√ 表面粗糙度按钮，系统弹出【得到符号】菜单，如图8-74所示，单击菜单中的【检索】选项，在弹出的【打开】对话框中选择machined文件，并打开该文件中的standard1.sym文件，如图8-75所示。

系统弹出如图8-76所示的【实例依附】菜单，选择其中的【法向】选项，系统提示选择一条边、一个图元、一个尺寸、一条曲线或一个顶点，然后选择边作为表面粗糙度的放置边。

图8-74　【得到符号】菜单　　　　　图8-75　【打开】对话框　　　　　图8-76　【实例依附】菜单

8.7　注释

注释用来表示工程图中的技术要求、标题栏内容，以及加工的技术要求等文字说明。

8.7.1　创建注释

单击【注释】选项卡中【注释】命令组中的【注解】 A 注解按钮，系统弹出如图8-77所示的【注释类型】菜单，其菜单中各选项的含义如下。

★ 无引线：选择该选项，表示所创建的注释不带指引线。

★ 带引线：选择该选项，表示所创建的注释带指引线。

★ ISO引线：选择该选项，表示所创建的注释有ISO指引。

★ 在项上：选择该选项，表示所创建的注释连接在曲线或边等图元上。

★ 偏距：选择该选项，表示将注释和指引线偏移一定的距离。

★ 输入：该选项用于输入注释的文字内容。

★ 文件：选择该选项，表示通过引入文件创建注释的文字内容。

★ 水平：选择该选项，表示创建的注释水平放置。

★ 垂直：选择该选项，表示创建的注释垂直放置。

★ 角度：选择该选项，表示创建的注释倾斜放置。

★ 标准：选择该选项，表示创建注释的指引线为标准样式。

★ 法向引线：选择该选项，表示创建注释的指引线垂直于参考图元。

★ 切向引线：选择该选项，表示创建注释的指引线相切于参考图元。

★ 左：选择该选项，表示创建的注释文字以左侧作为放置中心。

★ 居中：选择该选项，表示创建的注释文字以中间作为放置中心。

★ 右：选择该选项，表示创建的注释文字以右侧作为放置中心。

★ 默认：选择该选项，表示创建的注释文字以系统默认方式选取放置中心。

★ 样式库：选择该选项，可以自定义文字的样式。

★ 当前样式：选择该选项，表示指定当前使用文字的样式。

图8-77 【注释类型】菜单

在【注释类型】菜单中执行【无引线】|【输入】|【水平】|【标准】|【默认】|【进行注解】命令，系统弹出如图8-78所示的【选择点】对话框。在视图选择一点作为注释的放置点，在弹出的注释信息提示文本框中输入如图8-79所示的技术要求，每输入一行并按Enter键，即可完成注释文本的创建。

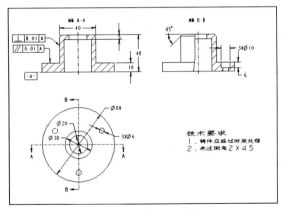

图8-78 【选择点】对话框

图8-79 创建注释文本

8.7.2 编辑注释

选择要编辑的注释文本并双击，或直接选中要编辑的注释文本并按住鼠标右键，在弹出的快捷菜单中选择【属性】选项，系统弹出如图8-80所示的【注释属性】对话框。在该对话框中单击【文本】或【文本样式】选项卡，可以编辑注释文本的内容、字型、字宽和字高等属性。

注释文本的删除和移动操作同尺寸的操作完全相同，因此这里不再重述。

图8-80　【注释属性】对话框

8.8　表格

8.8.1　表格的创建

单击【表】选项卡，在【表】选项卡中，单击【表】命令组中【表】的展开按钮，在下拉列表中选择 插入表 选项，系统弹出如图8-81所示的【插入表】对话框。

在【插入表】对话框中【表尺寸】选项组的【列数】文本框中输入6，在【行数】文本框中输入5，勾选【行】选项组下面的【自动高度调节】复选框。在【列】选项组的【宽度（INCH）】文本框中输入1.375，在【宽度（字符数）】文本框中输入10，单击【确定】按钮，即可创建表格，如图8-82所示。

图8-81　【插入表】对话框

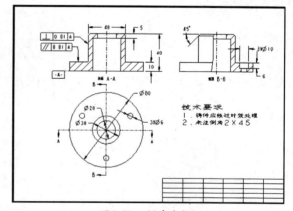

图8-82　创建表格

8.8.2　表格的编辑

1.合并单元格

按住Ctrl键选取要合并单元格的表，在【表】选项卡上，单击【行和列】命令组上的【合并单元格】 合并单元格按钮。

选取要合并的第一个和最后一个单元格，即可合并两个单元格之间的所有单元格，如图8-83所示。单击鼠标中键退出【合并单元格】操作。

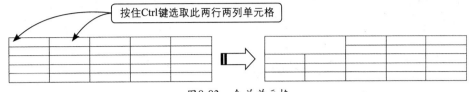

按住Ctrl键选取此两行两列单元格

图8-83 合并单元格

2.取消合并单元格

单击【表】选项卡【行和列】命令组上的【取消合并单元格】 取消合并单元格按钮，选取第一个和最后一个已合并过的单元格，即可还原两个单元格之间的所有单元格。如果之前进行的是行的合并，则需要选取其上方或下方的单元格以将其还原；如果之前进行的是列的合并，则需要选取其左右两侧的单元格以将其还原。

3.行高与列宽的修改

选取要修改的行或列，单击【表】选项卡中【行和列】命令组上的【高度和宽度】
高度和宽度按钮，或按住鼠标右键，在弹出的右键快捷菜单中选择【高度和宽度】选项，系
统弹出【高度和宽度】对话框，如图8-84所示。在对话框中输入要重设置的数值，单击【确定】按钮，即可完成对所选单元格行高和列宽的修改。

图8-84 【高度和宽度】对话框

8.8.3 表格文本的输入及编辑

1.表格文本的输入

下面通过实例来示范表格文本的输入。

【案例8-6】：表格文本的输入

01 单击【快速访问】工具栏中的【打开】按钮，打开光盘中"第8课\8-6轴支架"工程图文件，单击【表】选项卡，双击需要输入文本的单元格，或按住鼠标右键，在弹出的右键快捷菜单中选择【属性】选项，系统弹出【注释属性】对话框，如图8-85所示。

02 在文本输入框中输入文本，单击【文本符号】按钮可以在文本中添加特殊符号。单击对话框中的【文本样式】选项卡，设置文本字的高度、宽度、排列方式等，如图8-86所示。单击对话框中的【确定】按钮，结束文本的输入操作，结果如图8-87所示。

图8-85 【注释属性】对话框

图8-86 【文本样式】选项卡

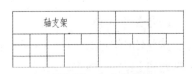

图8-87 文本的创建

8.9 实例应用

8.9.1 创建三角基座的工程图

如图8-88所示，该三角基座工程图包括一般视图和投影视图两种类型。在创建过程中，首先利用【插入普通视图】命令创建该机组的一般视图。接着以该视图为基础，利用【绘图视图】对话框中的【截面】选项，通过指定不同的剖切平面，创建相应的局部、半剖、全剖视图。最后利用【创建标准尺寸】、【创建注释】、【表】等工具，标注视图尺寸、公差、创建表格和文本注释。

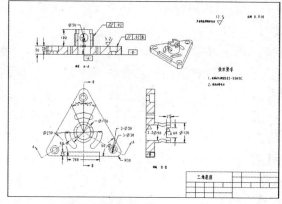

图8-88 三角基座工程图

如图8-89所示为三角基座工程图绘制思路。

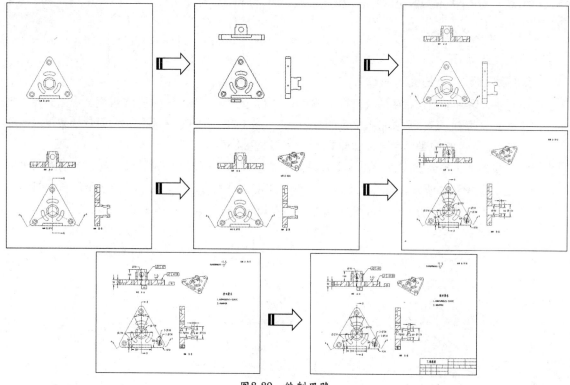

图8-89 绘制思路

接下来逐步演示创建此工程图的过程。

1. 创建工程图文件

01 单击【快速访问】工具栏中的【新建】按钮 □，系统弹出【新建】对话框。单击【类型】选项组中的【绘图】选项，在名称文本框中输入sanjiaojizuo。取消勾选【使用默认模板】复选框，单击对话框中的【确定】按钮，如图8-90所示。

02 系统弹出【新建绘图】对话框，单击【浏览】按钮，弹出【打开】对话框，选取光盘中的"第8课/三角基座.prt.1"文件。

选择【指定模板】选项组中的【空】选项，选择【方向】选项组中的【横向】选项，再单击【标准大小】右侧的三角按钮，弹出【标准大小】下拉列表，选择A3选项，单击【确定】按钮，如图8-91所示。

图8-90 【新建】对话框　　图8-91 【新建绘图】对话框

2. 创建主视图

01 系统进入工程图设计界面。单击【布局】选项卡中【模型视图】命令组上的【常规】按钮 □，或在图形区单击鼠标右键，在弹出的快捷菜单中选择【插入普通视图】选项。

02 系统提示选择绘制视图的中心点，在工程图工作界面中选取一个位置作为绘制视图的放置中心，模型将以3D形式显示在工程图中。

03 在系统弹出的【绘图视图】对话框中，选择【模型视图名】下拉列表中的TOP选项，如图8-92所示。单击对话框中的【确定】按钮。

04 在绘图区双击主视图，系统弹出【绘图视图】对话框。在对话框中选择【比例】选项列表中的【自定义比例】选项，输入数值为0.01。单击【确定】按钮，结果显示如图8-93所示。

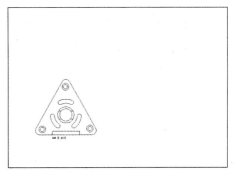

图8-92 【绘图视图】对话框　　图8-93 创建主视图

3. 创建旋转剖视图1

01 选择刚创建的主视图并单击右键，在弹出的快捷菜单中选择【插入投影视图】选项，或者单击【布局】选项卡中【模型视图】命令组上的【投影】按钮 □，在绘图区域中选择放置位置，如图8-94所示。

02 鼠标右击投影图，在弹出的快捷菜单中取消对【锁定视图移动】选项的选择。单击该视图即可将视图在指定路径内移动，移动结果如图8-95所示。

03 在图形区双击前视图，弹出【绘图视图】对话框，在【类别】选项组中，选择【截面】选项；在【截面选项】区域中，选择【2D横截面】选项。

04 单击对话框中的【将横截面添加到视图】按钮 ⊕，系统弹出如图8-96所示的【横截面创建】菜单，执行【偏移】|【双侧】|【单一】|【完成】命令。

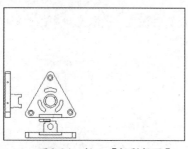
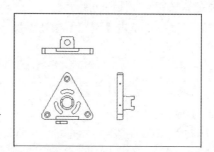

图8-94　插入【投影视图】　　　　图8-95　移动【投影视图】　　　图8-96　【剖截面创建】菜单

05 系统弹出【输入横截面名】信息输入窗口，在该窗口中输入A，并单击窗口中的 ✓ 按钮，或按Enter键。

06 系统弹出【设置草绘平面】菜单，如图8-97所示。同时系统自动转到三维活动窗口中，并提示选择或创建一个草绘平面。

07 选择基准平面TOP作为草绘平面，在弹出的【方向】菜单中选择【确定】选项，如图8-98所示。选择【草绘视图】菜单中的【默认】选项，如图8-99所示。

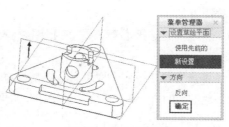

图8-97　【设置平面】菜单　　　　　图8-98　【方向】菜单　　　　　图8-99　【草绘视图】菜单

08 单击三维活动窗口中【草绘】下拉列表中的【线】按钮，创建出如图8-100所示的草绘截面。单击三维活动窗口中【草绘】下拉列表中的【完成】按钮，结束草绘截面的创建操作。

09 系统自动切换到【绘图视图】对话框，单击对话框中的【确定】按钮，结束旋转剖截面创建的操作，结果如图8-101所示。

10 单击鼠标左键选中投影视图，再单击鼠标右键，在弹出的右键快捷菜单中选择【添加箭头】选项。系统将提示绘箭头选出一个截面在其处垂直的视图，再单击俯视图，即可完成创建，结果如图8-102所示。

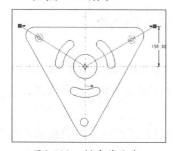
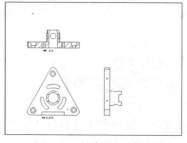
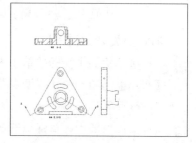

图8-100　创建草绘截面　　　　图8-101　创建旋转剖视图　　　　图8-102　添加剖切方向箭头

4. 创建剖视图2

01 在绘图区双击右视图，系统弹出【绘图视图】对话框。选择【绘图视图】对话框中【类别】选项组中的【截面】选项；选择【截面选项】区域中【2D横截面】选项，如图8-103所示。

02 单击【绘图视图】对话框中的【将横截面添加到视图】按钮 ，系统弹出【横截面创建】菜单，如图8-104所示。在菜单中执行【平面】|【单一】|【完成】命令。

图8-103 【绘图视图】对话框　　图8-104 【横截面创建】菜单

03 系统弹出【输入截面名】信息输入窗口，在窗口中输入B，并按Enter键。系统提示选择平面或基准平面，并同时弹出【设置平面】菜单。单击【视图控制】工具栏中【平面显示】按钮 ，在主视图中选择RIGHT基准平面，单击【确定】按钮，再取消基准平面显示，结果如图8-105所示。

04 选择刚创建剖视图2，并按住鼠标右键，在弹出的右键快捷菜单中选择【添加箭头】选项。系统提示给箭头选出一个截面在其处垂直的视图，选择主视图，如图8-106所示。

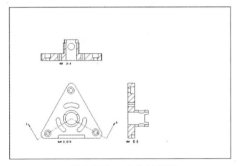
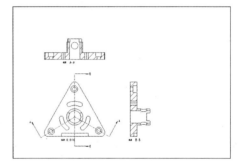

图8-105 创建剖视图　　　　　　　　图8-106 添加剖切方向箭头

5. 插入轴测图

单击【常规】按钮 ，打开【绘图视图】对话框，选择【默认方向】选项中的【等轴测】或【斜轴测】选项，并选择【模型视图名】列表中的【默认方向】或【标准方向】选项，即可创建轴测图，如图8-107所示。

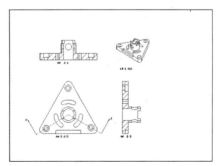

图8-107 轴测图

6. 标注尺寸

01 单击【注释】选项卡，单击【注释】选项卡中【注释】命令组中【尺寸】右边的 按钮，在下拉列表中选择 尺寸 - 新参考 选项，在【依附类型】菜单中选择【图元上】选项并进行尺寸标注，标注结果如图8-108所示。

02 为视图中的部分尺寸数值添加【直径】符号。双击前需要添加【直径】符号的尺寸，在弹出的

【尺寸属性】对话框中单击【显示】选项卡，在文本框中的@D前面添加直径符号。单击对话框中【文本符号】按钮，在弹出的【文本符号】对话框中单击【⌀】按钮。单击【确定】按钮，完成一个直径尺寸的标注。再按同样的方法去标注其他直径尺寸，标注结果如图8-109所示。

03 在视图中选中需要修改的尺寸，单击鼠标右键，在弹出的右键快捷菜单中选择【属性】选项，系统弹出【尺寸属性】对话框，在对话框中单击【显示】选项卡，在【前缀】文本框中可输入尺寸的前缀，在【后缀】文本框中可输入尺寸的后缀，在尺寸φ30、φ50加上前缀3-后，单击【尺寸属性】对话框中的【确定】按钮，该尺寸变为3-φ30、3-φ50，如图8-110所示。

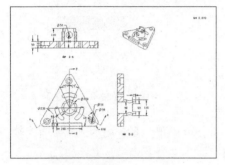

图8-108　标注尺寸

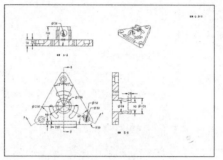

图8-109　添加【直径】符号

图8-110　添加前缀

7.标注公差

01 单击【注释】选项卡中【注释】命令组中的 模型基准按钮，系统弹出【轴】对话框。在对话框的【名称】文本框中输入【A】作为创建基准的名称，如图8-111所示。

02 单击 -A- 按钮，再单击对话框中的【定义】按钮，系统弹出如图8-112所示的【基准轴】菜单，在菜单中选择【过柱面】选项，系统提示选取柱面。选择柱面作为基准参考，如图8-113所示。

03 单击【注释】选项卡中【注释】命令组中的 模型基准平面按钮，系统弹出【基准】对话框。在对话框的【名称】文本框中输入B作为创建基准的名称，如图8-114所示。

  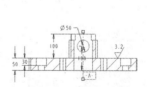 

图8-111　创建基准名称　图8-112　【基准轴】菜单　图8-113　创建基准轴A　图8-114　创建基准名称

04 单击对话框中的【定义】按钮，系统弹出如图8-115所示的【基准平面】菜单，在菜单中选择【穿过】|【轴边曲线】选项，系统提示选取曲线。选择底边曲线作为基准的参考边，单击【确定】按钮，结果如图8-116所示。

05 单击【注释】选项卡中【注释】命令组中的【几何公差】按钮，在弹出的【几何公差】对话框中单击【平行度】按钮 //，选择【参考】选项区域中的【曲面】选项，单击【选取图元】按钮，选取生成平行度公差的参考曲面B。在【放置】选项区域中的【类型】下拉列表中选择【带引线】选项，表示生成的几何公差有指引箭头。选取要生成平行度公差的边或轴，单击【公差值】选项卡在【总共差】文本框中输入参数，再单击【基准参考】选项卡，在【首要】选项卡中的【基本】下拉列表中选择B，并单击鼠标中键确认，如图8-117所示。

06 单击【注释】选项卡中【注释】命令组中的【几何公差】按钮，在弹出的【几何公差】对话框中单击【圆柱度】按钮，选择【参考】选项区域中的【曲面】选项，单击【选取图元】按钮，选取生成圆柱度公差的参考曲面。在【放置】选项区域中的【类型】下拉列表中选择【带引线】选项，表示生成的几何公差有指引箭头。选取要生成平行度公差的边或轴，单击【公差值】选项卡，在【总共差】文本框中输入参数，并单击鼠标中键确认，如图8-118所示。

图8-115　【基准平面】菜单

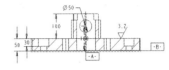

图8-116　创建基准平面B

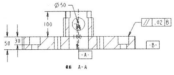

图8-117　添加【平行度】公差

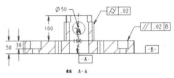

图8-118　添加【圆柱度】公差

8.标注表面粗糙度

01 单击【注释】选项卡中【注释】命令组中的 表面粗糙度按钮，系统弹出【得到符号】菜单，如图8-119所示。选择菜单中的【检索】选项，在弹出的【打开】对话框中选择machined文件，并打开该文件中的no_value1.sym文件，如图8-120所示。

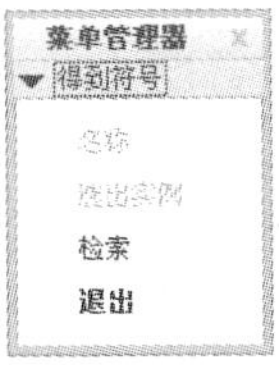

图8-120　【打开】对话框

图8-119　【得到符号】菜单

02 系统弹出如图8-121所示的【实例依附】菜单，选择菜单中【无引线】选项，系统提示选取符号位置，选取如图8-122所示的空白处作为表面粗糙度的放置位置。

图8-121　【实例依附】菜单

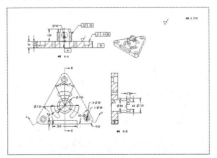

图8-122　标注表面粗糙度

03 创建文字注释。单击【注释】选项卡中【注释】命令组中的【注解】 A≣ 注解按钮，在弹出的【注解类型】菜单中执行【无引线】|【输入】|【水平】|【标准】|【默认】|【进行注解】命令，在需要添加注释的地方单击左键。在【注解】信息提示输入窗口中输入【所有表面粗糙度】，并按两次Enter键。

04 按照上述方法，创建其他表面粗糙度，如图8-123所示。

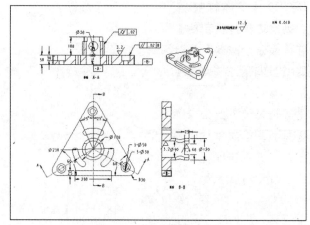

图8-123 创建表面粗糙度注释

9. 标注技术要求注释

01 单击【注释】选项卡中【注释】命令组中的【注解】 A≣ 注解按钮，在弹出的【注释类型】菜单中，执行【无引线】|【输入】|【水平】|【标准】|【默认】|【进行注解】命令，在需要添加注释的地方单击左键。

02 在【注解】信息提示输入窗口中输入【技术要求】，并按Enter键；在【注解】信息提示输入窗口中输入【1、表面淬火至硬度为HRC45~50】，按Enter键。

03 继续在【注解】信息提示输入窗口中输入【2、边角去除毛刺】，按两次Enter键，如图8-124所示。

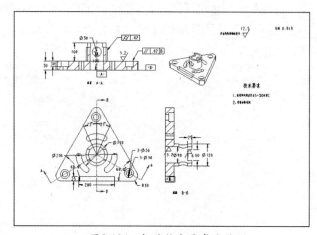

图8-124 标注技术要求注释

10. 创建表格

01 单击【表】选项卡，在【表】选项卡的【表】命令组中单击【表】下面的按钮，在弹出的下拉列表中选择 插入表.. 选项，系统弹出【插入表】对话框，如图8-125所示。

图8-125 【插入表】对话框

02 在【插入表】对话框中的【表尺寸】选项组的【列数】文本框中输入10，在【行数】文本框中输入5。勾选【行】选项组下面的【自动高度调节】复选框，在【列】选项组的【宽度（INCH）】文本框中输入0.562，在【宽度（字符数）】文本框中输入3.5。单击【确定】按钮，创建【表】，结果如图8-126所示。

03 合并单元格。单击【表】选项卡中【行和列】命令组上的【合并单元格】 合并单元格按钮。按住Ctrl键选取要合并单元格的表，如图8-127所示。单击鼠标中键退出【合并单元格】命令。

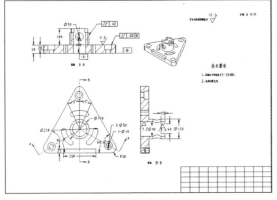
图8-126 创建表格

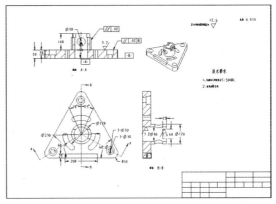
图8-127 合并单元格

11.填写标题栏

01 双击要输入文字的单元格，系统弹出如图8-128所示的【注释属性】对话框。单击【文本样式】选项卡，设置字符的字体、高度、宽度和排列方式等，如图8-129所示。

02 在标题栏需要的单元格中输入相应文本，结果如图8-130所示。

图8-128 【注释属性】
对话框

图8-129 【文本样式】
选项卡

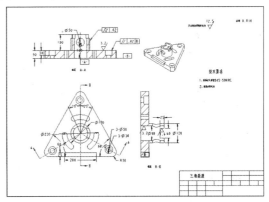
图8-130 最终结果

8.10 课后练习

本节将通过两个操作练习，帮助读者进一步掌握本课的知识要点。

8.10.1 创建传动轴的工程图

根据传动轴模型，创建如图8-131所示的传动轴工程图。

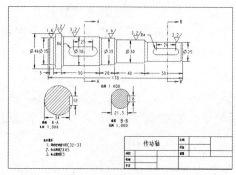

图8-131　传动轴工程图

操作提示：

01 打开文件"第8课\传动轴.prt.1"文件。

02 新建工程图文件，A4图纸。

03 载入主视图（TOP方向）。设置比例为1，单击【布局】选项卡中【模型视图】命令组上的【常规】按钮🔲，插入主视图。

04 插入投影视图。单击【布局】选项卡中【模型视图】命令组上的【投影】按钮🗗，往左侧投影两个投影视图，并移动投影视图。

05 双击投影视图，创建截面A、B，选取传动轴上的两个基准面为截面平面，创建A、B截面，添加箭头。

06 双击投影视图，在属性框里，设置为普通视图，并移动普通视图。

07 标注尺寸，并添加前缀。单击【注释】选项卡，在【注释】命令组中单击【尺寸】右边的▾按钮，在下拉列表中选择↤ 尺寸 - 新参考选项，标注尺寸，双击尺寸，添加前缀。

08 添加表面粗糙度。单击【注释】选项卡中【注释】命令组中的³²✓ 表面粗糙度按钮，添加表面粗糙度。

09 添加注释。单击【注释】选项卡中【注释】命令组中的【注解】A≡ 注解按钮，输入技术要求，添加注释。

10 添加表格。单击【表】选项卡，在【表】选项卡的【表】命令组中单击【表】下面的▾按钮，在弹出的下拉列表中选择⊞ 插入表…选项，设置一个10列5行，列宽为3.5字符，行高为1字符，并添加文字。

11 其流程图如图8-132所示。

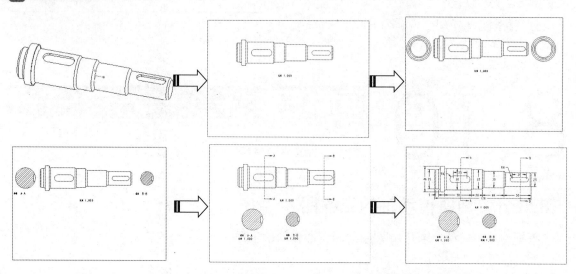

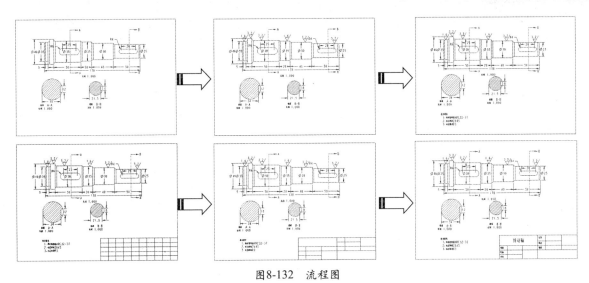

图8-132　流程图

8.10.2　创建轴承端盖工程图

根据轴承端盖模型，创建如图8-133所示的轴承端盖工程图。

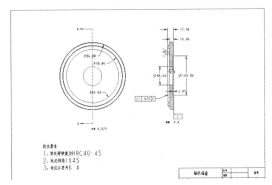

图8-133　轴承端盖工程图

操作提示：

01 打开文件"第8课\轴承端盖.prt.1"文件。

02 新建工程图文件，A3图纸。

03 载入主视图（FRONT方向），设置比例为0.025。单击【布局】选项卡中【模型视图】命令组上的【常规】按钮，插入主视图。

04 插入投影视图。单击【布局】选项卡中【模型视图】命令组上的【投影】按钮，往右侧投影投影视图，并移动投影视图。

05 双击投影视图，创建截面A，选取基准面为截面平面，创建A截面，添加箭头。

06 标注尺寸，并添加前缀。单击【注释】选项卡，在【注释】命令组中单击【尺寸】右边的按钮，在下拉列表中选择尺寸－新参考选项，标注尺寸，双击尺寸，添加前缀。

07 添加表面粗糙度。单击【注释】选项卡中【注释】命令组中的表面粗糙度按钮，添加表面粗糙度。

08 创建模型基准平面，添加公差。单击【注释】选项卡中【注释】命令组中的模型基准平面按钮，创建模型基准平面C，单击【注释】选项卡中【注释】命令组中的按钮，添加公差。

09 添加注释。单击【注释】选项卡中【注释】命令组中的【注解】注解按钮，输入技术要求，添加注释。

10 添加表格。单击【表】选项卡，在【表】选项卡的【表】命令组中单击【表】下面的按钮，在弹出的下拉列表中选择 插入表... 按钮，设置一个10列5行，列宽为3.5字符，行高为1字符，并添加文字。

其流程图如图8-134所示。

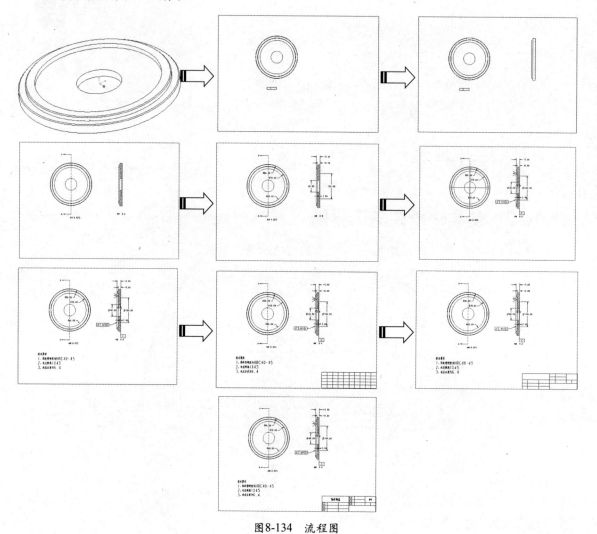

图8-134 流程图

第9课
装配设计

零件的3D模型已经设计完成之后，即可建立零件之间的装配关系，将零件装配起来。根据需要，可以对装配的零件之间进行干涉检查操作。为了直观表达装配体的组成，还可以生成装配体的爆炸图。

【本课知识】

- 放置约束
- 移动元件
- 高级工具
- 视图管理
- 装配动画

9.1 放置约束

单击【快速访问】工具栏中的【新建】按钮，在【新建】对话框中，单击【类型】选项组中的【装配】按钮，在【子类型】选项组中选择【设计】选项，在【名称】文本框内输入asm0001，如图9-1所示。取消选择【使用默认模板】复选框，最后单击【确定】按钮。

单击【模型】选项卡中的【组装】按钮，在弹出的【打开】对话框中选择所需的装配模型文件，系统打开【元件放置】操控板，在【放置】选项卡中，单击【约束类型】的展开按钮，如图9-2所示。其约束类型中包含了自动、距离、重合等11种类型。

图9-1 新建【装配】文件

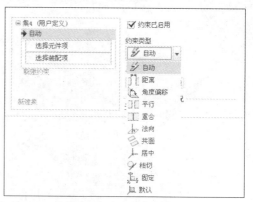

图9-2 【放置】选项卡

9.1.1 自动约束

自动约束为系统默认的约束类型选项，在装配时只要分别选取两组件的参考面、点、线，系统就会根据对象类型，自动判断出两组件的约束条件。

【案例9-1】：自动约束

01 单击【模型】选项卡中的【组装】按钮，在弹出的【打开】对话框中选择"第9课\9-1自动约束.prt.1"文件，如图9-3所示。

02 选择部件坐标系，然后再选择装配体坐标系，系统自动约束为【重合】，如图9-4所示。

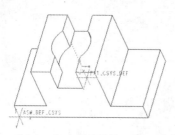

图9-3 新建【装配】文件

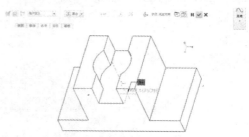

图9-4 创建【重合】约束

9.1.2 距离约束

距离约束是指约束两个装配元件中的点、线和平面之间的距离。约束对象可以是元件中的表面、边线、顶点、基准点、基准平面和基准轴，所选的两个对象可以是不同类型。距离的方向分为正、负方向，单击【放置】选项卡中的 反向 按钮或在【距离】文本框中输入正、负值来定义距离的正负。

选择两个对象之后，在【元件放置】选项卡下，选择约束类型为距离，然后输入一定的偏移数值，即为两个对象添加了距离约束。

【案例9-2】：距离约束

01 单击【模型】选项卡中的【组装】按钮，在弹出的【打开】对话框中选择"第9课\9-2距离约束1.prt.1"文件,选择约束类型为【默认】，结果如图9-5所示。

02 单击【模型】选项卡中的【组装】按钮，在弹出的【打开】对话框中选择"第9课\9-2距离约束2.prt.1"文件，在【放置】选项卡中选择约束类型为【距离】，选择两个部件的表面，设置距离值为2，结果如图9-6所示。

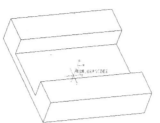
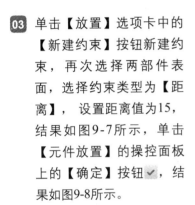

图9-5 新建【装配】文件　　　图9-6 创建【距离】约束

03 单击【放置】选项卡中的【新建约束】按钮新建约束，再次选择两部件表面，选择约束类型为【距离】，设置距离值为15，结果如图9-7所示，单击【元件放置】的操控面板上的【确定】按钮，结果如图9-8所示。

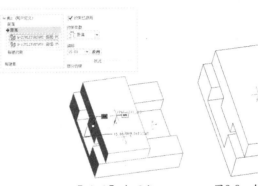

图9-7 【放置】选项卡　　　图9-8 创建【距离】约束

9.1.3 角度偏移约束

用【角度偏移】约束可以定义两个装配元件中的平面之间的角度，也可以约束线与线、线与面之间的角度。该约束通常需要与其他的约束配合使用，才能准确地定位角度。

【案例9-3】：角度偏移约束

01 单击【快速访问】工具栏中的【打开】按钮，打开"第9课\9-3角度约束.asm"文件，如图9-9所示。

02 单击鼠标左键选中部件2，再按鼠标右键，在右键快捷菜单中选择【编辑定义】选项，在【放置】选项卡中单击【新建约束】按钮，选择约束类型为【角度偏移】，选择部件1的表面和部件2的表面，设置角度值为30°，结果如图9-10所示。

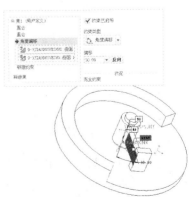

图9-9 打开素材文件　　　图9-10 创建【角度偏移】约束

9.1.4 平行约束

【平行】约束可以定义两个装配元件中的平行面平行，也可以约束线与线、线与面平行。

9.1.5 重合约束

【重合】约束可以定义两个装配元件中的点、线和面重合，约束的对象可以是实体的顶点、边线和平面，也可以是基准特征，还可以是具有中心轴的旋转面。

例如对坐标系添加【重合】约束，是指将两个组件的坐标系进行重合操作，使两坐标系中的原点、X轴、Y轴、Z轴相互重合。因此，坐标系的【重合】一个约束条件即可约束6个自由度，从而完成组件间的定位。

【案例9-4】：重合约束

01 单击【模型】选项卡中的【组装】按钮，在弹出的【打开】对话框中选择"第9课\9-2重合约束1.prt.1"文件,选择约束类型为【默认】，结果如图9-11所示。

02 单击【模型】选项卡中的【组装】按钮，在弹出的【打开】对话框中选择"第9课\9-2重合约束2.prt.2"文件,选择约束类型为【重合】，选择部件1和部件2的两中心轴，结果如图9-12所示。

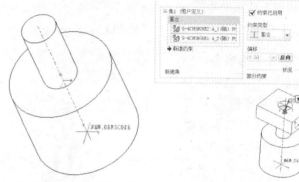

图9-11 创建【默认】约束   图9-12 创建【重合】约束

03 单击【新建约束】按钮，新建约束，再次选择两部件表面，选择约束类型为【重合】，结果如图9-13所示，单击【装配约束】操控面板上的【确定】按钮，结果如图9-14所示。

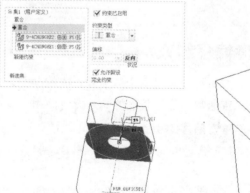

图9-13 创建【重合】约束   图9-14 完成【装配】特征的创建

9.1.6 法向约束

【法向】约束可以定义两个元件中的直线或平面垂直。

9.1.7 共面约束

【共面】约束可以使两直线或基准轴处于同一平面，也可将两个平面定义在一个平面上且朝向同一方向。

9.1.8 居中约束

居中是指将一个组件中的旋转曲面居中到另一个组件中的旋转曲面中，从而使两个旋转曲面同轴线，效果等同于旋转轴的重合约束。该约束类型可以用于选取轴线为无效或不方便选取时进行约束操作。

9.1.9 相切约束

相切约束是指控制两曲面的切点进行接触，使两个曲面以相切的方式进行装配。

【案例9-5】：相切约束

01 单击【模型】选项卡中的【组装】按钮，在弹出的【打开】对话框中选择"第9课\9-5相切约束1.prt.1"文件,选择约束类型为【默认】，结果如图9-15所示。

02 单击【模型】选项卡中的【组装】按钮，在弹出的【打开】对话框中选择"第9课\9-5相切约束2.prt.2"文件,选择约束类型为【相切】，选择部件2的半球表面和内圆柱表面，结果如图9-16所示。

图9-15 创建【默认】约束   图9-16 创建【相切】约束

9.1.10 固定约束

固定约束是指将元件固定在图形区的当前位置，其位置完全定义，固定的对象不可被拖动。

9.1.11 默认约束

默认是指将组件以系统默认的方式进行装配，若装配组件中有坐标，则系统将以该坐标来进行装配，若无则系统将自动判断，并假设坐标系来装配。默认约束会完全约束元件。

9.1.12 放置约束的原则

在设置放置约束之前，首先应当注意遵守下列约束放置的原则。

1.指定元件和组件参照

通常来说，建立一个装配约束时，应当选取元件参照和组件参照。元件参照和组件参照是元件和装配体中用于约束位置和方向的点、线、面。例如，通过对齐约束将一根轴放入装配体中的一个孔中时，轴的中心线就是元件参照，而孔的中心线就是组件参照。

2.一次只能添加一个约束

如果需要使用多个约束方式限制组件的自由度，则需要分别设置约束，即使是利用相同的约束方式指定不同的参照时，也是如此。例如，将一个零件上的两孔与另一个零件上的两个孔对齐时，不能使用一个约束，而必须分别为两组孔添加约束。

3.多种约束方式定位元件

在装配过程中，要完整地指定元件的位置和方向（即完全约束），往往需要定义多个装配约束。在Creo中装配元件时，可以将所需要的约束添加到元件上。从数学角度来说，即使元件的位置已被完全约束，为了确保装配体达到设计意图，仍然需要添加附加约束。系统最多允许指定50个附加约束，但建议将附加约束限制在10个以内。

9.2 移动元件

移动元件是指人工调整零部件的位置和方向，将元件添加到装配体中的指定位置。需注意的是，如果元件添加了部分约束，则该元件的移动受约束的限制，如果元件完全约束，该元件不能被移动。

单击【元件放置】操控板中的【移动】按钮，在弹出的【移动】选项卡中单击【运动类型】的下拉按钮，如图9-17所示。运动类型中包含了定向模式、平移、旋转、调整4种类型。

图9-17　【移动】选项卡

9.2.1 定向模式

该种运动类型是在装配窗口中单击鼠标左键来拖曳被装配的元件，再按住中键来控制元件在各个方向上的旋转。也可以按住Ctrl键并单击中键在装配窗口中旋转组件。

★ 在视图平面中相对：该选项为系统默认选项，表示通过选取旋转或移动的组件，再拖曳中键以三角形图标为旋转中心或移动起点在相对于视图平面旋转或移动组件。

★ 运动参考：选中该选项前面的复选框，其选取参考文本被激活，在设置参考时，可以选取视图中的平面、点或线作为运动参考，但最多只能选取2个参考；选取参考后，文本框右边的【垂直】和【平行】选项将被激活，当选择【垂直】选项时，表示执行旋转操作时将垂直于选定移动组件；当选择【平行】选项时，表示执行旋转操作时将平行于选定参考移动组件。

★ 平移：用于设置平移的平滑程度。包括：平滑、1、5、10。

★ 相对：用于显示组件相对于移动操作前位置的坐标。

9.2.2 平移

平移是指在窗口中，沿平面内移动元件。

展开【移动】选项卡，选择【平移】运动类型，然后选取新载入的元件，再按住左键拖曳鼠标即可将元件移动到窗口的任意位置。除了在【移动】选项卡中设置平移元件，在不展开选项卡的情况下，还可以按住Ctrl+Alt并拖曳鼠标来平移元件，如图9-18所示。

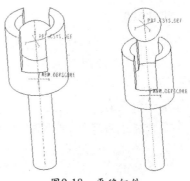

图9-18　平移组件

9.2.3 旋转

【旋转】运动方式可以围绕选择的参考旋转元件，其操作方法与平移运动类型相似，按住鼠标左键选取元件，再拖曳鼠标即可旋转该元件，如图9-19所示。

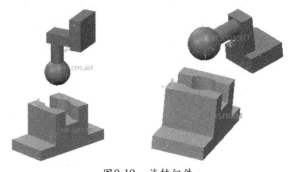

图9-19 旋转组件

9.2.4 调整

该运动类型可以选取参考来移动元件。在选项卡中提供了配对和重合两种约束，还可以在下面的【偏移】文本框中输入偏移距离。它与放置约束不同，【调整】中配对和重合约束能够选择元件自身对象作为参考，进行配对和重合调整。

9.3 高级工具

依次在【模型】选项卡中的【元件】下拉菜单中选择【元件操作】选项，系统弹出如图9-20所示的【元件】菜单。

在【元件】菜单中主要有以下几个选项。

★ 复制：选择该选项后可以直接在装配件中复制一个已有零件，再将其装配到另一个空间位置上。

★ 居中模式：选择该选项可以用另外一个零件来取代装配件中已有的零件。

图9-20 【元件】菜单

★ 重新排序：选择该选项后，以选取装配件中一个已有零件的约束，将其转移到另一个参考上。

★ 组：选择该选项后，用户可以把一些项目归到一起以便于管理。

★ 合并：选择该选项后，可以选取两个不同的零件，然后将它们合并为一个零件。

★ 切除：选择该选项后，可以利用一个零件的外形来对另一个零件进行切除。

下面介绍合并选项的使用方法，该选项在模具设计中有着很重要的作用。当两个零件装配好以后，再选取【合并】选项，根据系统提示，首先选取被切除的零件，然后选取用来切除的零件，即可完成合并操作。其操作过程如下。

【案例9-6】：高级工具的运用

01 单击【快速访问】工具栏中的【打开】按钮，打开"第9课\9-6高级工具.asm"文件，如图9-21所示的图形。

02 对两个零件进行装配。单击鼠标左键选中部件2，再按鼠标右键，在弹出的快捷菜单中选择【编辑定义】选项重新定义部件，单击【元件放置】操控板中的【放置】按钮，弹出【放置】选项卡，单击【约束类型】的下拉按钮，选择【重合】选项，分别选取两个零件中的中心轴。再单击【放置】选项卡中的【新建约束】选项，在【约束类型】中选中【距离】选项，分别选取两零件的表面，输入距离数值为-10，最后单击【元件放置】操控板中的【确定】按钮，结束两零件的装配操作，如图9-22所示。

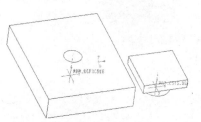

图9-21　素材文件

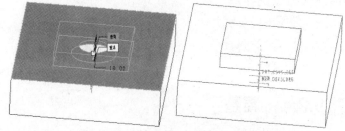

图9-22　装配体

03 在【模型】选项卡中，选择【元件】下拉列表中的【元件操作】选项，在弹出的【元件】菜单中，选择【切除】选项，系统提示选取要对其执行切除处理的零件，选取部件1并单击【选取】菜单中的【确定】按钮。系统提示为切除处理选取参考零件，选取部件2并单击【选取】菜单中的【确定】按钮。

04 当系统提示切除操作已经全部完成后，在弹出如图9-23所示的【选项】菜单中选取【完成】选项。系统弹出【是否支持特征的相关放置】对话框，单击【是】按钮，即可完成合并操作，结果如图9-24所示。

图9-23　选项菜单

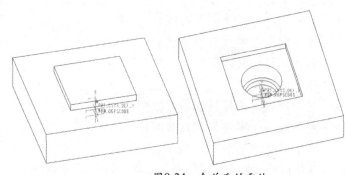

图9-24　合并后的零件

9.4 视图管理

在装配体中，为了更清晰表达出装配体的结构特征，可以建立各种视图并加以管理。依次执行【视图】选项卡中【视图管理】命令，系统弹出如图9-25所示的【视图管理器】对话框，该对话框包括了简化表示、分解、样式、定向等视图管理功能。

9.4.1　简化视图

简化视图是指用户通过利用简化表示，将装配体中不需要的零件暂时移出，从而减少装配

体中复杂组件的重绘、再生
和检索的时间。在图9-25中
单击【简化表示】选项卡中
的【属性】按钮，系统弹出
如图9-26所示的属性窗口。

图9-25 【视图管理器】对话框　　　图9-26 属性窗口

1. 原始窗口

图9-25为简化表示原始窗口，其窗口对各选项的含义说明如下。

★ 新建：单击该按钮，可以新定义一个或多个简化显示名称，并在【名称】列表中显示这些名称，可以通过新的文本框输入新简化表示名称并按Enter键，系统弹出如图9-27所示的

　【编辑：REP0001】对
　话框，可以显示定义名
　称的包括、排除、替代
　方式。

★ 编辑：单击【编辑】按
　钮，系统弹出如图9-28
　所示的编辑下拉列表，
　单击下拉列表中的选项
　可以对简化视图进行保
　存、重定义、移除等操
　作。选择【重定义】选
　项可以重新定义显示名
　称的包括、排除和替代
　方式。

图9-27 【编辑：REP0001】对话框　　　图9-28 【编辑】下拉列表

★ 选项：单击【选项】按钮，系统弹出如图9-29所示的显示下拉列表，选项【激活】选项时，将在选取的简化视图名称前显示一个红色箭头；单击【添加列】选项时，可以在模型树中增加选定简化名称的列表，再通过单击【移除列】选项即可移除该列表；单击【列表】选项时，可以显示简化名称的信息窗口。

★ 主表示：指选取元件以实体的方式显示，是系统默认的显示方式。

★ 几何表示：指选取元件以几何的方式显示。

★ 图形表示：指选取元件以图形显示，图形显示与以上显示方式的区别是，元件边缘以线框显示。

★ 符号表示：指选取的元件将以符号方式显示。

2. 属性窗口

图9-26简化表示属性窗口，其窗口对各选项的含义说明如下。

★ ⬚：排除按钮，在装配窗口中选取一个元件，再单击⬚按钮可将选取的元件在装配窗口中暂时隐藏，通过该方法可以选取更多的元件将其隐藏，仅保留所属操作的元件，其隐藏的元件将显示在属性窗口的项目列表框中，如图9-30所示。

图9-29　【选项】下拉列表　　图9-30　属性窗口项目列表

★ ⬚：主表示按钮，其含义同原始窗口中主表示含义相同，故不再重述。

★ ⬚：仅限几何按钮，其含义同原始窗口中几何表示含义相同，故不再重述。

★ ⬚：仅限图形，其含义同原始窗口中图形表示含义相同，故不再重述。

★ ⬚：仅限符号，其含义同原始窗口中符号表示含义相同，故不再重述。

9.4.2　样式

　　通过样式管理，可以将装配体中的元件以实体、线框等不同显示样式表达。在【视图管理器】对话框中，进入【样式】选项卡，再单击【属性】按钮，进入【属性】编辑窗口，然后在装配视图中选取装配体元件，各显示样式按钮将被激活，单击相应按钮即可设置元件的显示方式，如图9-31所示。各显示样式按钮含义说明如下。

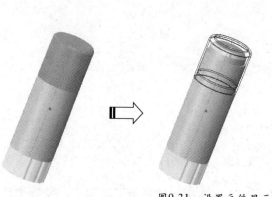

图9-31　设置元件显示样式

★ ⬚：带边着色按钮，在装配视图选取元件，单击⬚按钮，选取的元件将以带边线着色模式在装配体中显示出来。

★ ⬚：带反射着色按钮，在装配视图选取元件，单击⬚按钮，选取的元件将以带反射着色模式在装配体中显示出来。

★ ⬚：线框显示按钮，在装配视图选取元件，单击⬚按钮，选取的元件将以线框模式在装配体中显示出来。

★ ⬚：着色显示按钮，在装配视图选取元件，单击⬚按钮，选取的元件将以着色实体模式在装配体中显示出来。如图9-31所示为线框和着色实体模式显示对比图。

★ ⬚：透明显示按钮，在装配视图选取元件，单击⬚按钮，选取的元件将以透明模式在装配体中显示出来。

★ ▢：隐藏线显示按钮，在装配视图选取元件，单击▢按钮，选取的元件将以重影色调模式在装配体中显示隐藏线。

★ ▢：无隐藏线显示按钮，在装配视图选取元件，单击▢按钮，选取的元件其不可见的边将不显示出来，只显示出可见的边。

★ ◥：遮蔽显示按钮，在装配视图选取元件，单击◥按钮，将不显示元件的模型。

9.4.3 分解

分解视图又称为"爆炸视图"，是指将装配体中的各元件沿轴线、边或坐标进行移动或旋转，从而使各元件从装配体中分解出来。执行分解操作时，系统根据约束生成默认的分解视图，但是这样的视图通常无法正确地表现出各个元件的相对位置，还需要修改分解位置。不仅可以为每个组件定义多个分解视图，还可以为组件的每个视图设置一个分解状态。

在【视图管理器】对话框中，进入【分解】选项卡，如图9-32所示。单击【分解】选项中的【属性】按钮，进入【属性】编辑窗口，如图9-33所示，对话框中各按钮含义说明如下。

图9-32 分解显示窗口

图9-33 属性对话框

★ ▣：单击▣按钮可以在原装配视图和分解视图间进行切换。

★ ▧：编辑位置按钮，单击▧按钮，用户自定义分解视图，通过将元件调整到合适的位置，使各元件的相对位置清晰地表达出来。

★ ▧：切换按钮，单击▧按钮可以控制单个选取的元件原状态和分解状态。

单击▧按钮，系统弹出如图9-34所示的【分解工具】操控板，该操控板中可以分别设置元件的分解方式、分解参考和控制元件的运动类型。其中各选项的含义说明如下。

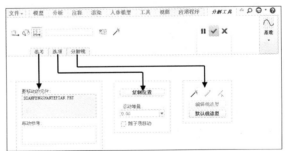

图9-34 【分解工具】操控板

★ ▫平移：选中该选项，是指对装配体中的元件以平移的方式进行移动分解操作。在运动参考选项区域中选择该类型后，在装配视图中单击所需平移的元件，然后选中平移轴移动鼠标，即可在运动参考方向上调整元件的位置。

★ ▫旋转：选中该选项，是指对装配体中的元件以旋转的方式进行移动分解操作。在运动参考选项区域中选择该类型后，在装配视图中单击所需旋转的元件，然后选中旋转轴移动鼠标，即可在运动参考方向上调整元件的位置。

★ ▫试图平面：选中该选项，是指对装配体中的元件以视图平面的方向进行移动分解操作。在运动参考选项区域中选择该类型后，在装配视图中单击所需平移的元件，然后拖曳移动点，即可在运动参考方向上调整元件的位置。

★ 🔳分解状态：可以切换分解与为分解的状态。

★ ✏创建修饰偏移线：单击✏按钮可以创建一条或多条分解偏移线，并可以对分解偏移线进行修改、移动或删除等操作。分解偏移线用来表示分解视图中各个元件的相对关系。

★ 复制位置：选中该选项，指在装配视图中当有几个元件都具有相同的分解方式时，可以先分解其中的一个元件，然后使用【复制位置】功能，单击其他的元件，复制已分解元件的分解位置。

★ 运动增量：系统提供了平滑、1、5、10等4种运动增量，可以在参数文本框中输入相应的数值来设置运动增量。如在参数文本框中输入10，元件将以每隔10个单位的距离移动。

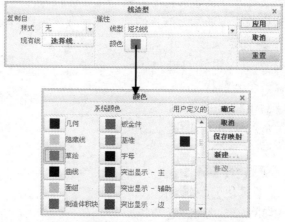

★ 默认线造型 设置默认线造型：单击该按钮，可以对未被修改的偏移线进行修改，如图9-35所示为【线造型】对话框，通过该对话框可以修改线体的线型和颜色。

图9-35　设置线条曲线

9.4.4　定向

定向是设置多个固定方向的视图，这样便于将当前模型或装配体切换到不同的方位显示，有利于观察模型结构和选取元件参考。在【视图管理器】对话框中，进入【定向】选项卡，如图9-36所示。该选项卡提供了标准方向、默认方向、Back等多个视图方向选项，双击【名称】列表中的选项即可切换视图。

图9-36　定向显示窗口

1. 新建

单击【新建】按钮，可以新定义一个或多个定向视图，在【名称】文本框中输入新建的定向视图名称，再按Enter键，新建的定向视图将以装配体当前视图方向作为视图方向。

2. 编辑

单击【编辑】按钮，系统弹出编辑菜单，单击该菜单中的各选项，可以对定向视图进行保存、重新定义、移除等操作。单击菜单中的【重新定义】按钮，系统弹出如图9-37所示的【方向】对话框，可以重新定义视图的显示方向；在【方向】对话框中，展开【类型】选项列表，选择【动态定向】选项，如图9-38所示。该对话框提供了平移、缩放、旋转3种控制选项；在【类型】选项中选择【首选项】选项，如图9-39所示，对话框中可以设置视图的旋转中心和默认视图方向等。

图9-37 方向对话框

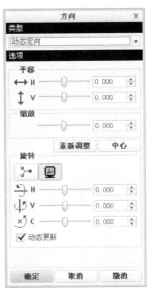

图9-38 【动态定向】对话框

图9-39 【首选项】对话框

9.5 装配动画

动画可以生动、直观地表达元件之间的关系。在Creo中，使用鼠标直接拖曳元件、生成装配体每一时间点的图像，即关键帧，最后连续播放这些图像，生成连续的运动效果。

9.5.1 进入动画制作界面

创建动画是在装配工作环境中进行，装配完成后，在【应用程序】选项卡中单击【动画】按钮📹，系统进入到动画环境，并切换到【动画】选项卡，如图9-40所示。

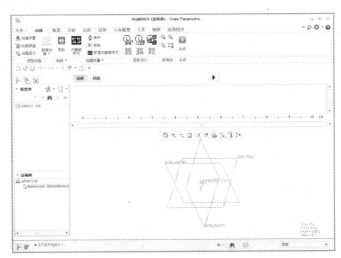

图9-40 动画制作环境

9.5.2 动画制作流程

1.新建动画

在【应用程序】选项卡中单击【动画】按钮📹，系统切换到【动画】选项卡，在该选项卡中单击【新建动画】按钮 📷，系统弹出【定义动画】对话框，在该对话框中输入动画名称后单击【确定】按钮，如图9-41所示。

图9-41 【定义动画】对话框

2.定义主体

在动画制作之前，需要对装配体定义，是以主体为单位，而不是组件。

单击【动画】选项卡中的【主体定义】按钮 🔲 主体定义，系统弹出【主体】对话框，如图9-42所示。

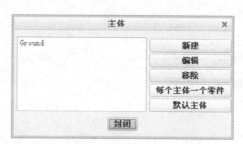

图9-42 【主体】对话框

对话框内容如下所述。

★ 新建：用来编辑列表中选中高亮显示的主体。

★ 编辑：用来编辑列表中高亮显示的主体。

★ 移除：用于从组建汇总移除在列表中选中的主体。

★ 每一个主体一个零件：用于一个主体仅能包含一个组件，但是当一般组件或包含次组件的情况需要特别注意，因为所有组件形成一个独立的主体，可能得到重新定义主体。

★ 默认主体：用于恢复至约束定义状态，可以重新开始定义所有主体。

3.拖动元件

在定义主体元件后就需要对元件进行拖曳并进行【快照】创建帧，单击【动画】选项卡中的【拖动元件】按钮 🖑，系统弹出【拖动】对话框，如图9-43所示。

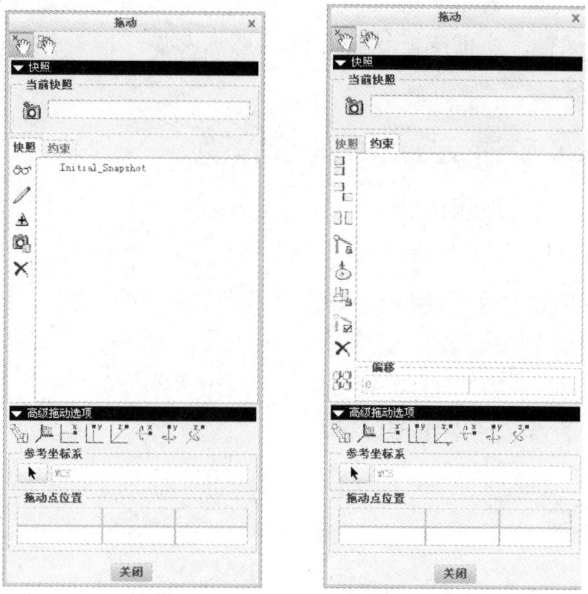

对话框内容如下所述。

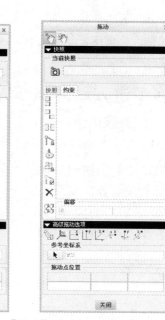

★ 🖑拖动点：单击此按钮，在主体上选取某一点，该点会高亮显示，并随光标移动，同时保持连接，该点不能为基础主体上的点。

★ 🖑拖动主体：单击此按钮，该主体高亮显示，并随光标移动，同时保持连接，不能拖动基础主件。

图9-43 【拖动】对话框

★ 📷快照：单击此按钮给机构拍照，在下面的文本框中显示快照的名称，拖曳到一个新位置时，单击此按钮可以再次给机构拍照，同时该照添加到快照列表中。

★ 快照选项卡：用于对快照进行编辑，选中列表中的快照，单击左侧工具进行快照编辑，或者右键选择弹出快捷菜单进行编辑。

★ 约束选项卡：通过选中或清除列表中所选约束旁的复选框，可以打开和关闭约束，也可以使用左侧工具按钮进行临时约束。

★ 封装移动：允许进行封装移动。

★ 选择当前坐标：指定当前坐标系，通过选择主体来选取一个坐标系，所选主体的默认坐标系是要使用的坐标系。

★ X、Y、Z向移动：单击该按钮，将会分别指定沿当前坐标系的x、y、z方向平移。

★ X、Y、Z旋转：单击该按钮，将会分别指定绕当前坐标系的x、y、z轴旋转。

★ 参考坐标系：该选项组用于指定当前模型中的坐标系，单击选取箭头可在当前模型中选取坐标系。

★ 拖动点位置：该选项组用于实时显示拖动点相对于选定的坐标系的x、y、z坐标。

4.创建关键帧序列

创建关键帧序列是排列已经定义好的关键帧，可以设置关键帧的出现时间、参考主体、主体状态等。

单击【动画】选项卡中的【关键帧序列】图标，系统将弹出【关键帧序列】对话框，如图9-44所示。

【关键帧序列】对话框主要选项含义如下。

图9-44 【关键帧序列】对话框

★ 名称：用于定义关键帧排序的名称。

★ 参考主体：该选项组用于定义主体动画运动的参考物，单击选取箭头，在模型中选择运动主体的参考物。

★ 序列：该选项卡是使用拖动建立关键帧，调整每一张关键帧出现的时间预览关键帧影像等。

★ 主体：该选项卡用于设置主体状态。

★ 关键帧：在该选项组中选择所创建的关键帧，然后单击 图标创建关键帧的播放顺序。在时间文本框中输入出现该关键帧的时间。

9.5.3 播放和导出动画

1.回放动画

关键帧排序之后，即可回放查看动画，单击面板上的【回放】按钮，系统将进入到回放界面，在该界面中可以对动画播放方面进行控制，如图9-45所示。

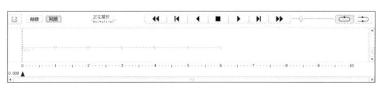

图9-45 【回放】控制条

2.导出动画

动画制作完毕后，在【动画】选项卡中，单击【回放】命令组下的【导出】单击，即可将当前动画保存在默认的目录中。

【案例9-7】：创建手机分解动画

本案例为手机模型，创建动画分解。创建的流程是：首先进入动画模块，然后定义主体，再拖曳元件并进行拍照，创建关键帧序列，最后播放动画。绘制流程如图9-46所示。

图9-46 流程图

1.新建文件

01 打开 "第9课/9/手机分解动画/3D.ASM.3" 素材文件，如图9-47所示。

02 在装配环境中选择【应用程序】选项卡，在该选项卡中单击【动画】按钮🐾，之后系统会进入到动画环境中并切换到【动画】选项卡中。

03 在【动画】选项卡中单击【新建动画】按钮◎，系统弹出【定义动画】对话框，在该对话框中输入动画名称后单击【确定】按钮，新建动画文件。

2.定义主体

单击【动画】选项卡中的【主体定义】按钮，系统弹出【主体】对话框，将装配体中的元件定义为主体。单击【新建】按钮，选择定义的元件来定义下一个主体，定义结果如图9-48所示，单击【封闭】按钮，完成定义。

图9-47 素材文件

图9-48 【主体定义】对话框

3.设置时域，拖动元件

01 单击【动画】选项卡中【时间线】命令组上的【时域】按钮🖵，弹出【动画时域】对话框，设置终止时间为30，如图9-49所示，单击【确定】按钮。

0—1—2—3—4—5—6—7—8—9—10—11—12—13—14—15—16—17—18—19—20—21—22—23—24—25—26—27—28—29—30

图9-49 设置时域

02 单击【动画】选项卡中的【拖动元件】按钮🐾，将各元件拖到合适的位置时，如图9-50所示，每拖动一个元件就进行【快照】创建帧，创建帧结果如图9-51所示。

图9-51 【创建帧】对话框

4.创建关键帧序列

单击【动画】选项卡的【关键帧序列】图标，系统将弹出【关键帧序列】对话框，在对话框中的关键帧下拉列表中选择Snapshot1，时间为0，单击【添加】按钮 ，将快照添加到【时间】列表中。此时，视图恢复到第一次拍照的状态。从关键帧下拉列表中选择Snapshot2，时间为2，单击【添加】按钮 ，将快照添加到【时间】列表中。重复此动作，将所有的帧添加完毕后，单击【确定】按钮，此时，时间线如图9-52所示。

图9-52 【关键帧序列】对话框

5.播放动画

单击面板上的【生成并运行动画】按钮 ，系统将进入到播放界面，播放线如图9-53所示。播放结果如图9-54所示。

图9-53 播放时间线

图9-54 播放结果

9.6 实例应用

本节以传动机构的装配为例，演示装配设计的操作过程。

如图9-55所示为传动机构装配效果图，该实例使用距离、重合和居中等多种约束方式来确定元件在装配体中的准确位置。

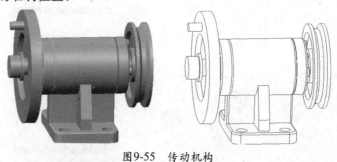

图9-55　传动机构

如图9-56所示为传动机构装配流程。

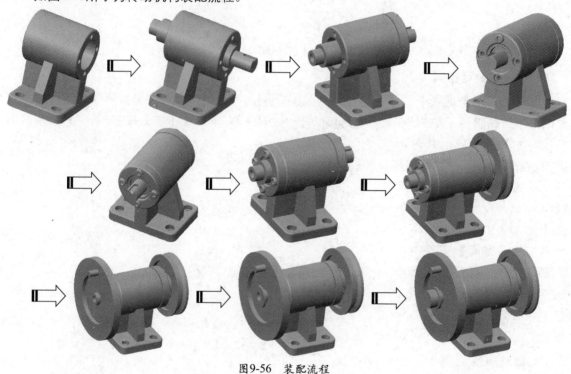

图9-56　装配流程

接下来逐步演示创建此装配体的操作过程。

1. 新建文件

01 在快速访问工具栏中单击【新建】按钮 ，系统弹出【新建】对话框，在【类型】选项组中选择【装配】选项，在【子类型】选项组中选择【设计】选项，在名称文本框中输入 chuandongjigou，取消勾选【使用默认模板】复选取框，然后单击对话框中的【确定】按钮，如图9-57所示。

02 系统弹出【新文件选项】对话框，在对话框中选择 mmns_asm_design选项作为装配模板，如图9-58所示，再单击【确定】按钮。

图9-57　【新建】对话框

图9-58　【新文件选项】对话框

2.载入基座元件

01 单击【模型】选项卡中的【组装】按钮，系统弹出【打开】对话框，在对话框中选择chuangdong
jigou.prt零件文件，然后单
击【打开】按钮，系统弹
出【元件放置】操控板，
如图9-59所示。

图9-59 【元件放置】操控板

02 在操控板中单击【约束类型】下拉按钮，选择【默认】选项作为约束类型，如图9-60所示，再
单击【确定】按钮，即完成传动基座零件的放置。

图9-60 装配元件

3.载入传动轴元件

01 单击【模型】选项卡中的【组装】按钮，系统弹出【打开】对话框，在对话框中选择
chuangdongzhou.prt零件文件，并单击【打开】按钮。

02 在【元件放置】操控板中单击【放置】按钮，系统弹出【放置】选项卡，然后在【约束类型】
下拉列表中选择【重合】选项，选取传动轴的中心轴和基座大孔的中心轴，如图9-61所示。

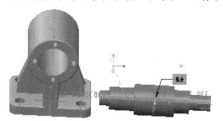

图9-61 选取重合轴线

03 在【放置】选项卡中单击【新建约束】按钮，然后在【约束类型】下拉列表中选择【距离】
选项，选取基座的侧面和传动轴的一个端面，如图9-62所示，输入偏移距离为10，再单击【确
定】按钮。

图9-62 选取距离平面

4.载入法兰盘元件

01 单击【模型】选项卡中的【组装】按钮，系统弹出【打开】对话框，在对话框中选择
falanpan.prt零件文件，并单击【打开】按钮。

02 在【元件放置】操控板中单击【放置】按钮，系统弹出【放置】选项卡，然后在【约束类型】
下拉列表中选择【重合】选项，选取法兰盘的中心轴和基座大孔的中心轴，如图9-63所示。

图9-63　选取重合轴线

03 在【放置】选项卡中单击
【新建约束】按钮，然后在
【约束类型】下拉列表中
选择【重合】选项，选取
法兰盘孔的轴和基座孔的
轴，如图9-64所示，再单
击【确定】按钮。

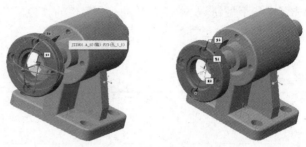

图9-64　重合孔

04 在【放置】选项卡中单击【新建约束】按钮，然后在【约束类型】下拉列表中选择【重合】选项，选取法兰盘的底面和基座的表面，如图9-65所示，再单击【确定】按钮。

05 接着按照上述步骤方法装配另一个法兰盘，装配结果如图9-66所示。

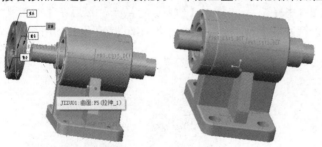

图9-65　重合约束　　　　　　　　　　　　　　　图9-66　装配结果

5.载入螺钉元件

01 单击【模型】选项卡中的【组装】按钮，系统弹出【打开】对话框，在对话框中选择luoding.prt零件文件，并单击【打开】按钮。

02 在【元件放置】操控板中单击【放置】按钮，系统弹出【放置】选项卡，然后在【约束类型】下拉列表中选择【重合】选项，选取螺钉的中心轴和法兰盘孔的中心轴，如图9-67所示。

图9-67　重合约束

03 在【放置】选项卡中单击【新建约束】按钮，然后在【约束类型】下拉列表中选择【重合】选项，选取螺钉的端面和法兰盘的凹槽面，如图9-68所示，再单击【确定】按钮。

04 接着按照上述步骤方法装配其他的螺钉，装配结果如图9-69所示。

图9-68 距离约束 图9-69 装配结果

6.载入平键元件

01 单击【模型】选项卡中的【组装】按钮，系统弹出【打开】对话框，在对话框中选择pingjian. prt装配体零件文件，并单击【打开】按钮。

02 在【元件放置】操控板中单击【放置】按钮，系统弹出【放置】选项卡，然后在【约束类型】下拉列表中选择【相切】选项，选取平键的圆柱面和传动轴键槽的圆柱面，如图9-70所示。

图9-70 相切约束

03 在【放置】选项卡中单击【新建约束】选项，然后在【约束类型】下拉列表中选择【重合】选项，选取平键的底面和传动轴键槽的底面，再单击【确定】按钮。

04 在【放置】选项卡中单击【新建约束】选项，然后在【约束类型】下拉列表中选择【重合】选项，选取平键的侧面和传动轴键槽的侧面，再单击【确定】按钮，如图9-71所示。

图9-71 平键的装配

7.载入带轮元件

01 单击【模型】选项卡中的【组装】按钮，系统弹出【打开】对话框，在对话框中选择dailun.prt零件文件，并单击【打开】按钮。

02 在【元件放置】操控板中单击【放置】按钮，系统弹出【放置】选项卡，然后在【约束类型】下拉列表中选择【重合】选项，选取带轮中的中心轴和基座中的中心轴，如图9-72所示。

图9-72 选取重合轴线

03 在【放置】选项卡中单击【新建约束】按钮，然后在【约束类型】下拉列表中选择【重合】选项，选取带轮的键槽侧面和平键的侧面，如图9-73所示。

04 在【放置】选项卡中单击【新建约束】选项，然后在【约束类型】下拉列表中选择【距离】选项，输入距离值为10，选取带轮的端面和法兰盘的端面，如图9-73所示。

图9-73 带轮的装配

8.载入飞盘元件

01 单击【模型】选项卡中的【组装】按钮，系统弹出【打开】对话框，在对话框中选择feipan.prt装配体零件文件，并单击【打开】按钮。

02 在【元件放置】操控板中单击【放置】按钮，系统弹出【放置】选项卡，然后在【约束类型】下拉列表中选择【重合】选项，选取飞盘中的中心轴和传动轴中的中心轴，如图9-74所示。

图9-74 选取重合轴线

03 在【放置】选项卡中单击【新建约束】按钮，然后在【约束类型】下拉列表中选择【重合】选项，选取飞盘的端面和传动轴的端面，如图9-75所示。

图9-75 重合约束

9.载入压片元件

01 单击【模型】选项卡中的【组装】按钮，系统弹出【打开】对话框，在对话框中选择yapian.prt装配体零件文件，并单击【打开】按钮。

02 在【元件放置】操控板中单击【放置】按钮，系统弹出【放置】选项卡，然后在【约束类型】下拉列表中选择【重合】选项，选取压片中的中心轴和传动轴中的中心轴，如图9-76所示。

图9-76 选取重合轴线

03 在【放置】选项卡中单击【新建约束】按钮，然后在【约束类型】下拉列表中选择【重合】选项，选取压片的底面和飞盘的端面，如图9-77所示。

图9-77　重合约束

10.载入锁紧螺钉元件

01 单击【模型】选项卡中的【组装】按钮，系统弹出【打开】对话框，在对话框中选择 suojinluoding.prt装配体零件文件，并单击【打开】按钮。

02 在【元件放置】操控板中单击【放置】按钮，系统弹出【放置】选项卡，然后在【约束类型】下拉列表中选择【重合】选项，选取螺丝钉中的中心轴和传动轴中的中心轴，如图9-78所示。

图9-78　选取重合轴线

03 在【放置】选项卡中单击【新建约束】选项，然后在【约束类型】下拉列表中选择【重合】选项，选取螺丝钉的端面和传动轴的端面，如图9-79所示。

图9-79　重合约束

9.7　课后练习

▌9.7.1　创建平口钳的装配体

创建如图9-80所示的平口钳装配模型。

图9-80　平口钳

操作提示：

01 新建装配体文件，载入钳座模型，单击【模型】选项卡中的【组装】按钮，默认约束。

02 载入钳扣模型元件，两重合和一距离约束，距离为55。

03 载入虎口板模型元件，两重合和一定向约束。

04 载入沉头螺钉模型元件，两重合和一距离约束，距离为1。

05 载入虎口板模型元件，两重合和一定向约束。

06 载入沉头螺钉模型元件，两重合和一距离约束，距离为1。

07 载入方头螺母模型元件，两重合和一平行约束。

08 载入螺杆模型元件，两重合约束。

09 载入圆头螺钉模型元件，两重合约束。

平口钳装配流程，如图9-81所示。

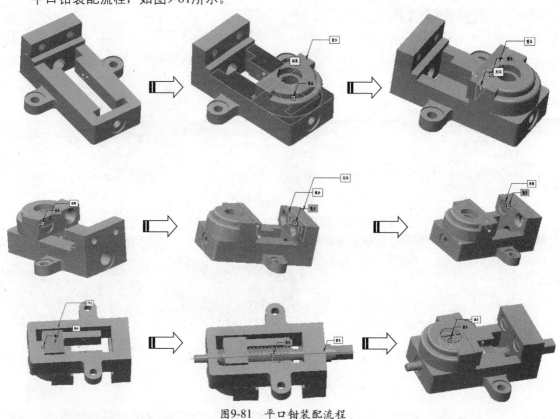

图9-81 平口钳装配流程

9.7.2 创建电饭煲装配体

创建如图9-82所示的电饭煲装配体。

图9-82 电饭煲

操作提示：

01 新建装配体文件，载入底座模型，单击【模型】选项卡中的【组装】按钮，默认约束。

02 载入桶身模型元件，两重合和一平行约束。

03 载入锅体模型元件，两重合约束。

04 载入锅体加热器模型元件，两重合和一平行约束。

05 载入米锅模型元件，两重合约束。

06 载入蒸锅模型元件，两重合约束。

07 载入桶身上压盖模型元件，两重合和一角度偏移约束，角度为90°。

08 载入下盖模型元件，两重合约束。

09 载入顶盖模型元件，两重合约束。

电饭煲装配流程，如图9-83所示。

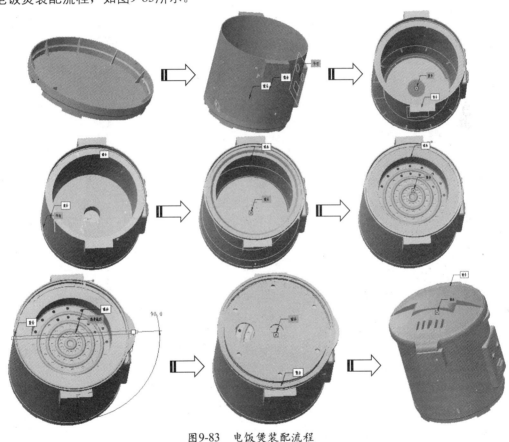

图9-83 电饭煲装配流程

第10课
综合实例

本课通过轴类、盘类、叉架类、箱体类和工业产品等多个典型案例，综合演练前面所学的Creo Parametric 2.0各模块知识，全面提高软件的应用能力和应用水平。

【本课知识】

- 轴类零件设计
- 盘类零件设计
- 叉架类零件设计
- 箱体类零件设计
- 产品设计

10.1 轴类零件设计

在机械零件设计中，轴和轴承类零件的设计不可缺少。轴是机器中的重要支撑之一，一切做回转运动的零件（如齿轮、皮带轮、蜗轮、车轮等）都必须安装在轴上才能传递运动和动力。根据功能和结构形状，轴类零件有多种形式，如光轴、空心轴、阶梯轴、花键轴、偏心轴、曲轴及凸轮轴等。

轴类零件通常为旋转体，一般包含退刀槽、半圆槽、键槽和销孔等特征。本节通过曲轴和阶梯轴2个典型轴零件，介绍轴类零件的建模方法和技巧。

10.1.1 曲轴

本实例制作曲轴的零件模型，如图10-1所示。该结构主要是由旋转体、拉伸体、孔创建而成。

图10-1　曲轴

如图10-2所示为零件的创建思路。

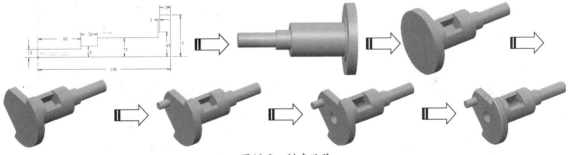

图10-2　创建思路

1.新建文件

01 单击【文件】选项卡中的【新建】按钮，系统弹出【新建】对话框，在【类型】选项组中选择【零件】选项，在【子类型】选项组中选择【实体】选项，在【名称】文本框中输入10-1quzhou。取消勾选【使用默认模板】复选框，如图10-3所示，单击【确定】按钮。

02 系统弹出【新文件选项】对话框，选择模板类型为mmns_part_solid，如图10-4所示。单击【确定】按钮，系统进入零件模块工作界面。

图10-3　【新建】对话框　　图10-4　【新文件选项】对话框

2. 创建旋转体

01 单击【模型】选项卡中的【旋转】按钮✦，系统弹出【旋转】操控板，并提示选取一个草绘，如图10-5所示。

图10-5　【旋转】操控板

02 单击操控板中的【放置】按钮，系统弹出【放置】选项卡，如图10-6所示。单击【放置】选项卡中的【定义】按钮，系统弹出【草绘】对话框。

03 选择基准平面FRONT作为草绘平面，草绘参考和方向为系统默认，如图10-7所示。单击【草绘】对话框中的【草绘】按钮，系统进入草绘环境。

图10-6　【放置】选项卡

图10-7　【草绘】对话框

04 单击【草绘】选项卡中的【中心线】按钮┆和【线】按钮✚，绘制如图10-8所示的旋转中心线和旋转截面。

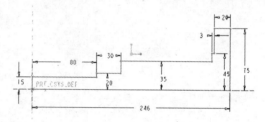

图10-8　绘制旋转截面和中心线

05 绘制完草绘截面后，单击工具栏中的【确定】按钮✔，退出草绘模式。返回到【旋转】操控板，其他设置按系统默认设置，并单击【确定】按钮✔，结果如图10-9所示。

图10-9　创建旋转特征

3. 创建拉伸切除特征

01 单击【模型】选项卡中【基准】命令组上的【平面】按钮▱，系统弹出【基准平面】对话框，选择RIGNT基准平面作为参考平面，设置平移距离为190，如图10-10所示，单击【确定】按钮，创建基准面DTM1。

02 单击【模型】选项卡中的【拉伸】按钮▱，系统弹出【拉伸】操控板，并提示选取一个草绘，如图10-11所示。

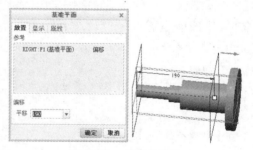

图10-10　创建基准面

图10-11　【拉伸】操控板

03 单击操控板中的【放置】按钮，系统弹出【放置】选项卡，单击【定义】按钮，系统弹出【草绘】对话框，选择基准面DTM1作为草绘平面，如图10-12所示。

04 单击对话框中的【草绘】按钮，系统进入草绘环境，单击【草绘】选项卡中的【线】按钮ᐳᐸ和【圆】按钮◎，绘制拉伸截面，如图10-13所示，单击【确定】按钮✓。

图10-12 【放置】上滑面板

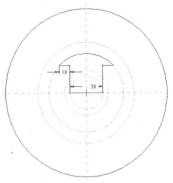

图10-13 拉伸截面

05 如图10-14所示，在【拉伸】操控板中输入拉伸深度为45，并单击【反向】按钮✗修改拉伸方向，单击【移除材料】按钮◢。单击【确定】按钮✓，结果如图10-15所示。

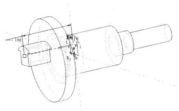

图10-14 拉伸预览

图10-15 创建拉伸剪切特征

06 再次执行【拉伸】命令，选择旋转体表面作为草绘平面，单击对话框中的【草绘】按钮，系统进入草绘环境，单击【草绘】选项卡中的【线】按钮ᐳᐸ和【圆】按钮◎，绘制拉伸截面，如图10-16所示，单击【确定】按钮✓。

07 如图10-17所示，在【拉伸】操控板中输入拉伸深度为50，并单击【反向】按钮✗修改拉伸方向，单击【移除材料】按钮◢。单击【确定】按钮✓，结果如图10-18所示。

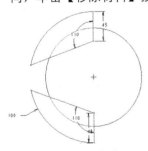

图10-16 拉伸截面

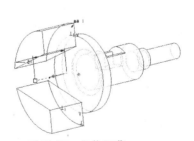

图10-17 拉伸预览

图10-18 创建拉伸剪切特征

08 再次执行【拉伸】命令，选择旋转体表面作为草绘平面，单击对话框中的【草绘】按钮，系统进入草绘环境，单击【草绘】选项卡中的【圆】按钮◎，绘制拉伸截面，如图10-19所示，单击【确定】按钮✓。

09 在【拉伸】操控板中输入拉伸深度为30，单击【确定】按钮✓，结果如图10-20所示。

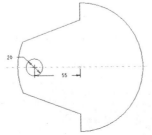

图10-19 拉伸截面

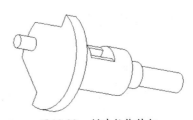

图10-20 创建拉伸特征

4. 创建孔特征

01 单击【工程】命令组中的【孔】按钮 □，系统弹出【孔】操控板，单击【孔】操控板中的【简单孔】按钮 □ 和【使用预定义矩形作为钻孔轮廓】按钮 □，在【孔直径】文本框中输入35。输入钻孔距离为125，其他选项默认，如图10-21所示。

图10-21 【孔】操控板

02 单击操控板中的【放置】按钮，系统弹出【放置】选项卡，如图10-22所示。

03 单击激活【放置】收集器，按住Ctrl键，在绘图区内选择基准轴线A_1和旋转体表面，如图10-23所示。

图10-22 【放置】上滑面板

图10-23 选取放置参考

04 如图10-24所示，单击操控板中的【确定】按钮 ✓，完成简单孔的创建操作，如图10-25所示。

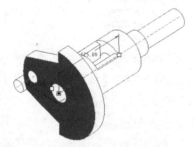

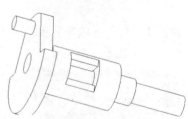

图10-24 设置角度和距离

图10-25 完成孔特征

5. 创建倒角特征

单击【工程】命令组中的【边倒角】按钮 ◎，系统弹出【边倒角】操控板，在操控板中选择边倒角类型为D×D选项，并在【倒角距离】文本框中输入2，选取如图10-26所示的边作为倒角参考对象。单击【确定】按钮 ✓，结果如图10-27所示。

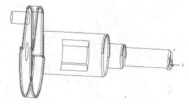

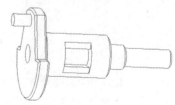

图10-26 选取倒角参考

图10-27 倒角

10.1.2 阶梯轴

本实例制作阶梯轴的零件模型，如图10-28所示。该结构主要由旋转体和拉伸体创建而成。

图10-28 阶梯轴

如图10-29所示，为零件的创建思路。

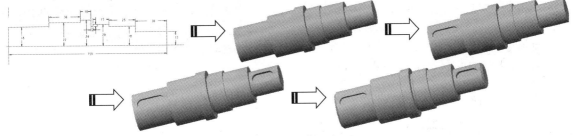

图10-29　创建思路

1.新建文件

01 单击【文件】选项卡中的【新建】按钮，系统弹出【新建】对话框，在【类型】选项组中选择【零件】选项，在【子类型】选项组中选择【实体】选项，在【名称】文本框中输入10-2jietizhou。取消勾选【使用默认模板】复选框，如图10-30所示，单击【确定】按钮。

02 系统弹出【新文件选项】对话框，选择模板类型为mmns_part_solid，如图10-31所示。单击【确定】按钮，系统进入零件模块工作界面。

图10-30　【新建】对话框

图10-31　【新文件选项】对话框

2.创建旋转体

01 单击【模型】选项卡中的【旋转】按钮，系统弹出【旋转】操控板，并提示选取一个草绘，如图10-32所示。

图10-32　【旋转】操控板

02 单击操控板中的【放置】按钮，系统弹出【放置】选项卡，如图10-33所示。单击【放置】选项卡中的【定义】按钮，系统弹出【草绘】对话框。

03 选择基准平面FRONT作为草绘平面，草绘参考和方向为系统默认，如图10-34所示。单击【草绘】对话框中的【草绘】按钮，系统进入草绘环境。

图10-33　【放置】选项卡

图10-34　【草绘】对话框

04 单击【草绘】选项卡中的【中心线】按钮和【线】按钮，绘制如图10-35所示的旋转中心线和旋转截面。

05 绘制完草绘截面后，单击工具栏中的【确定】按钮，退出草绘模式。返回到【旋转】操控板，其他设置默认，并单击【确定】按钮，结果如图10-36所示。

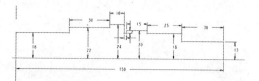

图10-35　绘制旋转截面和中心线

图10-36　创建旋转特征

3. 创建键槽

01 单击【模型】选项卡中【基准】命令组上的【平面】按钮，系统弹出【基准平面】对话框，选择FRONT基准平面作为参考平面，设置平移距离为20，如图10-37所示，单击【确定】按钮，创建基准面DTM1。

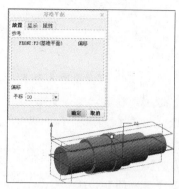

图10-37　创建基准面DTM1

02 单击【模型】选项卡中的【拉伸】按钮，系统弹出【拉伸】操控板，并提示选取一个草绘，如图10-38所示。

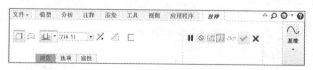

图10-38　【拉伸】操控板

03 单击操控板中的【放置】按钮，系统弹出【放置】选项卡，单击其中的【定义】按钮，系统弹出【草绘】对话框，选择基准面DTM1作为草绘平面，如图10-39所示。

04 单击对话框中的【草绘】按钮，系统进入草绘环境，单击【草绘】选项卡中的【线】按钮和【圆弧】按钮，绘制拉伸截面，如图10-40所示，单击【确定】按钮。

图10-39　【放置】选项卡

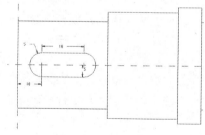

图10-40　拉伸截面

05 如图10-41所示，在【拉伸】操控板中输入拉伸深度为5.5，并单击【反向】按钮修改拉伸方向，单击【移除材料】按钮。单击【确定】按钮，结果如图10-42所示。

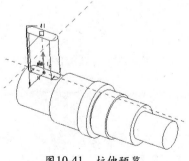

图10-41　拉伸预览

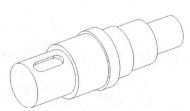

图10-42　创建拉伸剪切特征

06 再次执行【拉伸】命令，选择基准面DTM1作为草绘平面，单击对话框中的【草绘】按钮，系统进入草绘环境，单击【草绘】选项卡中的【线】按钮和【圆弧】按钮⌒，绘制拉伸截面，如图10-43所示，单击【确定】按钮✔。

07 如图10-44所示，在【拉伸】操控板中输入拉伸深度为12，并单击【反向】按钮％修改拉伸方向，单击【移除材料】按钮⬚。单击【确定】按钮✔，结果如图10-45所示。

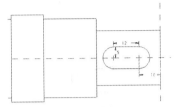

图10-43 拉伸截面

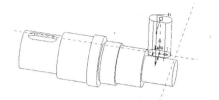

图10-44 拉伸预览

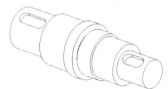

图10-45 创建拉伸剪切特征

4.创建倒角特征

01 单击【工程】命令组中的【边倒角】按钮，系统弹出【边倒角】操控板，在操控板中选择边倒角类型为D×D选项，并在【倒角距离】文本框中输入2，选取如图10-46所示的边作为倒角参考对象，单击操控板中的【集】按钮，系统弹出【集】选项卡。在【集】选项卡中单击【新建集】按钮，按住Ctrl键选取如图10-47所示的边作为倒角参考对象，输入【倒角距离】数值为0.5。

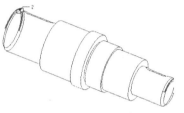

图10-46 选取倒角参考

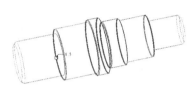

图10-47 选取倒角参考

02 单击【确定】按钮✔，结果如图10-48所示。

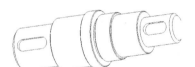

图10-48 结果显示

10.2 盘类零件设计

各种带轮、齿轮、法兰盘、轴承盖及圆盘等都属于盘盖类零件，这类零件主要传递动力、改变速度、起压紧、密封、支承、连接、分度及防护等作用。盘类零件的主体一般是由共轴的回转体构成的，通常盘类零件有以下特点：① 盘类零件上常常具有孔；② 为了加强支承，减少加工面积，常设计有凸缘、凸台或凹坑等结构；③ 为了与其他零件相连接，盘盖类零件上还常有较多的螺孔、光孔、沉孔、销孔或键槽等结构；④ 此外，有些盘盖类零件上还具有轮辐、辐板、肋板，以及用于防漏的油沟和毡圈槽等密封结构。

▌ 10.2.1 偏置手轮

本实例制作偏置手轮的零件模型，如图10-49所示。该结构主要是由扫描体、混合扫描、阵列和拉伸体创建而成。

图10-49 手轮

如图10-50所示，为手轮的创建思路。

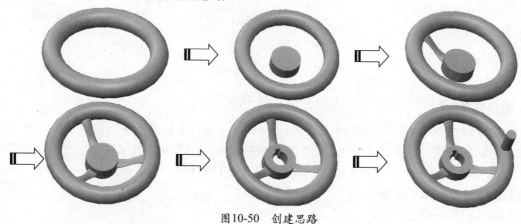

图10-50 创建思路

接下来逐步演示操作过程。

1.新建文件

01 单击【文件】选项卡中的【新建】按钮，系统弹出【新建】对话框，在【类型】选项组中选择【零件】选项，在【子类型】选项组中选择【实体】选项，在【名称】输入框中输入10-3pianzhishoulun。取消勾选【使用默认模板】复选框，如图10-51所示，单击【确定】按钮。

02 系统弹出【新文件选项】对话框，选择模板类型为mmns_part_solid，如图10-52所示。单击【确定】按钮，系统进入零件模块工作界面。

图10-51 【新建】对话框

图10-52 【新文件选项】对话框

2.创建扫描体

01 单击【模型】选项卡中的【草绘】按钮，系统弹出【草绘】对话框，选取TOP基准平面作为绘图平面，进入草绘环境，单击【草绘】选项卡中的【圆】按钮，绘制扫描轨迹，如图10-53所示。

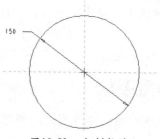

图10-53 扫描轨迹

02 单击【模型】选项卡中的【扫描】按钮，打开【扫描】操控板，选择操控板中的【恒定截面扫描】选项，选取之前所绘制的轨迹线（默认会把上步骤绘制的草绘作为扫描轨迹线）。

03 单击【创建或编辑扫描截面】按钮，系统进入草绘环境。单击【草绘】选项卡中的【圆】按钮，绘制截面如图10-54所示，单击【确定】按钮，返回【扫描】操控板。

04 单击【扫描】操控板中的【确定】按钮，即可生成扫描特征。如图10-55所示。

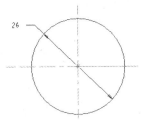

图10-54　扫描截面

图10-55　扫描体

05 单击【模型】选项卡中【基准】命令组上的【平面】按钮，系统弹出【基准平面】对话框，选择TOP基准平面作为参考平面，设置平移距离为20，如图10-56所示。单击【确定】按钮，创建基准面DTM1。

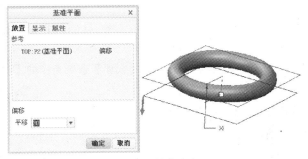

图10-56　创建基准面

06 单击【模型】选项卡中的【拉伸】按钮，系统弹出【拉伸】操控板，选择基准面DTM1作为草绘平面，单击对话框中的【草绘】按钮，系统进入草绘环境，单击【草绘】选项卡中的【圆】按钮，绘制扫描截面，如图10-57所示，单击【确定】按钮。返回【拉伸】操控板，输入拉伸数值为20，单击【确定】按钮，结果如图10-58所示。

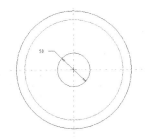

图10-57　拉伸截面

图10-58　创建拉伸体

3.创建扫描混合

01 单击【模型】选项卡中的【草绘】按钮，系统弹出【草绘】对话框，选取FRONT基准平面作为绘图平面，进入草绘环境，单击【草绘】选项卡中的【样条曲线】按钮，绘制扫描轨迹，如图10-59所示。

02 单击【模型】选项卡中【基准】命令组上的【点】按钮点，系统弹出【基准点】对话框，选择样条曲线创建基准点PNT0，如图10-60所示。

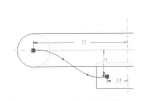

图10-59　扫描轨迹

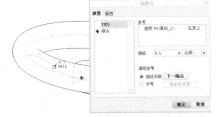

图10-60　创建基准点

03 单击【模型】选项卡中的【扫描混合】按钮，系统弹出【扫描混合】操控板。单击其中的【实体】按钮，呈现选中状态，并在图形区中选取之前所绘制的轨迹曲线。

04 在操控板中单击【截面】按钮，在弹出的【截面】选项卡中选中【草绘截面】选项。单击【草绘】按钮 草绘 ，进入草绘环境，指定草绘的原点在轨迹起始点处，如图10-61所示。

05 在草绘环境下，单击【草绘】选项卡中的【中心和轴椭圆】按钮◎，绘制如图10-62所示的截面草图，单击【确定】按钮✔，退出草绘环境。

图10-61 【截面】选项卡

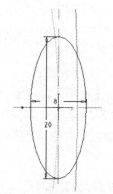

图10-62 截面1绘制

06 返回【扫描混合】操控板，单击【截面】选项卡中的【插入】按钮。指定基准点PNTO放置草绘，单击【草绘】按钮 草绘 ，系统再次进入到草绘环境中，如图10-63所示，单击【草绘】选项卡中的【中心和轴椭圆】按钮◎，绘制如图10-64所示的截面草图，单击【确定】按钮✔，退出草绘环境。

图10-63 【截面】选项卡

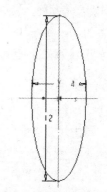

图10-64 截面2绘制

07 按照上述步骤绘制截面3，如图10-65所示。单击【确定】按钮✔，退出草绘环境，单击操控板中的【确定】按钮✔，完成扫描混合特征的创建，如图10-66所示。

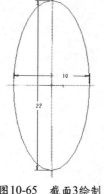

图10-65 截面3绘制

图10-66 创建混合扫描

4.创建阵列特征

01 选择扫描混合体，单击【编辑】命令组中的【阵列】按钮▦，系统弹出【阵列】操控板。单击【尺寸】选项右侧的下拉按钮，弹出下拉列表，选择其中的【轴】选项，如图10-67所示。

图10-67 【阵列】操控板

02 在绘图区内选择基准轴 A_1作为阵列中心。在操控板中输入方向1的阵列数量为3，阵列角度为120。阵列结果，如图10-68所示。

图10-68　设置阵列参数

5.创建拉伸特征

01 单击【模型】选项卡中的【拉伸】按钮，系统弹出【拉伸】操控板，选择拉伸体表面作为草绘平面，单击【草绘】选项卡中的【线】按钮和【圆】按钮，绘制拉伸截面，如图10-69所示，单击【确定】按钮。返回【拉伸】操控板，单击【反向】按钮修改拉伸方向，单击【移除材料】按钮，单击【确定】按钮，结果如图10-70所示。

02 单击【模型】选项卡中的【拉伸】按钮，系统弹出【拉伸】操控板，选择TOP基准平面作为草绘平面，单击对话框中的【草绘】按钮，系统进入草绘环境，单击【草绘】选项卡中的【圆】按钮圆，绘制拉伸截面，如图10-71所示，单击【确定】按钮。返回【拉伸】操控板，输入拉伸值为50，单击【确定】按钮，结果如图10-72所示。

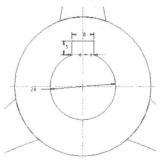

图10-69　拉伸截面

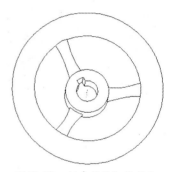

图10-70　创建拉伸切除特征

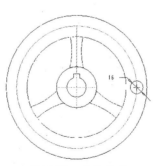

图10-71　拉伸截面

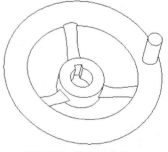

图10-72　创建拉伸特征

10.2.2　斜齿圆柱齿轮

本实例制作斜齿圆柱齿轮的零件模型，如图10-73所示，该结构主要由拉伸体和阵列创建而成。

图10-73　斜齿圆柱齿轮

如图10-74所示为斜齿圆柱齿轮的创建思路。

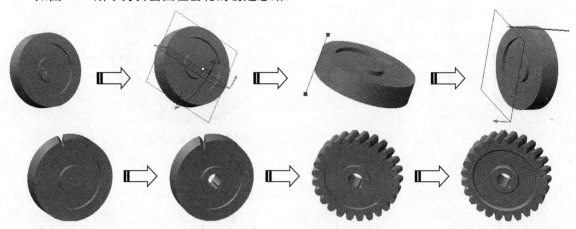

图10-74　创建思路

1. 新建文件

01 单击【文件】选项卡中的【新建】按钮 ，系统弹出【新建】对话框，在【类型】选项组中选择【零件】选项，在【子类型】选项组中选择【实体】选项，在【名称】文本框中输入10-4xiechiyuanzhuchilun。

取消勾选【使用默认模板】复选框，如图10-75所示，单击【确定】按钮。

02 系统弹出【新文件选项】对话框，选择模板类型为mmns_part_solid，如图10-76所示。单击【确定】按钮，系统进入零件模块工作界面。

图10-75　【新建】对话框

图10-76　【新文件选项】对话框

2. 创建旋转体

01 单击【模型】选项卡中的【旋转】按钮 ，系统弹出【旋转】操控板，选择基准平面FRONT作为草绘，草绘参考和方向为系统默认，单击【草绘】对话框中的【草绘】按钮，系统进入草绘环境。

02 单击【草绘】选项卡中的【中心线】按钮 和【线】按钮 ，绘制如图10-77所示的旋转中心线和旋转截面。

03 绘制完草绘截面后，单击工具栏中的【确定】按钮 ，退出草绘模式。返回到【旋转】操控板，其他设置默认，并单击【确定】按钮 ，结果如图10-78所示。

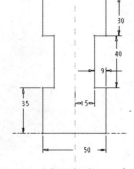

图10-77　绘制旋转截面和中心线

图10-78　创建旋转特征

04 单击【模型】选项卡中【基准】命令组上的【轴】按钮 ✐，系统弹出【基准轴】对话框，按住Ctrl键在图形区选择RIGHT和FRONT基准平面，创建基准轴A-2，如图10-79所示。

05 单击【模型】选项卡中【基准】命令组上的【平面】按钮 ☐，系统弹出【基准平面】对话框，按住Ctrl键在图形区选择刚创建的基准轴A-2和RIGHT基准平面，输入角度为75°，如图10-80所示，创建基准面DTM1。

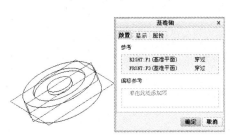

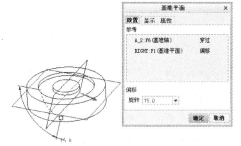

图10-79　创建基准轴　　　　　　　　图10-80　创建基准面

06 单击【模型】选项卡中的【草绘】按钮，系统弹出【草绘】对话框，选取基准面DTM1作为绘图平面，进入草绘环境，单击【草绘】选项卡中的【线】按钮 ⟋，绘制草图如图10-81所示。

07 单击【模型】选项卡中【基准】命令组上的【平面】按钮 ☐，系统弹出【基准平面】对话框，按住Ctrl键在图形区选择绘制线的端点和绘制的线，创建基准平面DTM2，如图10-82所示。

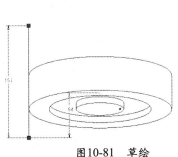

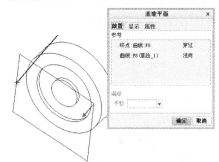

图10-81　草绘　　　　　　　　　　　图10-82　创建基准面

3.创建拉伸特征

01 单击【模型】选项卡中的【拉伸】按钮 ⬚，系统弹出【拉伸】操控板，选择DTM1作为草绘平面，单击【草绘】选项卡中的【线】按钮 ⟋ 和【圆】按钮 ◎，绘制拉伸截面，如图10-83所示，单击【确定】按钮 ✔。返回【拉伸】操控板，单击【反向】按钮 ％修改拉伸方向，单击【移除材料】按钮 ◿，单击【确定】按钮 ✔，结果如图10-84所示。

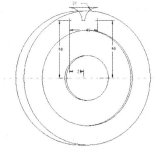

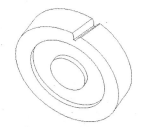

图10-83　拉伸截面　　　　　　图10-84　创建拉伸切除特征

02 再次单击【模型】选项卡中的【拉伸】按钮 ⬚，系统弹出【拉伸】操控板，选择旋转体表面作为草绘平面，单击【草绘】选项卡中的【线】按钮 ⟋ 和【圆】按钮 ◎，绘制拉伸截面，如图10-85所示，单击【确定】按钮 ✔。返回【拉伸】操控板，单击【反向】按钮 ％修改拉伸方向，单击【移除材料】按钮 ◿，单击【确定】按钮 ✔，结果如图10-86所示。

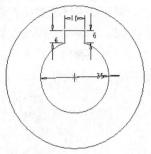

图10-85 拉伸截面

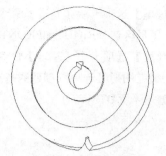

图10-86 创建拉伸切除特征

4.创建阵列特征

01 选择拉伸特征体，单击【编辑】命令组中的【阵列】按钮，系统弹出【阵列】操控板。单击【尺寸】选项右侧的下拉按钮，弹出下拉列表，选择其中的【轴】选项，如图10-87所示。

图10-87 【阵列】操控板

02 在绘图区内选择基准轴A_1作为阵列中心。在操控板中输入方向1的阵列数量为25，阵列角度为360°圆周均布，阵列结果如图10-88所示。

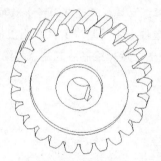

图10-88 阵列结果

5.创建倒圆角特征

01 单击【工程】命令组中的【倒圆角】按钮，系统弹出【倒圆角】操控板，单击【集】按钮，系统弹出【集】选项卡，并在【圆角半径】文本框中输入5，选取如图10-89所示的边作为倒角参考对象，单击【集】选项卡中的【新建集】按钮，按住Ctrl键选取如图10-90所示的边作为倒角参考对象，输入【圆角半径】数值为3。

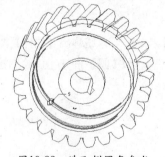

图10-89 选取倒圆角参考

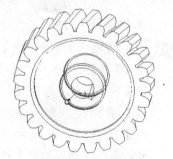

图10-90 选取倒圆角参考

02 单击【确定】按钮，结果如图10-91所示。

图10-91 结果显示

10.3 叉架类零件设计

叉架类零件一般由三部分构成：支承部分、工作部分和连接部分。支承部分和工作部分细部结构比较多，如圆孔、螺孔、油槽、油孔、凸台和凹坑等。连接部分多为肋板结构，且形状弯曲、扭斜得较多。

10.3.1 踏架

本实例创建踏架的零件模型，如图10-92所示，该结构主要是拉伸体、筋、孔、镜像、阵列、倒圆角创建而成的。

图10-92 踏架

如图10-93所示，为踏架的创建思路。

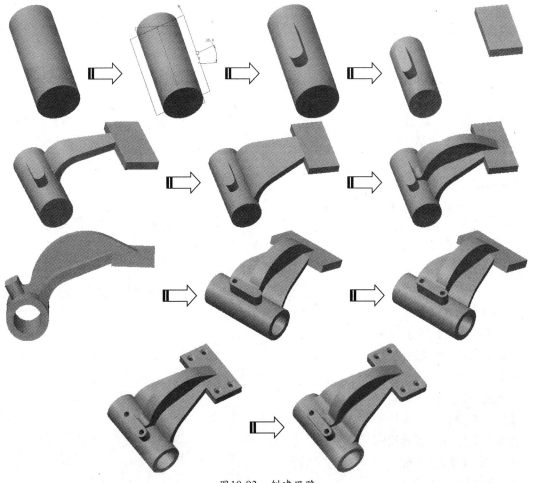

图10-93 创建思路

1.新建文件

01 单击【文件】选项卡中的【新建】按钮，系统弹出【新建】对话框，在【类型】选项组中选择【零件】选项，在【子类型】选项组中选择【实体】选项，在【名称】文本框中输入10-5tajia。

取消勾选【使用默认模板】复选框，如图10-94所示，单击【确定】按钮。

02 系统弹出【新文件选项】对话框，选择模板类型为mmns_part_solid，如图10-95所示。单击【确定】按钮，系统进入零件模块工作界面。

图10-94　【新建】对话框

图10-95　【新文件选项】对话框

2.创建拉伸特征

01 单击【模型】选项卡中的【拉伸】按钮，系统弹出【拉伸】操控板，选择FRONT基准平面作为草绘平面，单击【草绘】选项卡中的【圆】按钮圆，绘制拉伸截面，如图10-96所示，单击【确定】按钮。返回【拉伸】操控板，单击【对称拉伸】按钮，输入拉伸深度值为300，单击【确定】按钮，结果如图10-97所示。

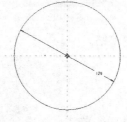

图10-96　拉伸截面

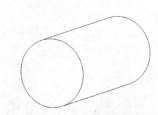

图10-97　创建拉伸特征

02 单击【模型】选项卡中【基准】命令组上的【平面】按钮，系统弹出【基准平面】对话框，按住Ctrl键选择中心轴A-1和RIGHT基准平面作为参考平面，设置旋转角度为45°，如图10-98所示，单击【确定】按钮，创建基准平面DTM1。

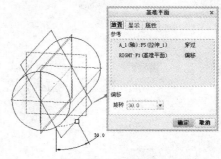

图10-98　创建基准面

03 再次单击【模型】选项卡中的【拉伸】按钮，系统弹出【拉伸】操控板，选择基准面DTM1作为草绘平面，单击【草绘】选项卡中的【线】按钮和【圆】按钮，绘制拉伸截面，如图10-99所示，单击【确定】按钮。返回【拉伸】操控板，输入拉伸深度值为100，其他值默认，单击【确定】按钮，结果如图10-100所示。

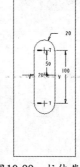

图10-99　拉伸截面

图10-100　创建拉伸特征

04 单击【模型】选项卡中【基准】命令组上的【平面】按钮▱，系统弹出【基准平面】对话框，选择TOP基准平面作为参考平面，设置距离为400，如图10-101所示，单击【确定】按钮，创建基准平面DTM2。

05 单击【模型】选项卡中【基准】命令组上的【轴】按钮╱，系统弹出【基准轴】对话框，按住Ctrl键在图形区选取DTM2和FRONT基准平面，如图10-102所示，单击【确定】按钮，创建基准轴A-2。

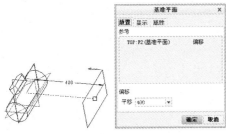

图10-101 创建基准面   图10-102 创建基准轴

06 单击【模型】选项卡中【基准】命令组上的【平面】按钮▱，系统弹出【基准平面】对话框，按住Ctrl键选择中心轴A-2和DTM2基准平面作为参考平面，输入角度数值为72°，如图10-103所示，单击【确定】按钮，创建基准平面DTM3。

07 单击【模型】选项卡中【基准】命令组上的【平面】按钮▱，系统弹出【基准平面】对话框，选择RIGHT基准平面作为参考平面，设置距离为150，如图10-104所示，单击【确定】按钮，创建基准平面DTM4。

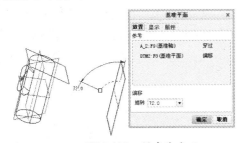
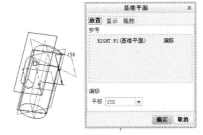

图10-103 创建基准面   图10-104 创建基准面

08 再次单击【模型】选项卡中的【拉伸】按钮▱，系统弹出【拉伸】操控板，选择DTM4作为草绘平面，单击【草绘】选项卡中的【线】按钮〰，绘制拉伸截面，如图10-105所示，单击【确定】按钮✔。返回【拉伸】操控板，输入拉伸深度值为30，其他保持默认，单击【确定】按钮✔，结果如图10-106所示。

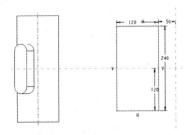
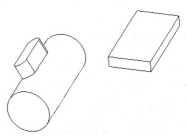

图10-105 拉伸截面   图10-106 创建拉伸特征

09 再次单击【模型】选项卡中的【拉伸】按钮▱，系统弹出【拉伸】操控板，选择FRONT作为草绘平面，单击【草绘】选项卡中的【线】按钮〰、【圆】按钮◎和【投影】按钮▱，绘制拉伸截面，如图10-107所示，单击【完成】按钮✔。返回【拉伸】操控板，单击【拉伸到指定的面】按钮▤，选择DTM3，其他的默认，单击【确定】按钮✔，结果如图10-108所示。

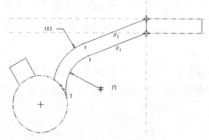

图10-107　拉伸截面

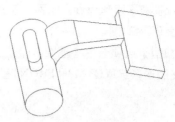

图10-108　创建拉伸特征

3.创建镜像特征

01 选择刚创建的拉伸特征，单击【编辑】命令组中的【镜像】按钮，系统弹出【镜像】操控板。

02 在绘图区内选择基准平面
FRONT作为镜像平面，选
择完镜像平面后，单击【镜
像】操控板中的【确定】
按钮，即可完成镜像操
作，结果如图10-109所示。

图10-109　镜像特征

4.创建筋特征

01 单击【工程】命令组中【筋】按钮右侧的▼按钮，在弹出下拉列表中单击【轮廓筋】按钮，系统弹出【轮廓筋】操控板，单击【轮廓筋】操控板中的【参考】按钮，系统弹出【参考】选项卡，单击其中的【定义】按钮，系统弹出【草绘】对话框，选择基准平面FRONT作为草绘平面，接受默认的草绘参考和视图方向，再单击对话框中的【草绘】按钮，系统进入草绘环境。单击【草绘】选项卡中的【线】按钮和【弧】按钮，绘制直筋的草绘截面，如图10-110所示。

02 单击【确定】按钮，
返回【筋】操控板，单击
【方向】按钮直到出现
双侧方向，输入筋厚度值
为50，单击【确定】按钮
，结果如图10-111所示。

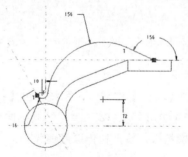

图10-110　筋轮廓

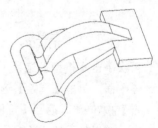

图10-111　创建筋特征

5.创建孔特征

01 单击【工程】命令组中的【孔】按钮，系统弹出【孔】操控板，单击【孔】操控板中的【简单孔】按钮和【使用预定义矩形作为钻孔轮廓】按钮，在【孔直径】文本框中输入80。输入钻孔距离为350，其他保持默认。

02 单击操控板中的【放置】
按钮，系统弹出【放置】
选项卡。单击激活【放
置】收集器，按住Ctrl
键，在绘图区内选择基准
轴线A_1和拉伸体表面，
如图10-112所示。

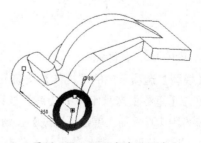

图10-112　设置角度和距离

03 单击操控板中的【确定】按钮✓，完成简单孔的创建操作，如图10-113所示。

04 单击【模型】选项卡中【基准】命令组上的【轴】按钮，系统弹出【基准轴】对话框，在图形区选取圆柱面，如图10-114所示，单击【确定】按钮，创建基准轴A-3。

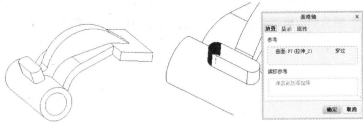

图10-113 完成孔特征　　图10-114 创建基准轴

05 再次执行【孔】命令，在【孔直径】文本框中输入20。输入钻孔距离为80，其他的默认，按住Ctrl键，在绘图区内选择基准轴线A_3和拉伸体表面，如图10-115所示，单击操控板中的【确定】按钮✓，完成简单孔的创建操作，如图10-116所示。

06 选择刚创建的孔特征，单击【编辑】命令组中的【镜像】按钮，系统弹出【镜像】操控面板，然后在绘图区内选择基准平面FRONT作为镜像平面，选择完镜像平面后，单击【镜像】操控板中的【确定】按钮✓，即可完成镜像操作，结果如图10-117所示。

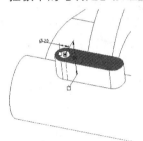 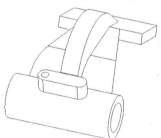 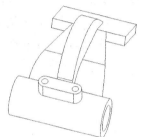

图10-115 设置角度和距离　　图10-116 完成孔特征　　图10-117 镜像特征

6.创建阵列特征

01 单击【工程】命令组中的【孔】按钮，系统弹出【孔】操控板，单击【孔】操控板中的【简单孔】按钮和【使用预定义矩形作为钻孔轮廓】按钮，依次单击【使用草绘定义孔轮廓】按钮、【激活草绘器创建截面】按钮、【草绘】选项卡中的【中心线】按钮和【线】按钮，绘制截面轮廓如图10-118所示，其他的默认。

02 单击操控板中的【放置】按钮，系统弹出【放置】选项卡。单击激活【放置】收集器，选择拉伸体表面为放置孔位置平面，选择【线性】类型，选择两表面，距离都为30，如图10-119所示。

03 单击操控板中的【确定】按钮✓，完成简单孔的创建操作，如图10-120所示。

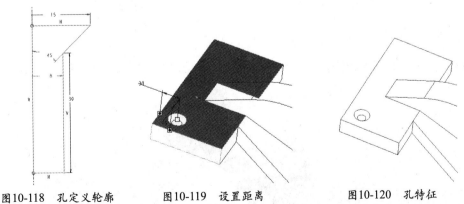

图10-118 孔定义轮廓　　图10-119 设置距离　　图10-120 孔特征

04 选择刚创建的孔特征，单击【编辑】命令组中的【阵列】按钮，系统弹出【阵列】操控板。单击【尺寸】选项右侧的下拉按钮，弹出下拉列表，选择其中的【方向】选项，在【方向1】中选择拉伸体的第一条边，设置阵列距离为60，在【方向2】中选择另一条边，设置阵列距离为180，其余均为默认值，如图10-121所示。

05 单击操控板中的【确定】按钮✓，阵列结果如图10-122所示。

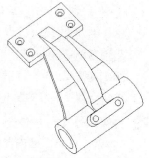

图10-121 【阵列】操控板

图10-122 阵列结果

7.创建圆角特征

01 单击【工程】命令组中的【倒圆角】按钮，系统弹出【倒圆角】操控板，单击【集】按钮，系统弹出【集】选项卡，选取如图10-123所示的边作为倒角对象，并在【圆角半径】文本框中输入15。在【集】选项卡中单击【新建集】按钮，按住Ctrl键选取如图10-124所示的边作为倒角参考对象，输入【圆角半径】数值为5。单击【新建集】按钮，按住Ctrl键选取如图10-125所示的边作为倒角参考对象，输入【圆角半径】数值为25。

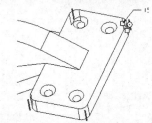
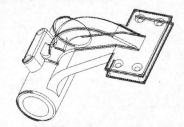
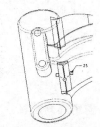

图10-123 选取倒角参考　　　　图10-124 选取倒角参考　　　　图10-125 选取倒角参考

02 单击【确定】按钮✓，结果如图10-126所示。

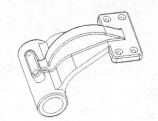

图10-126 结果显示

10.3.2 支架

本实例制作支架的零件模型，如图10-127所示。该结构主要由拉伸体、筋、孔创建而成。

图10-127 支架

如图10-128所示为支架的创建思路。

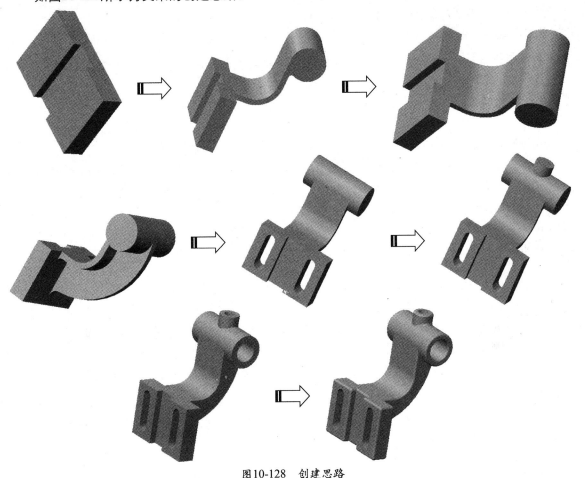

图10-128　创建思路

1.新建文件

01 单击【文件】选项卡中的【新建】按钮 ，系统弹出【新建】对话框，在【类型】选项组中选择【零件】选项，在【子类型】选项组中选择【实体】选项，在【名称】文本框中输入10-6zhijia。取消勾选【使用默认模板】复选框，如图10-129所示，单击【确定】按钮。

02 系统弹出【新文件选项】对话框，选择模板类型为mmns_part_solid，如图10-130所示。单击【确定】按钮，系统进入零件模块工作界面。

图10-129　【新建】对话框

图10-130　【新文件选项】对话框

2.创建拉伸特征

01 单击【模型】选项卡中的【拉伸】按钮 ，系统弹出【拉伸】操控板，选择基准平面TOP作为草绘平面，单击【草绘】选项卡中的【线】按钮，绘制拉伸截面，如图10-131所示，单击【确定】按钮✔。返回【拉伸】操控板,单击【对称拉伸】按钮▣,输入拉伸深度值为80,单击【确定】按钮✔,结果如图10-132所示。

02 再次单击【模型】选项卡中的【拉伸】按钮,系统弹出【拉伸】操控板,选择基准平面FRONT作为草绘平面,单击【草绘】选项卡中的【线】按钮✔和【圆】按钮◎,绘制拉伸截面,如图10-133所示,单击【确定】按钮✔。返回【拉伸】操控板,单击【对称拉伸】按钮▣,输入拉伸深度值为64,单击【确定】按钮✔,结果如图10-134所示。

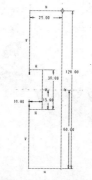

图10-131 拉伸截面

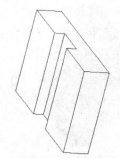

图10-132 创建拉伸特征

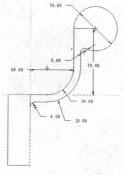

图10-133 拉伸截面

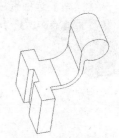

图10-134 创建拉伸特征

03 再次单击【模型】选项卡中的【拉伸】按钮,系统弹出【拉伸】操控板,选择基准平面FRONT作为草绘平面,单击【草绘】选项卡中的【圆】按钮◎,绘制拉伸截面,如图10-135所示,单击【确定】按钮✔。返回【拉伸】操控板,单击【对称拉伸】按钮▣,输入拉伸深度值为100,单击【确定】按钮✔,结果如图10-136所示。

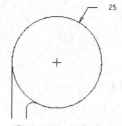

图10-135 拉伸截面

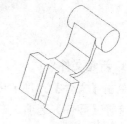

图10-136 创建拉伸特征

3. 创建筋特征

01 单击【工程】命令组中【筋】按钮右侧的▼按钮,在下拉列表中单击【轮廓筋】按钮,系统弹出【轮廓筋】操控板,单击【参考】按钮,系统弹出【参考】选项卡,单击其中的【定义】按钮,系统弹出【草绘】对话框,选择基准平面FRONT作为草绘平面,接受默认的草绘参考和视图方向,再单击对话框中的【草绘】按钮,系统进入草绘环境。单击【草绘】选项卡中的【弧】按钮↷,绘制直筋的草绘截面,如图10-137所示。

02 单击【确定】按钮✔,返回【筋】操控板,单击【方向】按钮直到出现双侧方向,输入筋厚度值为10,单击【确定】按钮✔,结果如图10-138所示。

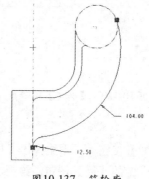

图10-137 筋轮廓

图10-138 创建筋

4.创建拉伸特征

01 单击【模型】选项卡中的【拉伸】按钮，系统弹出【拉伸】操控板，选择拉伸体表面作为草绘平面，单击【草绘】选项卡中的【线】按钮和【圆】按钮，绘制拉伸截面，如图10-139所示，单击【确定】按钮

。返回【拉伸】操控板，单击【反向】按钮修改拉伸方向，选择拉伸方式为【穿透】，单击【移除材料】按钮，单击【确定】按钮，结果如图10-140所示。

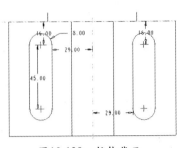

图10-139 拉伸截面

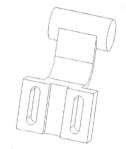

图10-140 创建拉伸特征

02 单击【模型】选项卡中【基准】命令组上的【平面】按钮，系统弹出【基准平面】对话框，选择TOP基准平面作为参考平面，设置平移距离为115，如图10-141所示，单击【确定】按钮，创建基准面DTM1。

03 再次单击【模型】选项卡中的【拉伸】按钮，系统弹出【拉伸】操控板，选择基准平面DTM1作为草绘平面，单击【草绘】选项卡中的【圆】按钮，绘制拉伸截面，如图10-142所示，单击【确定】按钮。返回【拉伸】操控板，输入拉伸深度值为35，其设置按默认，单击【确定】按钮，结果如图10-143所示。

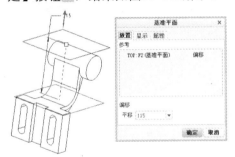

图10-141 创建基准面

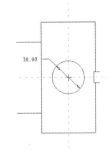

图10-142 绘制拉伸截面

图10-143 创建拉伸特征

5.创建孔特征

01 单击【工程】命令组中的【孔】按钮，系统弹出【孔】操控板，单击【孔】操控板中的【简单孔】按钮和【使用预定义矩形作为钻孔轮廓】按钮，在【孔直径】文本框中输入30。输入钻孔距离为125，其他的默认，如图10-144所示。

图10-144 【孔】操控板

02 单击操控板中的【放置】按钮，系统弹出【放置】选项卡，如图10-145所示。单击激活【放置】收集器，按住Ctrl键，在绘图区内选择基准轴线A_1和旋转体表面，如图10-146所示。

图10-145 【放置】选项卡

图10-146 选取放置参考

03 如图10-147所示，单击操控板中的【确定】按钮 ✔，完成简单孔的创建操作，如图10-148所示。

04 再次执行【孔】命令，在【孔直径】文本框中输入16。输入钻孔距离为45，其他的默认，选择拉伸体表面作为放置参考平面，单击操控板中的【确定】按钮 ✔，完成简单孔的创建操作，如图10-149所示。

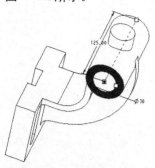
图10-147　设置角度和距离

图10-148　完成孔特征

图10-149　孔特征

6. 创建倒圆角特征

单击【工程】命令组中的【倒圆角】按钮 ，系统弹出【倒圆角】操控板，单击【集】按钮，系统弹出【集】选项卡，单击【集】选项卡中的【参考】收集器并将其激活，然后在绘图区内选取如图10-150所示的边线作为倒圆角对象，在操控板中的【半径】文本框内输入3，并按Enter键。单击【集】选项卡中的【新建集】按钮，按住Ctrl键选取如图10-151所示的边作为倒圆角对象，接着在操控板中的【半径】文本框内输入5，按Enter键，单击【确定】按钮 ☑，完成恒定倒圆角创建操作，如图10-152所示。

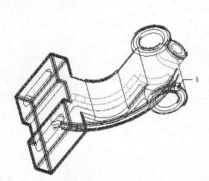
图10-150　选取倒角参考

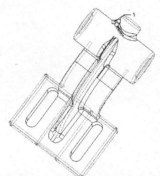
图10-151　选取倒角参考

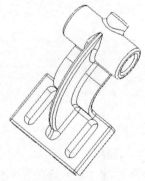
图10-152　倒圆角

10.4　箱体类零件设计

箱体类零件是机器或部件的基础零件，它将机器和部件中的轴、套、齿轮等零件组成一个整体，使它们之间保持正确的位置关系，并按照一定的传动关系协调地传递运动或动力。

10.4.1　减速器柱体空腔

本实例创建减速器柱体空腔的零件模型，如图10-153所示，该结构主要由拉伸体、筋、镜像、倒圆角创建而成。

如图10-154所示，为减速器柱体空腔的创建思路。

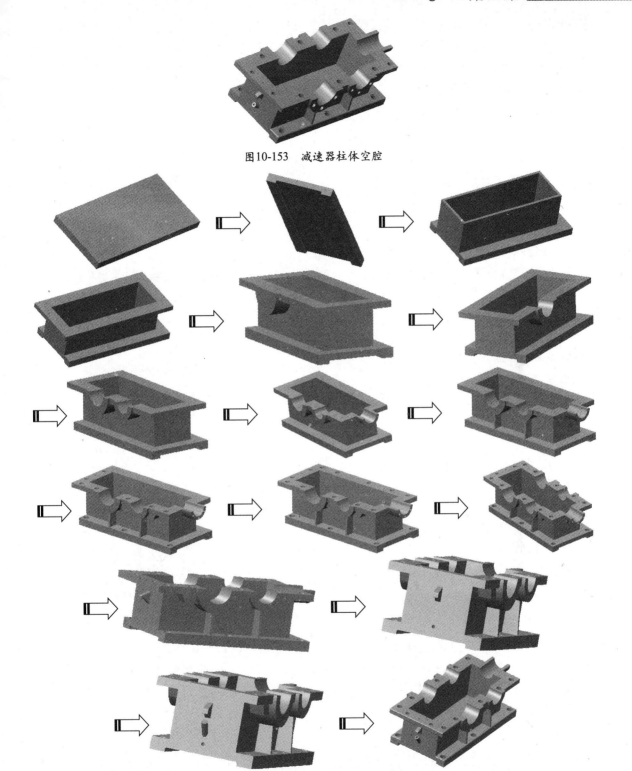

图10-153　减速器柱体空腔

图10-154　创建思路

1.新建文件

01 单击【文件】选项卡中的【新建】按钮 ，系统弹出【新建】对话框，在【类型】选项组中
选择【零件】选项，在【子类型】选项组中选择【实体】选项，在【名称】文本框中输入10-
7jiansuqizhutikongqiang。取消勾选【使用默认模板】复选框，如图10-155所示，单击【确定】
按钮。

02 系统弹出【新文件选项】
对话框，选择模板类型
为mmns_part_solid，如
图10-156所示。单击【确
定】按钮，系统进入零件
模块工作界面。

图10-155　【新建】对话框　　　　图10-156　【新文件选项】对话框

2. 创建拉伸特征

01 单击【模型】选项卡中的【拉伸】按钮，系统弹出【拉伸】操控板，选择TOP基准平面作为草
绘平面，单击【草绘】选项卡中的【线】按钮，绘制拉伸截面，如图10-157所示，单击【确
定】按钮。返回【拉
伸】操控板，输入拉伸深
度值为45，其他的默认，
单击【确定】按钮，结
果如图10-158所示。

图10-157　拉伸截面　　　　　　图10-158　创建拉伸特征

02 单击【模型】选项卡中的【拉伸】按钮，系统弹出【拉伸】操控板，选择拉伸体表面作为草绘
平面，单击【草绘】选项卡中的【线】按钮，绘制拉伸截面，如图10-159所示，单击【确
定】按钮。返回【拉伸】操控板，选择【拉伸到指定的面】选项，指定拉伸体的底面，单
击【去除材料】按钮，
单击【确定】按钮，结
果如图10-160所示。

图10-159　拉伸截面　　　　　　图10-160　创建拉伸剪切特征

03 单击【模型】选项卡中的【拉伸】按钮，系统弹出【拉伸】操控板，选择拉伸体表面作为草绘
平面，单击【草绘】选项卡中的【线】按钮，绘制拉伸截面，如图10-161所示，单击【确
定】按钮。返回【拉伸】操控板，输入拉伸深度值为205，单击【确定】按钮，结果如图
10-162所示。

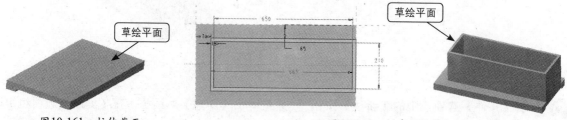

图10-161　拉伸截面　　　　　　图10-162　创建拉伸特征

04 单击【模型】选项卡中的【拉伸】按钮，系统弹出【拉伸】操控板，选择拉伸体表面作为草绘
平面，单击【草绘】选项卡中的【线】按钮，绘制拉伸截面，如图10-163所示，单击【确

定】按钮✓。返回【拉
伸】操控板，输入拉伸深
度值为30，单击【确定】
按钮✓，结果如图10-164
所示。

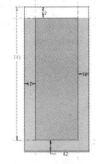

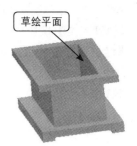
草绘平面

图10-163　拉伸截面　　　　　　图10-164　创建拉伸特征

05 单击【模型】选项卡中的【拉伸】按钮，系统弹出【拉伸】操控板，选择拉伸体表面作为草
绘平面，单击【草绘】选项卡中的【线】按钮和【圆】按钮，绘制拉伸截面，如图10-165
所示，单击【确定】按钮
✓。返回【拉伸】操控
板，输入拉伸深度值为90，
单击【确定】按钮，结果
如图10-166所示。

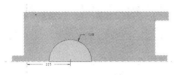

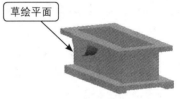
草绘平面

图10-165　拉伸截面　　　　　　图10-166　创建拉伸特征

06 单击【模型】选项卡中的【拉伸】按钮，系统弹出【拉伸】操控板，选择拉伸体表面作为草
绘平面，单击【草绘】选项卡中的【线】按钮和【圆】按钮，绘制拉伸截面，如图10-167
所示，单击【确定】按钮
✓。返回【拉伸】操控
板，单击【移除材料】按
钮，输入拉伸深度值为
100，单击【确定】按钮，
结果如图10-168所示。

图10-167　拉伸截面　　　　　　图10-168　创建拉伸特征

07 单击【模型】选项卡中的【拉伸】按钮，系统弹出【拉伸】操控板，选择减速器内表面作为草
绘平面，单击【草绘】选项卡中的【线】按钮和【圆】按钮，绘制拉伸截面，如图10-169
所示，单击【确定】按钮
✓。返回【拉伸】操控
板，输入拉伸深度值为
90，单击【确定】按钮，
结果如图10-170所示。

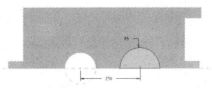

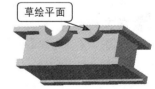
草绘平面

图10-169　拉伸截面　　　　　　图10-170　创建拉伸特征

08 单击【模型】选项卡中的【拉伸】按钮，系统弹出【拉伸】操控板，选择拉伸体表面作为草绘
平面，单击【草绘】选项卡中的【线】按钮和【圆】按钮，绘制拉伸截面，如图10-171所示，
单击【确定】按钮✓。返
回【拉伸】操控板，单击
【移除材料】按钮，输
入拉伸深度值为100，单击
【确定】按钮，结果如
图10-172所示。

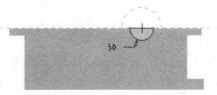

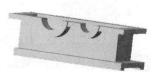

图10-171　拉伸截面　　　　　　图10-172　创建拉伸特征

09 单击【模型】选项卡中的【拉伸】按钮，系统弹出【拉伸】操控板，选择拉伸体表面作为草绘平面，单击【草绘】选项卡中的【线】按钮和【圆】按钮，绘制拉伸截面，如图10-173所示，单击【确定】按钮。返回【拉伸】操控板，输入拉伸深度值为150，单击【确定】按钮，结果如图10-174所示。

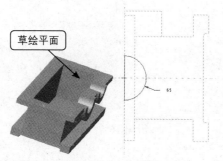

图10-173　拉伸截面　　　　　　　　　　图10-174　创建拉伸特征

10 单击【模型】选项卡中的【拉伸】按钮，系统弹出【拉伸】操控板，选择拉伸体表面作为草绘平面，单击【草绘】选项卡中的【线】按钮和【圆】按钮，绘制拉伸截面，如图10-175所示，单击【确定】按钮。返回【拉伸】操控板，单击【移除材料】按钮，输入拉伸深度值为250，单击【确定】按钮，结果如图10-176所示。

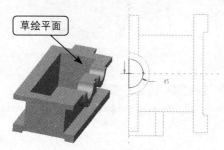

图10-175　拉伸截面　　　　　　　　　　图10-176　创建拉伸特征

3. 创建筋特征

01 单击【模型】选项卡中【基准】命令组上的【平面】按钮，系统弹出【基准平面】对话框，选择实体曲面作为参考平面，设置距离为225，如图10-177所示，单击【确定】按钮，创建基准面DTM1。

02 单击【工程】命令组中【筋】按钮右侧的按钮，在弹出下拉列表中单击【轮廓筋】按钮，选择基准面DTM1作为草绘平面，单击【草绘】选项卡中的【线】按钮，绘制直筋的草绘截面，如图10-178所示。

03 单击【确定】按钮，返回【筋】操控板，单击【方向】按钮直到出现双侧方向，输入筋厚度值为12，单击【确定】按钮，结果如图10-179所示。

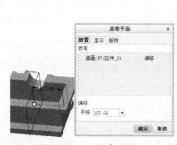

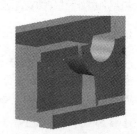

图10-177　创建基准面　　　　　　图10-178　筋轮廓　　　　　　图10-179　创建筋特征

04 按照上述步骤创建基准面DTM2距离DTM1为250，将另一条筋创建完，创建过程如图10-180所示。

图10-180 创建筋特征

4.创建拉伸特征

01 单击【模型】选项卡中的【拉伸】按钮，系统弹出【拉伸】操控板，选择减速器内表面作为草绘平面，单击【草绘】选项卡中的【线】按钮和【圆】按钮，绘制拉伸截面，如图10-181所示，单击【确定】按钮。返回【拉伸】操控板，输入拉伸深度值为50，单击【确定】按钮，结果如图10-182所示。

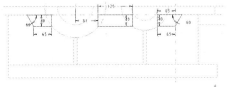

图10-181 拉伸截面　　　　　　图10-182 创建拉伸特征

02 单击【模型】选项卡中的【拉伸】按钮，系统弹出【拉伸】操控板，选择减速器上表面作为草绘平面，单击【草绘】选项卡中的【圆】按钮，绘制拉伸截面，如图10-183所示，单击【确定】按钮。返回【拉伸】操控板，单击【移除材料】按钮，输入拉伸深度值为90，单击【确定】按钮，结果如图10-184所示。

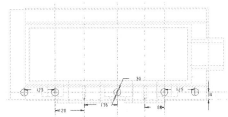

图10-183 拉伸截面　　　　　　图10-184 创建拉伸特征

03 单击【模型】选项卡中的【拉伸】按钮，系统弹出【拉伸】操控板，选择减速器上表面作为草绘平面，单击【草绘】选项卡中的【圆】按钮，绘制拉伸截面，如图10-185所示，单击【确定】按钮。返回【拉伸】操控板，单击【移除材料】按钮，输入拉伸深度值为90，单击【确定】按钮，结果如图10-186所示。

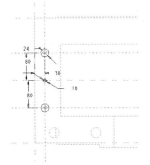

图10-185 拉伸截面　　　　　　图10-186 创建拉伸特征

04 单击【模型】选项卡中的【拉伸】按钮，系统弹出【拉伸】操控板，选择拉伸体表面作为草绘平面，单击【草绘】选项卡中的【圆】按钮，绘制拉伸截面，如图10-187所示，单击【完成】

按钮 ✔。返回【拉伸】操控板，单击【移除材料】按钮 ⬜，输入拉伸深度值为60，单击【确定】按钮 ✔，结果如图10-188所示。

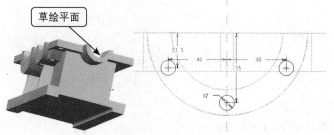

草绘平面

图10-187　拉伸截面　　　　　　　　　　　　图10-188　创建拉伸特征

05 单击【模型】选项卡中的【拉伸】按钮 ⬜，系统弹出【拉伸】操控板，选择拉伸体表面作为草绘平面，单击【草绘】选项卡中的【圆】按钮 ◎，绘制拉伸截面，如图10-189所示，单击【确定】按钮 ✔。返回【拉伸】操控板，单击【移除材料】按钮 ⬜，输入拉伸深度值为35，单击【确定】按钮 ✔，结果如图10-190所示。

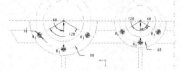

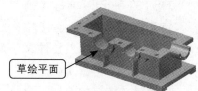

草绘平面

图10-189　拉伸截面　　　　　　图10-190　创建拉伸特征

06 单击【模型】选项卡中的【拉伸】按钮 ⬜，系统弹出【拉伸】操控板，选择减速箱底面表面作为草绘平面，单击【草绘】选项卡中的【圆】按钮 ◎，绘制拉伸截面，如图10-191所示，单击【确定】按钮 ✔。返回【拉伸】操控板，单击【移除材料】按钮 ⬜，输入拉伸深度值为100，单击【确定】按钮 ✔，结果如图10-192所示。

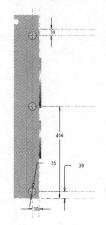

图10-191　拉伸截面　　　　　　图10-192　创建拉伸特征

5. 创建镜像特征

01 选择拉伸特征和筋特征，单击【编辑】命令组中的【镜像】按钮 ⬜，系统弹出【镜像】操控面板，然后在绘图区内选择基准平面FRONT作为镜像平面，然后单击【镜像】操控板中的【确定】按钮 ✔，即可完成镜像操作，结果如图10-193所示。

图10-193　镜像特征

02 选择拉伸特征，单击【编辑】命令组中的【镜像】按钮 ⬜，系统弹出【镜像】操控面板，然后在

绘图区内选择基准平面
FRONT作为镜像平面，选
择完镜像平面后，单击【镜
像】操控板中的【确定】按
钮✔，即可完成镜像操作，
结果如图10-194所示。

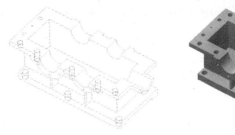

图10-194 镜像特征

6.创建拉伸特征

01 单击【模型】选项卡中的【拉伸】按钮◻，系统弹出【拉伸】操控板，选择FRONT基准平面作为草绘平
面，单击【草绘】选项卡中的【线】按钮ⵜ，绘制拉伸截面，如图10-195所示，单击【确定】按钮✔。
返回【拉伸】操控板，单击【对称拉伸】按钮◻，输入拉伸深度值为20，单击【确定】按钮✔。

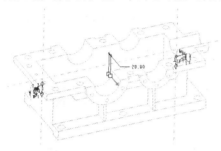
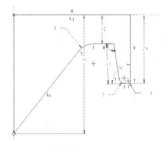

图10-195 拉伸特征

02 单击【模型】选项卡中的【拉伸】按钮◻，系统弹出【拉伸】操控板，选择拉伸体表面作为草绘平
面，单击【草绘】选项卡
中的【圆】按钮◎，绘制拉
伸截面，如图10-196所示，
单击【确定】按钮✔。返
回【拉伸】操控板，单击
【移除材料】按钮◿，输
入拉伸深度值为20，单击
【确定】按钮✔，结果如
图10-197所示。

图10-196 拉伸截面　　　　　　　图10-197 创建拉伸特征

03 单击【模型】选项卡中的【草绘】按钮，系统弹出【草绘】对话框，选取基准平面FRONT作为绘
图平面，进入草绘环境，单击【草绘】选项卡中的【线】按钮ⵜ，绘制草图如图10-198所示。

04 单击【模型】选项卡中
【基准】命令组上的【平
面】按钮◻，系统弹出
【基准平面】对话框，按
住Ctrl键在图形区选择绘制
的线的端点和绘制的线，
创建基准平面DTM3，如图
10-199所示。

图10-198 草绘　　　　　　　　　图10-199 创建基准面

05 单击【模型】选项卡中的【拉伸】按钮，系统弹出【拉伸】操控板，选择DTM3作为草绘平面，单击【草绘】选项卡中的【圆】按钮，绘制拉伸截面，如图10-200所示，单击【确定】按钮

。返回【拉伸】操控
板，单击【拉伸到指定的
面】按钮，选择减速器
箱内表面，单击【确定】
按钮，结果如图10-201
所示。

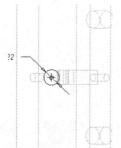

图10-200　拉伸截面　　　　图10-201　创建拉伸特征

06 单击【模型】选项卡中的【拉伸】按钮，选择拉伸体表面作为草绘平面，单击【草绘】选项卡中的【圆】按钮，绘制拉伸截面，如图10-202所示，单击【确定】按钮。返回【拉伸】

操控板，单击【移除材
料】按钮，输入拉伸深
度值为15，单击【确定】
按钮，结果如图10-203
所示。

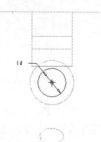

图10-202　拉伸截面　　　　图10-203　创建拉伸特征

07 再次执行【拉伸】命令，选择拉伸体表面作为草绘平面，单击【草绘】选项卡中的【圆】按钮，绘制拉伸截面，如图10-204所示，单击【确定】按钮。返回【拉伸】操控板，单击【移除材

料】按钮，输入拉伸深
度值为70，单击【确定】
按钮，结果如图10-205
所示。

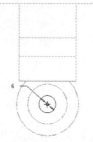

图10-204　拉伸截面　　　　图10-205　创建拉伸特征

7. 创建倒圆角特征

01 单击【工程】命令组中的【倒圆角】按钮，系统弹出【倒圆角】操控板，单击【集】按钮，
系统弹出【集】选项卡。
并在【圆角半径】文本框
中输入5，选取如图10-206
所示的边作为倒角对象，
单击【确定】按钮，结
果如图10-207所示。

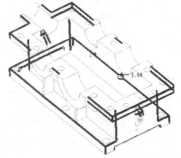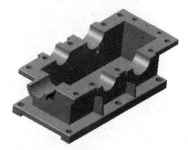

图10-206　选取倒角参考　　　　图10-207　倒圆角

10.5 产品设计

产品开发设计在现代工业中越来越重要，产品模型能直观地表现产品造型的空间关系和立体形象。模型的制作是对设计图纸的检验，更是对整个构思的检验。

本节以如图10-208所示的灯具模型为例，介绍产品设计的方法。其结构主要由灯头、灯芯管、灯紧盖、盖子等组成。

图10-208　灯具零件

如图10-209所示，为灯具的创建思路。

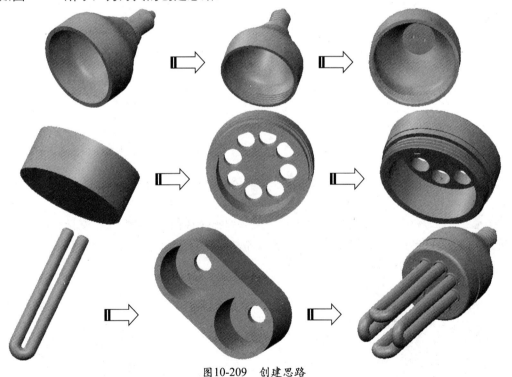

图10-209　创建思路

10.5.1 创建零件

1．创建灯头

01 新建文件。单击【主页】选项卡中的【新建】按钮，系统弹出如图10-210所示的【新建】对话框，在对话框【类型】选项组中选择【零件】选项，在【子类型】选项组中选择【实体】选项，在【名称】文本框中输入dengtou，取消勾选【使用默认模板】复选框，再单击对话框中的

【确定】按钮。

02 系统弹出【新文件选项】对话框，在【模板】选项区域中选择mmns_part_solid选项，如图10-211所示，并单击【确定】按钮。

图10-210 【新建】对话框　　　图10-211 【新文件选项】对话框

03 创建旋转体。单击【模型】选项卡中的【旋转】按钮，系统弹出【旋转】操控板，选择基准平面FRONT作为草绘，草绘参考和方向为系统默认，单击【草绘】对话框中的【草绘】按钮，系统进入草绘工作环境。

04 单击【草绘】选项卡中的【中心线】按钮和【线】按钮，绘制如图10-212所示的旋转中心线和旋转截面。

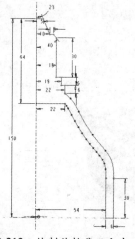

图10-212 绘制旋转截面和中心线

05 绘制完草绘截面后，单击工具栏中的【确定】按钮，退出草绘模式。返回到【旋转】操控板，其他设置默认，并单击【确定】按钮，结果如图10-213所示。

06 单击【工程】命令组中的【边倒角】按钮，系统弹出【边倒角】操控板，在操控板中选择边倒角类型为D×D选项，并在【倒角距离】文本框中输入1，选取如图10-214所示的边作为倒角参考对象。单击【确定】按钮，结果如图10-215所示。

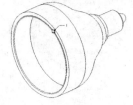

图10-213 创建旋转特征　　图10-214 选取倒角参考　　图10-215 倒角

07 创建螺旋扫描特征。单击【模型】选项卡中的【扫描】按钮右侧的三角按钮，在其下拉列表中单击【螺旋扫描】按钮，系统弹出【螺旋扫描】操控板，选择其中的【右手定则】选项，并选择【选项】选项卡中的【保持恒定截面】选项。

08 单击【参考】选项卡的【定义】按钮，系统弹出【草绘】对话框，选择基准平面FRONT作为草绘平面。单击【草绘】选项卡中的【中心线】按钮和【线】按钮，绘制螺旋扫描的轨迹，如图10-216所示，先绘制旋转中心线。单击【确定】按钮✔，结束螺旋扫描轨迹的创建。

09 在操控板中的【输入节距值】文本框中输入节距为5，单击操控板中的【创建或编辑扫描截面】按钮 ✎，系统进入螺旋扫描截面草绘环境，在扫描轨迹的起始处绘制如图10-217所示的截面。单击【确定】按钮✔，结束螺旋扫描截面的创建。

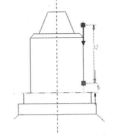
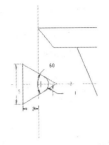

图10-216　绘制螺旋扫描轨迹　　　图10-217　绘制螺旋扫描截面

10 单击操控板中的【移除材料】按钮 ⌀，如果剪切的方向不对，可以单击【反向】按钮 ⌀ 进行调整。单击【确定】按钮标✔完成操作，结果如图10-218所示。

11 按照上述步骤，绘制另一螺旋扫描，节距为5，创建过程如图10-219所示。

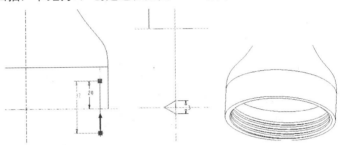

图10-218　创建螺旋扫描特征　　　　　图10-219　创建螺旋扫描特征

12 单击【模型】选项卡【形状】命令组中的【拉伸】按钮 ⌀，选择零件表面为绘制平面，设置深度为30，单击操控板中的【移除材料】按钮 ⌀，绘制参数和结果，如图10-220所示。

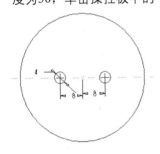

图10-220　创建拉伸特征

13 单击【工程】命令组中的【倒圆角】按钮 ▷，系统弹出【倒圆角】操控板，设置半径值为1，选择倒圆角的边和参数结果，如图10-221所示。

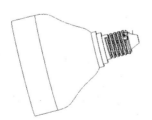

图10-221　倒圆角

2.创建灯头压紧盖

01 新建文件。单击【主页】选项卡中的【新建】按钮 ⌀，系统弹出如图10-222所示的【新建】对话框，【类型】选择【零件】选项，在【子类型】选择【实体】选项，在【名称】文本框中输入yajingai，取消勾选【使用默认模板】复选框,单击【确定】按钮,新建文件。

02 系统弹出【新文件选项】对话框,在【模板】选项区域中选择mmns_part_solid选项,如图10-223所示,并单击【确定】按钮。

图10-222 【新建】对话框　　图10-223 【新文件选项】对话框

03 创建拉伸特征。单击【模型】选项卡中【形状】命令组中的【拉伸】按钮🔲,选择TOP基准平面为绘制平面,设置深度为50,其他参数保持默认,绘制参数和结果,如图10-224所示。

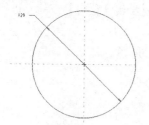

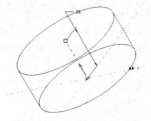

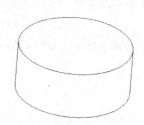

图10-224 创建拉伸特征

04 执行【拉伸】命令,选择零件表面为绘制平面,设置深度为16,单击操控板中的【移除材料】按钮🔲,绘制参数和结果,如图10-225所示。

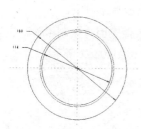

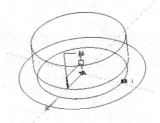

图10-225 创建拉伸特征

05 执行【拉伸】命令,选择零件表面为绘制平面,设置深度为3,单击操控板中的【移除材料】按钮🔲,绘制参数和结果,如图10-226所示。

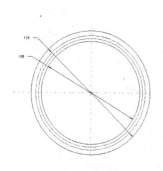

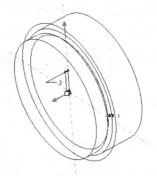

图10-226 创建拉伸特征

06 执行【拉伸】命令,选择零件表面为绘制平面,设置深度为6,单击操控板中的【移除材料】按钮🔲,绘制参数和结果,如图10-227所示。

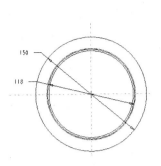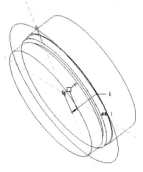

图10-227 创建拉伸特征

07 执行【拉伸】命令，选择零件表面为绘制平面，设置深度为40，单击操控板中的【移除材料】按钮◿，绘制参数和结果，如图10-228所示。

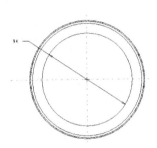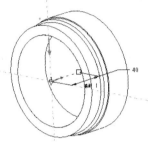

图10-228 创建拉伸特征

08 执行【拉伸】命令，选择零件表面为绘制平面，设置深度为4，其他参数默认，绘制参数和结果，如图10-229所示。

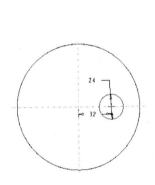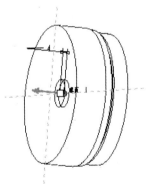

图10-229 创建拉伸特征

09 执行【拉伸】命令，选择零件表面为绘制平面，设置深度为40，单击操控板中的【移除材料】按钮◿，绘制参数和结果，如图10-230所示。

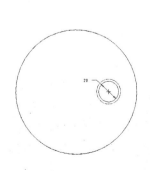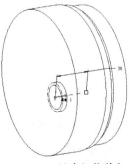

图10-230 创建拉伸特征

10 创建阵列特征。选择刚创建的拉伸特征,单击【编辑】命令组中的【阵列】按钮⚏,系统弹出【阵列】操控板,选择阵列类型为【轴】阵列,选择A_1轴作为阵列中心轴,输入项目数为8,角度为圆周均布,如图10-231所示。

11 再次执行【阵列】命令,项目数为8,阵列轴为A_1轴,角度为圆周均布,如图10-232所示。

图10-231 阵列特征   图10-232 阵列特征

12 创建螺旋扫描特征。执行【倒角】命令,设置倒角距离为2,倒角选择边线和结果,如图10-233所示。

图10-233 倒角

13 执行【倒圆角】命令,设置倒圆角半径为5,倒角选择边线和结果,如图10-234所示。

图10-234 倒圆角

14 单击【模型】选项卡中的【扫描】按钮🖉扫描 右侧的下拉按钮,在弹出的下拉列表中执行【螺旋扫描】命令🖉,选择基准平面FRONT作为草绘平面。单击【草绘】选项卡中的【中心线】按钮┊和【线】按钮⋀,绘制螺旋扫描的轨迹,在文本框中输入节距为5,绘制截面参数和结果,如图10-235所示。

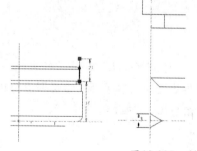

图10-235 创建螺旋扫描

3.创建灯芯管

01 新建文件。单击【主页】选项卡中的【新建】按钮 ,系统弹出如图10-236所示的【新建】对话框,在【类型】选项组中选择【零件】选项,在【子类型】选项组中选择【实体】选项,在【名称】文本框中输入dengxinguan,取消勾选【使用默认模板】复选框,单击【确定】按钮,新建文件。

02 系统弹出【新文件选项】对话框,在【模板】选项区域中选择mmns_part_solid选项,如图10-237所示,并单击【确定】按钮。

图10-236 【新建】对话框

图10-237 【新文件选项】对话框

03 创建扫描特征。单击【模型】选项卡中的【草绘】按钮，选择FRONT基准平面为绘制平面，单击【扫描】按钮，选择刚绘制的草图为轨迹，绘制截面和结果，如图10-238所示。

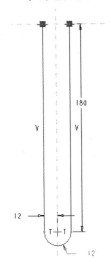
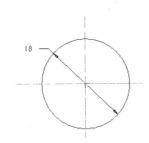

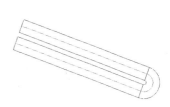

图10-238 创建扫描特征

04 执行【倒圆角】命令，设置倒圆角半径为5，倒角选择边线和结果如图10-239所示。

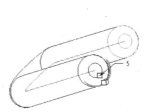
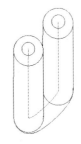

图10-239 倒圆角

05 单击【工程】命令组中的【抽壳】按钮，设置厚度为1，抽壳结果如图10-240所示。

06 创建基准轴，单击【基准】命令组中的【基准轴】按钮，选择圆柱面，如图10-241所示，创建基准轴。

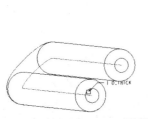

图10-240 抽壳

图10-241 创建基准轴

4.创建盖子

01 新建文件。单击【主页】选项卡中的【新建】按钮🗋，系统弹出如图10-242所示的【新建】对话框，在【类型】选项组中选择【零件】选项，在【子类型】选项组中选择【实体】选项，在【名称】文本框中输入gaizi，取消勾选【使用默认模板】复选框，单击【确定】按钮，新建文件。

02 系统弹出【新文件选项】对话框，在【模板】选项区域中选择【mmns_part_solid】选项，如图10-243所示，并单击【确定】按钮。

图10-242 【新建】对话框

图10-243 【新文件选项】对话框

03 创建拉伸体。单击【模型】工具栏【形状】命令组中的【拉伸】按钮，选择TOP基准平面为绘制平面，设置深度为20，其他参数保持默认，绘制参数和结果，如图10-244所示。

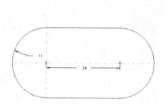 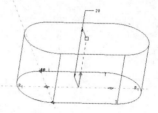 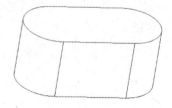

图10-244 创建拉伸特征

04 执行【拉伸】命令，选择零件表面为绘制平面，设置深度为17，单击操控板中的【移除材料】按钮，绘制参数和结果，如图10-245所示。

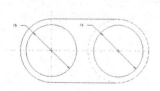 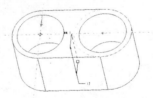 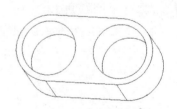

图10-245 创建拉伸特征

05 执行【拉伸】命令，选择零件表面为绘制平面，设置深度为17，单击操控板中的【移除材料】按钮，绘制参数和结果，如图10-246所示。

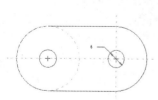 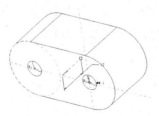 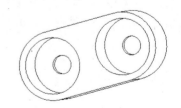

图10-246 创建拉伸特征

10.5.2 灯具装配

1.新建装配文件

01 在【快速访问】工具栏中单击【新建】按钮🗋，系统弹出如图10-247所示的【新建】对话框，在对话框【类型】选项组中选择【装配】选项，在【子类型】选项组中选择【设计】选项，在【名称】文本框中输入design_dengju，取消勾选【使用默认模板】复选框，再单击对话框中的【确定】按钮。

02 系统弹出【新文件选项】对话框，在【模板】选项区域中选择mmns_asm_design选项，如图10-248所示，并单击【确定】按钮。

图10-247　【新建】对话框　　　图10-248　【新文件选项】对话框

2.载入灯压紧盖

01 载入灯压紧盖。在【模型】选项卡中，单击【元件】命令组中的【组装】按钮，在弹出的【打开】对话框中选择yajingai.prt文件，接着单击【打开】按钮。在【元件放置】操控板中单击【放置】按钮，选择约束类型为【默认】，再单击✔按钮，完成压紧盖的定位，如图10-249所示。

图10-249　灯压紧盖

02 在【模型】选项卡中，单击【元件】命令组中的【组装】按钮，在弹出的【打开】对话框中选择dengxinguan.prt文件，接着单击【打开】按钮。选择约束类型为【重合】，选择灯芯管的轴和压紧盖孔的轴再单击【放置】选项卡中的【新建约束】按钮，选择灯芯管的另一根轴和压紧盖孔的轴，选择约束类型为【重合】，再次单击【新建约束】按钮，再选择灯芯管上表面与压紧盖表面，设置约束类型为【距离】，设置距离为10，完成灯芯管的定位，如图10-250所示。

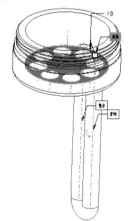

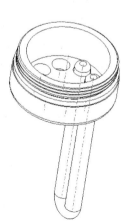

图10-250　灯芯管装配

03 在【模型】选项卡中，单击【元件】命令组中的【组装】按钮，在弹出的【打开】对话框中，选择gaizi.prt文件，接着单击【打开】按钮。选择约束类型为【重合】，选择灯芯管的轴与盖子的轴，再单击【放置】选项卡中的【新建约束】按钮，选择灯芯管的另一根轴和盖子的另一根轴，选择约束类型为【重合】，再选择盖子内表面与灯芯管上表面，选择约束类型为【距离】，设置距离为6，完成盖子的定位，如图10-251所示。

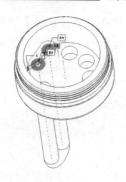

图10-251 盖子装配

04 选择灯芯管，单击【阵列】按钮，选择阵列类型为【轴】阵列，输入项目数为4，角度为圆周均布，如图10-252所示。

图10-252 阵列特征

05 选择盖子，单击【阵列】按钮，选择阵列类型为【轴】阵列，输入项目数为4，角度为圆周均布，如图10-253所示。

06 在【模型】选项卡中，单击【元件】命令组中的【组装】按钮，在弹出的【打开】对话框中，选择dengtou.prt文件，接着单击【打开】按钮。选择约束类型为【重合】选项，选择压紧盖的轴与灯头轴，单击【放置】选项

图10-253 阵列特征

卡中的【新建约束】按钮，选择灯头的底面与压紧盖的面，选择约束类型为【重合】，再单击 按钮，如图10-254所示。

图10-254 灯头装配

07 灯具模型装配完成。